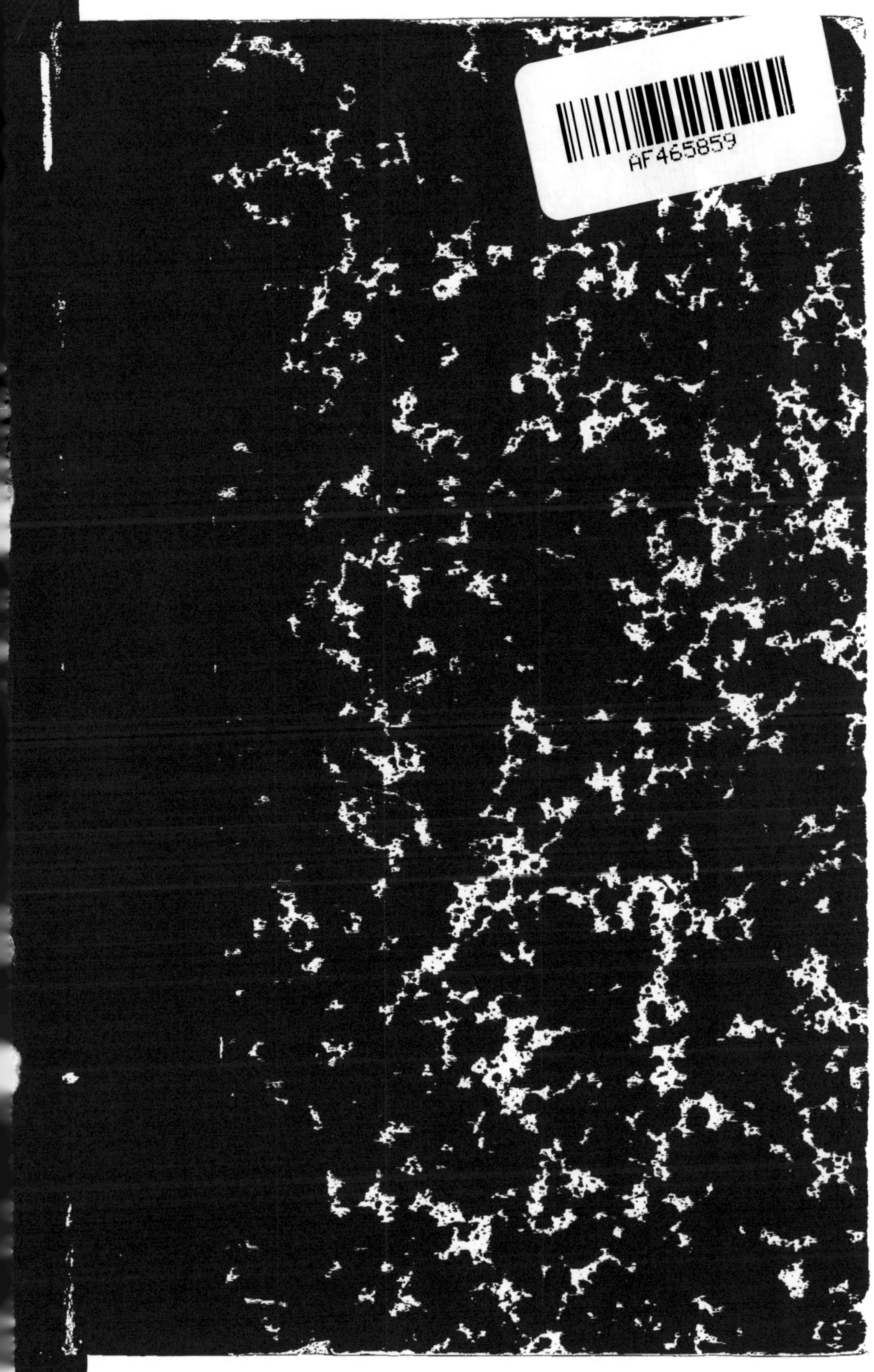
AF465859

OUVRAGES DU MÊME AUTEUR

SCIENCES

Traité complet de la tourbe. — Formation, gisement et composition des diverses espèces. — Extraction. — Dessiccation naturelle et artificielle. — Travaux mécaniques. — Carbonisation, etc. — Culture des tourbières, roselières, rizières et engrais. — Législation des marais et des tourbières. — Benzine, acide phénique, créosote, pétrole, alcool, etc. — Emploi de la tourbe en métallurgie. 1 vol. in-8°, avec figures. Paris, J. Baudry, éditeur, 1870.

Etudes sur les chaussées dans les grandes Villes. 1 brochure in-8°. Paris, J. Baudry, éditeur, 1873.

Du chauffage en général *et plus particulièrement* DU CHAUFFAGE A LA VAPEUR ET AU GAZ HYDROGÈNE. Conférence faite à la société centrale des architectes, le 29 janvier 1875. 1 brochure in-8° de 38 pages. Paris, Ve A. Morel et Cie éditeurs, 1875. (*Épuisée.*)

ARTS

Traité des constructions rurales. 1 vol. in-8° jésus de XIII et 509 pages, accompagné de 576 figures intercalées dans le texte, ou hors texte. Paris, Ve A. Morel et Cie éditeurs, 1875.

Les grandes industries agricoles. 2 vol. in-8° dont un atlas. (*En préparation.*)

Le salon de 1872 (ARCHITECTURE). 1 brochure in-8° (extrait de l'*Encyclopédie d'architecture*). (*Épuisée.*)

Des concours pour les monuments publics, à propos du Concours de l'Hôtel-de-Ville. 1 brochure in-8°. Paris, J. Baudry, éditeur, 1873.

Dictionnaire raisonné d'architecture et des arts et sciences qui en dépendent ou qui s'y rapportent. 4 vol. in-8° jésus avec environ 4000 dessins sur bois intercalés dans le texte, ou hors texte, et des chromolithographies. Paris, Firmin Didot et Cie. (Le 1er fascicule est sous presse.)

Les questions d'art modernes. (*En préparation.*)

FINANCES

Les finances et les grands travaux de Paris. (*En préparation.*)

PARIS. — IMPRIMERIE DE E. MARTINET, RUE MIGNON, 2

TRAITÉ COMPLET

THÉORIQUE ET PRATIQUE

DU

CHAUFFAGE ET DE LA VENTILATION

DES HABITATIONS PARTICULIÈRES ET DES ÉDIFICES PUBLICS

Tous les exemplaires qui ne porteront pas la griffe de l'auteur seront réputés contrefaits, et, comme tels, poursuivis selon les lois.

PARIS. — IMPRIMERIE DE E. MARTINET, RUE MIGNON, 2

ENCYCLOPÉDIE GENÉRALE DE L'ARCHITECTE-INGENIEUR

TRAITÉ COMPLET

THÉORIQUE ET PRATIQUE

DU

CHAUFFAGE ET DE LA VENTILATION

DES HABITATIONS PARTICULIÈRES ET DES ÉDIFICES PUBLICS

CHAUFFAGE DES WAGONS, VENTILATION DU LOGEMENT
DES ANIMAUX DOMESTIQUES,
DES ATELIERS ORDINAIRES, DES USINES ET FABRIQUES INSALUBRES, ETC., ETC.

Accompagné de 250 figures dans le texte.

PAR

ERNEST BOSC
ARCHITECTE

PARIS
Ve A. MOREL ET Cie, ÉDITEURS
13, RUE BONAPARTE, 13
1875

A

MONSIEUR A. CAHOURS

MEMBRE DE L'INSTITUT

(Académie des Sciences)

PROFESSEUR A L'ÉCOLE POLYTECHNIQUE, OFFICIER DE LA LÉGION D'HONNEUR, ETC., ETC.

HOMMAGE AFFECTUEUX

TÉMOIGNAGE DE PROFONDE ESTIME

ET DE

BONNE AMITIÉ.

ERNEST BOSC, architecte.

Paris, le 15 Juin 1875.

PRÉFACE

La question du chauffage et de la ventilation touche à l'un des plus graves intérêts de l'humanité, puisqu'elle s'adresse à la santé et au bien-être de l'homme, nous pourrions même dire à la santé de tous les êtres organisés ; en effet, nos animaux domestiques et nos plantes de serre sont plus ou moins prospères, suivant le milieu dans lequel nous les tenons.

Depuis longtemps déjà, mais surtout depuis quelques années, ces questions sont à l'ordre du jour ; elles sont une des grandes préoccupations des administrations vigilantes et des hygiénistes. Ceux-ci regrettent que, dans nos constructions modernes, les architectes ne se soient pas efforcés d'y appliquer les meilleurs modes de chauffage et de ventilation. Nous devons avouer que cette science a peu progressé comparativement aux autres nées dans ce siècle, et nous pouvons dire avec raison que, depuis Savot, Gauger et Desarnod, aucun progrès notable n'a été apporté dans le chauffage domestique.

Les quelques nouveaux systèmes de chauffage et de ventilation qui, dans ces derniers temps, ont reçu des perfectionnements sont peu ou pas connus. On dirait que, jusqu'à présent, les constructeurs ont pris à tâche de ne point appliquer les nouvelles découvertes, du moins en ce qui concerne le bien-être et la santé de l'homme; car le chauffage des serres a été très-perfectionné.

Cependant, on reconnaît depuis longtemps l'importance de ces questions, puisque dès 1631, LAMBERVILLE écrivait : « *Ignis vita mortalium* » ; et un siècle plus tard, en 1733, GAUGER, pour épigraphe de son livre, prenait : « *Nec sit qui se abscondat a calore ejus.* »

Quant à la ventilation, n'a-t-on pas toujours dit que l'air était la nourriture de la vie ? *aër pabulum vitæ.*

Nos lecteurs peuvent donc voir, par ces quelques lignes, que cette question d'actualité n'est pas dépourvue d'intérêt, qu'elle est faite, au contraire, pour intéresser vivement tous les hommes intelligents qui cherchent à améliorer le bien-être de tous.

C'est pour seconder ce mouvement et fournir notre tribut au bien-être général, que nous avons voulu traiter cette question. Nous devons dire encore que, cherchant des renseignements pratiques sur cette science, nous avons eu beaucoup de peine à les recueillir; aussi, ayant en notre possession ces matériaux, nous avons désiré en faire profiter ceux à qui ils pouvaient être utiles. C'est leur réunion qui forme la base même de cet ouvrage, qui contient le résultat des recherches que nous avons poursuivies pendant de longues années. Comme il est peu d'objet d'un intérêt plus général, nous avons pensé qu'il serait bon, dans un livre écrit surtout pour des praticiens, de supprimer autant que possible les formules par trop techniques, lorsque toutefois leur suppression ne pouvait pas nuire à la clarté des démonstrations.

Comme nos lecteurs le voient, bien des motifs nous poussaient à écrire un livre sur le chauffage et la ventilation; mais le plus puissant de tous ces motifs a été, sans contredit, notre désir de réunir en faisceau les documents épars de tous côtés. En effet, ceux-ci sont très-nombreux, innombrables; mais, disséminés dans des publications françaises et étrangères, ils ne peuvent pour cela être consultés avec fruit par l'homme pratique, qui souvent, surchargé d'affaires, n'a ni le temps ni la faculté de compulser les livres comme peuvent et doivent le faire les auteurs consciencieux.

Ce qu'il faut aux constructeurs (à l'ingénieur et à l'architecte), ce sont des livres simplement écrits et dépourvus, autant que possible, de formules et de longs raisonnements; ce qu'ils demandent aux livres, c'est d'y trouver sur-le-champ les solutions qui leur sont nécessaires et le résultat des expériences faites.

Un travail ainsi conçu était un livre à faire, et dont le besoin se faisait généralement sentir.

Nous l'avons fait, nous nous sommes donné cette tâche de résumer l'état de la science ancienne et moderne sur le chauffage et la ventilation.

Nous nous sommes attaché, en écrivant ce livre, à traiter surtout la question hygiénique, et c'est dans ce but que nous avons étudié ou parcouru tous les travaux publiés dans les journaux de médecine, dans les annales de l'hygiène, dans les comptes rendus de l'Académie des sciences, de la faculté de médecine, et dans le *Bulletin* de la Société d'encouragement pour l'industrie nationale.

Nous avons fouillé aussi, avec le plus grand soin, les thèses pour le doctorat et l'agrégation, qui avaient traité cette question.

Nous pourrons donc fournir à nos confrères les renseignements les plus complets, ce qui leur permettra de pouvoir établir sûrement les systèmes de chauffage et de ventilation les plus perfectionnés sous tous les rapports.

Nous devons avouer, en effet, qu'on a souvent accusé les architectes de rechercher plutôt les conditions économiques que les conditions hygiéniques, et d'avoir laissé propager de nombreuses inventions dont on cache les dangers sous une apparente simplicité; enfin, d'avoir fait accepter, par une promesse d'une économie considérable, des procédés défectueux de chauffage et de ventilation. N'est-ce pas un reproche injuste, puisque ces questions ont été étudiées dès l'origine par des architectes dont la plupart étaient médecins : nous avons nommé Cardan, Savot, Perrault, Boerhaave, etc.

Pour donner plus de clarté à notre livre, il a été divisé en deux parties; la première contient le chauffage, la seconde la ventilation. Cependant, nous devons dire tout de suite que ces deux questions sont tellement solidaires et connexes, surtout en hiver, qu'il est presque impossible de les séparer entièrement, et que souvent dans le chauffage nous serons appelé à parler de la ventilation et *vice versâ*.

Le chapitre premier traitera de la chaleur et de ses propriétés; le deuxième, de la combustion et des combustibles, car il nous paraissait bien difficile, dans un pareil livre, de ne pas dire quelques mots de la valeur des combustibles.

Le chapitre troisième donnera l'historique du chauffage, tandis que le quatrième décrira tous les systèmes et appareils de chauffage modernes, en commençant par les cheminées; nous parlerons de leur construction et des nombreuses causes qui peuvent les faire fumer. Ce même chapitre donnera en même temps les appareils proposés pour empêcher les cheminées de fumer et y apporter toujours un remède plus ou moins efficace. Il traitera ensuite des poêles, des calorifères à air, à l'eau, à la vapeur, et à l'eau et à la vapeur combinées, enfin du chauffage au gaz.

Le chapitre cinquième s'occupera du chauffage des diverses parties de l'habitation; enfin, le sixième, du chauffage des édifices publics. Ce chapitre terminera la première partie de notre livre.

Le chapitre septième, qui ouvrira la deuxième partie, donnera les principes généraux de la ventilation et exposera la théorie et la pratique de cette science en faisant connaître les lois et les principes qui la régissent.

Dans les chapitres suivants, nous donnerons les applications de la ventilation soit par des cheminées ordinaires ou spéciales avec ou sans appareils, car plusieurs systèmes de ventilation sont en présence : celui qui se pratique dans les mines depuis un temps immémorial; il procède par l'aspiration naturelle, ou plutôt artificielle, car cette aspiration est produite à l'aide de feux allumés dans les puits d'aérage. Celui par insufflation, dans lequel, à l'aide de ventilateurs, on oblige l'air neuf à pénétrer dans les locaux à assainir. Ce dernier système prend l'air frais dans des caves et le dirige dans les locaux à rafraîchir, et cela à l'aide de puissantes machines.

Du reste on est obligé, suivant le cas dans lequel on se trouve, d'employer tel ou tel autre système, car dans des questions aussi compliquées, il ne saurait y avoir de solution absolue.

Dans une courte conclusion, nous résumons notre travail et nous repassons les principaux systèmes, en nous efforçant de faire valoir les avantages et les inconvénients qu'ils présentent, car nous devons dire que théoriciens et praticiens sont fort divisés et seraient souvent bien embarrassés pour démontrer qu'une solution est préférable à une autre; mais ce qu'il y a de consolant, c'est que si nous sommes divisés sur les meilleurs moyens à appliquer, nous sommes au moins tous d'accord sur l'utilité et l'opportunité de l'application nécessaire d'une méthode quelconque de chauffage et de ventilation. C'est déjà un grand résultat, le temps fera le reste.

Enfin, nous avons insisté dans notre conclusion sur la nécessité de mieux installer à l'avenir le chauffage et la ventilation de certains édifices publics, notamment des écoles, des hospices et des hôpitaux; car lorsqu'il s'agit des misères de l'humanité et surtout du soulagement des pauvres et des malades, la science ne peut et ne doit s'arrêter que là seulement où il n'y a plus rien à faire.

Si notre livre peut apporter quelques soulagements à ces misères, si en un mot il peut faire quelque bien, l'auteur se trouvera largement dédommagé de ses peines, car il aura atteint une grande partie de son but.

E. B.

TRAITÉ COMPLET

THÉORIQUE ET PRATIQUE

DU

CHAUFFAGE ET DE LA VENTILATION

DES HABITATIONS PARTICULIÈRES ET DES ÉDIFICES PUBLICS

PREMIÈRE PARTIE

DU CHAUFFAGE

PRÉLIMINAIRES

Avant de décrire les appareils de chauffage, leurs qualités, leurs défauts et leur perfectionnement, ainsi que les diverses méthodes de chauffage et de ventilation des habitations particulières et des édifices publics, il nous paraît indispensable de rappeler à nos lecteurs quelques principes généraux de physique et de chimie qui nous seront nécessaires pour la complète intelligence de l'ouvrage que nous entreprenons.

Ces principes ont rapport à la chaleur, à la dilatation, à la conductibilité, au pouvoir rayonnant et absorbant, aux sources physiques, mécaniques et chimiques de la chaleur, etc.

Toutes ces matières font l'objet du premier chapitre.

CHAPITRE PREMIER

DE LA CHALEUR ET DE SES PROPRIÉTÉS.

Définition. — Lorsqu'un de nos sens, le toucher, se trouve en contact avec un corps chaud, nous éprouvons une sensation particulière qu'on nomme *chaleur*. Cette sensation est plus ou moins vive, suivant l'intensité de la chaleur contenue dans le corps que nous touchons, suivant aussi l'état calorifique dans lequel se trouve l'organe touché.

La chaleur n'est qu'une valeur relative : ainsi tel objet que nous trouvons chaud actuellement, nous paraîtra froid alors que nous aurons touché un corps plus chaud que lui; il nous semblera qu'il s'est refroidi depuis notre première expérience.

Dilatation. — Des nombreux effets de la chaleur, dont l'étude appartient à la physique, l'un des plus faciles à constater et à mesurer avec une très-grande précision, c'est l'augmentation du volume des corps, pour si minime que soit cette augmentation. L'expérience a démontré que tout corps chauffé augmente de volume, et que ce même corps se contracte par le refroidissement. C'est à cette propriété particulière des corps qu'on a donné le nom de *dilatation*. Les *thermomètres à mercure, à alcool, les pyromètres*, etc., servent à mesurer les températures des différents corps placés dans diverses conditions.

On fixe les températures par les dilatations égales d'un corps qui sert à graduer le thermomètre. On peut de même mesurer les dilatations des corps, leurs coefficients de dilatation, c'est-à-dire la portion ou fraction dont ils augmentent pour un degré de température plus élevé. Ce coefficient va en augmentant, des solides aux liquides et des liquides aux gaz; il est variable pour chaque substance, il est plus considérable pour les gaz que pour les solides et les liquides.

La *dilatation* rend les corps plus légers, la *contraction* les rend plus lourds. C'est d'après ce principe qu'on étudie la ventilation de nos appartements, puisque l'air est mis en mouvement par suite de la dilatation et de la contraction. L'air chauffé par un moyen quelconque devient plus léger en se raréfiant, s'élève vers le plafond, et cède sa place à une couche plus froide, c'est-à-dire plus lourde.

Chaleurs latentes. — On donne le nom de *chaleur latente* à la chaleur qui disparaît comme chaleur sensible lorsqu'un corps se transforme.

On distingue la chaleur latente de *fusion* et celle de *vaporisation*.

Si l'on fait fondre des métaux à un foyer très-actif, on observe que leur température reste la même jusqu'à ce que toute la partie solide soit fondue; c'est cet état qu'on nomme *chaleur latente de fusion*. Au contraire, la *chaleur latente de vaporisation* est la chaleur qu'absorbe un liquide en ébullition avant de passer à l'état de vapeur, avant de se gazéifier.

Regnault a établi par une série d'expériences que toute chaleur ajoutée à l'eau à 0° pour l'amener à l'état de vapeur, sous pression constante et à la température T, était : $L = 606 + 0{,}305\ T$; ce qui donnerait pour la chaleur totale de l'eau à 100° 637 calories (1), et 537 pour la chaleur latente de la vapeur d'eau.

Propagation de la chaleur. — Lorsque deux corps sont en présence, ils se transmettent de la chaleur par *rayonnement*. Cette propagation a lieu en ligne droite. Anciennement, on croyait qu'un corps chaud émettait autour de lui et dans tous les sens des rayons calorifiques; on admet plus généralement aujourd'hui qu'il est un centre de mouvement qui se transmet de proche en proche (2).

La chaleur se réfléchit à la surface des corps absolument comme la lumière, les rayons ou les ondes, qui viennent nous frapper et nous communiquent la chaleur. C'est pour en augmenter l'effet, que l'on entoure les foyers de surfaces métalliques qui renvoient de la chaleur par rayonnement. C'est dans ce but aussi qu'on a ondulé ces surfaces métalliques, pour multiplier les *surfaces de chauffe*, qui augmentent singulièrement la chaleur rayonnée.

Nous venons de dire que la chaleur se réfléchissait comme la lumière; ce fait est démontré à l'aide des miroirs paraboliques. Nous avons tous vu, lors de nos premières études en physique, que des charbons incandescents, mis à l'un des foyers de ces miroirs, enflammaient, et cela à une assez grande distance, des combustibles placés au foyer du second miroir situé vis-à-vis du premier. De même que pour la lumière, il y a, pour la chaleur, des corps transparents et des corps opaques.

Les corps qui laissent passer ou ceux qui arrêtent la chaleur rayonnante ont reçu un nom à cause de cette propriété qu'ils possèdent : on appelle les

(1) On nomme *calorie*, la quantité nécessaire de chaleur pour élever d'un degré centigrade un kilogramme d'eau. C'est l'*unité* conventionnelle dont on se sert en *calorimétrie*.

(2) Lorsqu'on considère l'échauffement comme produisant des impulsions moléculaires et l'intensité de celles-ci comme croissant avec la température, on peut admettre qu'une production de forces vives apparaît quand disparaît une quantité de chaleur; ce qui explique que Locke a eu raison de dire : *Ce qui pour nous est chaleur, dans le corps est mouvement.*

premiers *diathermanes* et les seconds *athermanes;* mais ce serait une grande erreur de croire que la *diathermanéité* est en raison directe de la *diaphanéité* et l'*athermanéité* en raison de l'*opacité;* ces propriétés dépendent de la nature des corps. La chaleur ne se transmet pas seulement par rayonnement, elle se transmet aussi par la *conductibilité.*

La rapidité avec laquelle la chaleur se transmet dans les corps dépend de leur nature intime; de là vient la distinction établie entre les corps par rapport à leur conductibilité; les uns sont dits *bons conducteurs,* les autres *mauvais conducteurs* de la chaleur.

Les métaux sont bons conducteurs, les liquides et les gaz mauvais conducteurs.

Dans les usages de la vie, c'est l'air qui est le plus souvent le conducteur de la chaleur : il s'échauffe au contact de nos foyers, et vient ensuite abandonner aux locaux que nous habitons l'excès de chaleur absorbée. Les poêles et les calorifères à air chaud fournissent à l'air le maximun de chaleur dont il est susceptible de se saturer.

Équilibre des températures. — La chaleur, ce fluide impondérable, a une propriété remarquable : celle de se mettre toujours en équilibre avec les corps environnants.

Pouvoir rayonnant et pouvoir absorbant. — Pour des températures égales, le pouvoir rayonnant ou émissif (qui renvoie) varie suivant la nature des corps; mais tous les corps en général émettent des rayons calorifiques, de sorte que la température d'un corps quelconque dépend de la nature des corps qui l'environnent et au rayonnement desquels il est soumis; mais ces corps eux-mêmes ont un pouvoir plus ou moins absorbant, de sorte que leurs pouvoirs réciproques (rayonnant ou absorbant) se balancent mutuellement; mais dans tous les cas la quantité de chaleur réfléchie est complémentaire de la chaleur absorbée; en d'autres termes, la somme des quantités de chaleur réfléchie et absorbée reproduit toujours la totalité de la chaleur incidente.

Des sources ou production de la chaleur. — On appelle *sources de la chaleur* les phénomènes qui donnent lieu à la sensation que nous avons définie au commencement de ce chapitre. Ces sources sont la combustion, le frottement, etc. Il est évident que ces phénomènes ne peuvent exister sans matière, aussi la chaleur provient-elle toujours d'un corps qui l'engendre et auquel on a donné à tort le nom de *source de la chaleur;* il vaudrait mieux appeler ce corps *producteur de la chaleur.* Il existe deux sources de la chaleur :

1° *Les phénomènes physiques et mécaniques;*

2° *Les phénomènes chimiques.*

Quelques auteurs ont bien indiqué une troisième source de la chaleur : celle qui tient aux phénomènes physiologiques qui, chez les animaux et les végétaux, sont une source continuelle de chaleur, mais nous n'avons pas à nous en occuper ici; nous croyons qu'il s'écoulera encore longtemps avant qu'on puisse utiliser cette source; elle sera toujours nécessaire à l'animal, et même insuffisante; ce qui le prouve, c'est que nous sommes obligés d'étudier des moyens économiques de chauffage. Cependant certaines imaginations ardentes ont voulu utiliser ou expliquer à leur façon la chaleur produite par les animaux (1).

1° Sources physiques et mécaniques.

Le soleil. — La principale cause, la cause par excellence de la chaleur, celle qui entretient la vie de tout le règne animal et végétal, c'est *le soleil*. La quantité de chaleur que cet astre bienfaisant nous envoie est incommensurable; cependant on a cherché à l'évaluer (2), quoiqu'on ne puisse faire que des hypothèses sur le commencement de son origine (3).

D'après les calculs de Pouillet, la quantité de chaleur produite par le soleil serait capable de fondre en une année une couche de glace de 30 mètres d'épaisseur qui envelopperait notre globe.

On a fait diverses tentatives pour utiliser la chaleur solaire. La première que nous connaissions remonte à Archimède, qui, pendant le siége de Syracuse, brûla, dit-on, à l'aide de miroirs ardents, la flotte romaine. Ces miroirs absorbaient et réfléchissaient les rayons du soleil et les projetaient sur la flotte ennemie.

En 1716, un certain abbé Guthsmann, bibliothécaire du roi de Portugal, avait inventé une machine par laquelle, sans feu et rien qu'à l'aide des rayons solaires, on pouvait cuire du pain et faire bouillir et rôtir des viandes. Il est probable que cette tentative ne fut ni pratique ni de longue durée (4). Quelques années plus tard, Buffon voulut répéter l'expérience d'Archimède, et, à l'aide d'une surface sphérique composée de cent miroirs plans, il réussit à enflammer du bois à une distance de 65 à 66 mètres.

Lavoisier obtint des effets identiques, mais avec des lentilles montées sur un appareil.

Depuis ces essais, plutôt curieux qu'utiles, divers inventeurs ont proposé d'utiliser la chaleur solaire dans un but industriel, et l'un deux, M. Simmonin, a osé avancer que l'on pourrait un jour emmagasiner la chaleur solaire, la

(1) Voir *De la chaleur produite par les êtres vivants*, par Gavarret, 1 vol. in-12, Paris, 1855.— *Essai sur la génération de la chaleur des animaux*, par le docteur Douglas. Traduit de l'anglais. Paris, 1751. — Suivant cet auteur, la chaleur animale ne serait produite que par le frottement des globules du sang dans les vaisseaux capillaires.

(2) Un savant physicien et météréologue a cherché cette évaluation. Voir le *Traité de physique et de météorologie*, par Pouillet.

(3) Voir, sur la constitution physique du soleil, les travaux de Faye, William Thomson, Secchi, etc.

(4) Cité par Roth dans *Halzersparende ofen, etc.*, p. 96, 1802.

mettre en bouteilles pour s'en servir ultérieurement suivant nos besoins; mais toutes ces théories ont besoin d'être sanctionnées par la pratique, et nous croirons à ces résultats quand tout le monde pourra utiliser cette chaleur, comme nous employons celle produite par d'autres agents.

La percussion et la compression. — La percussion, de même que la compression, produit de la chaleur, mais jusqu'à ce jour ces sources n'ont donné lieu à aucune application industrielle (1). La percussion a été employée par nos pères pour obtenir du feu, mais avec l'aide du briquet, ce qui n'est pas simplement de la percussion.

Le frottement. — Cette source de chaleur est celle qui a dû être utilisée la première de toutes. C'est en frottant deux morceaux de bois l'un contre l'autre que les peuples primitifs développaient une chaleur suffisante pour obtenir du feu. Les Grecs rapportent à Prométhée cette découverte, ce qui fait que quelques critiques modernes, d'après M. Troost (2) et le docteur Joly (3), ont prétendu que Prométhée avait été l'inventeur de ce moyen de se procurer du feu. Ce qu'il y a de certain, c'est que dans les langues orientales *pramantha* désigne l'instrument avec lequel les sauvages se procurent du feu, et les Orientaux nomment *pramenthé* ou *prométhée* celui qui est chargé d'allumer les feux.

Aujourd'hui, si nous ne frottons plus deux morceaux de bois, nous frottons encore nos allumettes pour les enflammer.

Le frottement n'a pas été utilisé industriellement. Nous ne connaissons que des résultats sans succès d'un appareil inventé et fabriqué par MM. Beaumont et Mayer. Cet appareil a fonctionné à l'exposition universelle de 1855, et depuis nous n'en avons plus entendu parler.

Avant cette époque, Rumford (que nous retrouverons plus tard dans le cours de cet ouvrage) avait lu en 1788, à la Société royale de Londres, un essai sur la chaleur obtenue à l'aide du frottement; il avait même inventé une machine mue par un cheval, mais il trouve son procédé si peu pratique, qu'il dit lui-même : « Mais on ne peut imaginer aucune circonstance dans laquelle ce procédé soit avantageux au point de vue économique, car on obtiendrait plus de chaleur en employant comme combustible le fourrage destiné à nourrir le cheval (4) ».

En somme, nous pouvons dire d'une manière générale que toutes les forces physiques ou mécaniques peuvent développer de la chaleur, mais qu'encore aujourd'hui la science n'a pu en tirer une utilité pratique. Passons maintenant aux sources chimiques.

(1) Voir à ce sujet les expériences de Berthollet, Colladon, Sturm, et d'autres encore.

(2) LE FEU, conférence de M. Troost (*Revue des cours scientifiques*, p. 207, 2e année, 1864-65).

(3) L'HOMME FOSSILE, conférence du docteur Joly (*Revue des cours scientifiques*, p. 258, 2e année, 1864-65).

(4) *Essais politiques, économiques et philosophiques.* IXe ESSAI : Recherches expérimentales sur la chaleur qu'excite le frottement. Traduit de l'anglais par L. M D. C. (le marquis de Courtivron). Genève, Mauget, 1799.

2° Sources chimiques.

Toute combinaison chimique est une source de chaleur; ce fait est démontré par les travaux de Hess, d'Andrew, de Graham, et ceux plus récents de M. Berthelot.

Mais il n'y a guère que deux genres de combinaisons qui aient été utilisés : la fermentation et la combustion. Avant de parler de ces deux modes de production, nous devons dire qu'un pharmacien de Lille en Flandre, Sorbier, a indiqué le procédé d'un moine bernardin au moyen duquel on pouvait maintenir chaude une chambre sans feu, et cela pendant deux heures, en employant une carafe d'eau renfermant des morceaux de chaux vive. Le goulot de la carafe doit être fermé à l'aide d'un bouchon en plomb et à vis.

Nous signalons le fait sans ajouter trop de foi à ce mode de chauffage par la délitescence de la chaux.

Quant à la *fermentation*, c'est différent, elle peut donner une chaleur considérable.

Chaptal a étudié la chaleur produite par la fermentation des vins, Chevallier a prétendu que la fermentation avait pu occasionner des incendies (1). Tous les jours des fourrages enfermés avant d'être complétement secs, s'échauffent, s'enflamment et causent des incendies; enfin, nous voyons les jardiniers utiliser la chaleur des fumiers pour des couches chaudes et le chauffage des serres à multiplication; c'est de Candolle, croyons-nous, qui en 1829 a mis le premier ce procédé en usage.

La véritable source chimique de la chaleur, c'est la combustion des corps combustibles, principalement du charbon dans l'oxygène de l'air; c'est la seule source de chaleur artificielle employée de nos jours d'une manière constante, soit dans l'économie domestique, soit dans l'industrie, aussi nous la traiterons à part dans le chapitre suivant.

(1) Voir un mémoire de Chevallier sur les incendies et inflammations spontanées (*Annales d'hygiène et de médecine légale*, t. XXV, p. 309).

CHAPITRE II

DE LA COMBUSTION ET DES COMBUSTIBLES.

Définition de la combustion. — Dans le langage des chimistes de l'ancienne école de Lavoisier, la *combustion* n'était qu'une combinaison des corps avec l'oxygène ; on croyait alors que ces sortes de combinaisons étaient seules capables de développer de la lumière et de la chaleur, et par suite de cette hypothèse, on appelait *corps combustibles* tous les corps qui pouvaient se combiner avec l'oxygène.

On a reconnu depuis que les phénomènes de combustion, tels que les envisageait l'école de Lavoisier, n'étaient qu'un cas particulier des phénomènes calorifiques, et que beaucoup d'actions chimiques pouvaient produire de la lumière et de la chaleur.

Aujourd'hui, dans le langage ordinaire, on entend par *combustibles* certains corps à l'aide desquels on produit de la chaleur et de la lumière, en les brûlant avec l'oxygène de l'air.

La combustion est le plus souvent accompagnée de chaleur et de lumière ; c'est précisément cette chaleur qu'on utilise pour le chauffage.

Des combustibles. — Tous les combustibles ne sont pas également bons pour le chauffage, et un bon combustible doit remplir certaines conditions que Péclet, avec sa méthode claire et précise, a établies pour la première fois. Ces conditions sont de deux ordres, les unes industrielles, l'autre hygiénique.

I. *Conditions industrielles.* — Il faut :

1° Que ce combustible se trouve assez abondamment dans la nature, afin de l'avoir à bon marché ;

2° Que la combustion, une fois déterminée, se maintienne d'elle-même ; en d'autres termes, que la chaleur dégagée par la combustion soit supérieure à celle qui a été nécessaire pour la déterminer ;

3° Que les produits soient gazeux, d'un dégagement facile, et qu'ils ne puissent nuire au corps à chauffer.

Les deux premières conditions ne demandent pas d'explication. Pour la troisième, il est évident que si les produits de la combustion empêchaient l'accès de l'air autour du combustible, la combustion, n'étant plus alimentée par l'oxygène de l'air, s'arrêterait; enfin, il est plus évident encore que si les produits avaient une action délétère sur les corps à chauffer, un pareil combustible resterait forcément sans emploi.

II. *Condition hygiénique.* — Pour satisfaire à celle-ci, il faut que la combustion ne soit pas nuisible aux êtres organisés (animaux et plantes).

Parmi les corps simples, il n'en est que deux qui remplissent toutes les conditions énoncées ci-dessus; ce sont l'hydrogène et le carbone.

On a tenté de nombreux essais pour utiliser l'hydrogène, nous en parlerons plus loin; quant au carbone, il est un des principes dominant dans tous les combustibles, car ces derniers sont plus ou moins riches suivant la proportion plus ou moins considérable de carbone qu'ils renferment.

Le nombre des combustibles est considérable, on les a divisés et subdivisés en plusieurs catégories; pour nous, nous les classerons en trois divisions basées sur leur état constitutif, ce sont :

I. — Combustibles solides;
II. — Combustibles liquides;
III. — Combustibles gazeux.

Ces trois divisions renferment : les *combustibles naturels* (tels que bois, tourbes, houilles); les *combustibles artificiels* (charbon de bois, coke de tourbe et de houille), les gaz, carbure d'hydrogène, goudron, etc., et les charbons agglomérés de toute sorte.

I. — COMBUSTIBLES SOLIDES.

Les combustibles solides sont les plus généralement employés. Les principaux sont :

Le bois. — Le bois contient de 40 à 50 p. 100 d'eau qu'on peut lui faire perdre par la torréfaction, c'est-à-dire en le chauffant à 150 degrés. Ce procédé, qui est très-ancien, est aussi très-avantageux, car les bois humides à poids égal donnent beaucoup moins de chaleur que les bois secs; Rumford a le premier appelé l'attention sur le mauvais usage des bois humides qui s'en vont en fumée. En effet, l'eau n'étant pas combustible ne peut développer de la chaleur, au contraire elle absorbe une grande partie du calorique pour se transformer en vapeur. On voit donc qu'il y a tout intérêt à sécher les bois destinés au chauffage.

On emploie comme combustible toute sorte de bois; des bois tendres, tels que le sapin, le bouleau, le peuplier, l'érable, le marronnier, etc.; des bois durs, le chêne, l'orme, le frêne, etc.; des bois dont on a enlevé l'écorce pour faire du tan, et qu'on nomme à cause de cela *pelard;* enfin des *bois flottés*, parce qu'ils ont été amenés sur les lieux de consommation par des canaux ou des rivières.

Ce mode de transport est non-seulement économique, mais encore, au point de vue qui nous occupe, est excellent, car l'eau expulse la séve des arbres, et quand ces bois sont mis en tas, ils sèchent beaucoup plus rapidement que les bois non flottés.

Le flottage des bois remonte à 1449; ce fut un marchand de bois, Jean Rouvet, qui, sous Charles VII, imagina d'utiliser les rivières pour le transport des bois de chauffage.

La tourbe. — La tourbe est malheureusement encore peu employée dans les foyers des villes comme combustible, cependant c'est vraiment le seul de tous qu'on puisse avec raison appeler *combustible de l'avenir*, car lorsqu'il sera connu et apprécié comme il le mérite, il occupera une très-grande place dans la consommation domestique et industrielle.

Un des premiers défenseurs de ce combustible, le sieur de Lamberville, fut autorisé, en 1627, à exploiter toutes les tourbières de France; il fit même paraître en 1631 un ouvrage sur les avantages de la tourbe (1), dans lequel il démontre en outre l'innocuité de ce combustible.

Parmi les attestations plus ou moins curieuses qu'il donne dans son livre, nous croyons devoir signaler à nos lecteurs la suivante : « Nous, docteurs en médecine de la faculté de Paris, certifions avoir vu l'espreuve faite en la cheminée de nos escholes... lequel feu procède des dites tourbes, nous recoignoissons n'estre préiudiciable à la santé des pauvres, non plus que en Picardie, Flandre, Hollande et autres pays septentrionaux, où l'usage est dès longtemps et encore à présent continué. — 22 janvier 1626. — Ont signé : Cousinot, *doyen;* Bonnart, Guérin, Letus, Letellier, Brayer, Leclerc, Arbaut, des Gorris. »

Nous ne parlerons pas plus longuement sur la tourbe, mais ceux de nos lecteurs qui voudraient posséder des renseignements plus complets sur ce combustible, n'auraient qu'à consulter notre *Traité sur la tourbe*, seul ouvrage moderne écrit en français sur cette matière (2) pour le moment.

La houille. — On comprend sous le nom de *houille* tous les combustibles minéraux solides, naturels, autres que la tourbe; ce sont des combustibles fossiles : les *lignites*, les *houilles proprement dites* et les *anthracites*.

Les *lignites* se trouvent dans les terrains tertiaires, les *houilles* dans les ter-

(1) *Économie ou mesnage des terres inutiles, etc.*, par de Lamberville, 1 vol. in-12, 1631.

(2) *Traité complet de la tourbe*, 1 vol. in-8° de 242 pages avec figures, Paris, librairie polytechnique de J. Baudry, éditeur, 1870.

rains secondaires et tertiaires, et les *anthracites* dans les terrains intermédiaires.

La *tourbe*, qui est de formation récente, appartient aux terrains d'alluvion; elle sert de transition entre les combustibles minéraux et le bois.

On distingue les houilles en houilles grasses ou à longue flamme, et en houilles maigres, brûlant difficilement et presque sans flammes.

La houille a eu beaucoup de peine à s'implanter dans la consommation; Marco Polo, au XIIIe siècle, prit le charbon de terre pour une pierre noire qui s'enflammait. Cependant, depuis la fin du XIIe siècle, ce combustible était connu, puisque en 1190, en Belgique, dans le pays de Liége, on fit la première tentative pour substituer la houille au bois et à son charbon, comme nous l'avons dit dans notre *Traité de la tourbe.* Le premier mineur se nommait Prudhomme, et on le surnommait le *houilleur* ou le *forgeron de Plénevaux.* Si le bonhomme pouvait aujourd'hui contempler son œuvre, il verrait avec plaisir et satisfaction l'état prospère de son petit commerce.

Un simple aperçu du débit de la houille en France depuis le commencement de notre siècle va nous montrer l'énorme extension qu'a prise ce combustible dans la consommation qui, vers 1803 à 1805, n'était que de 300 000 tonnes (1). Bientôt après, en 1815, elle atteignit 950 000 tonnes; en 1830, 1 800 000 tonnes, et aboutit enfin, en 1860, à 8 500 000 tonnes. Cette consommation ne s'est pas arrêtée à ce chiffre; nous voyons en effet que dans ces dernières années, elle s'est élevée à 10 et à 12 000 000 de tonnes. On voit donc, par ce simple aperçu, qu'après chaque période de quinze années l'exploitation française a toujours doublé. Nous pourrons donc estimer, sans crainte de nous tromper, qu'en 1875, présente année, la production pourra bien s'élever à 20 ou 25 000 000 de tonnes.

Tous les produits naturels dont nous venons de parler (bois, tourbe, houille) fournissent par la calcination un nouveau combustible appelé *charbon*, que nous allons décrire d'une manière succincte.

Le CHARBON DE BOIS s'obtient par la calcination, ou du moins par la carbonisation des bois en forêts. Le bon charbon de bois est dur, brillant et sonore.

Le CHARBON DE TOURBE s'obtient par la carbonisation à l'air libre ou en vases clos de la tourbe; dans le premier cas, on perd les produits volatils, tandis que dans le second cas on les recueille; or la tourbe renferme en produits ou sous-produits du goudron, des huiles lourdes et épaisses, des huiles essentielles et volatiles, des eaux ammoniacales d'une très-grande richesse, des gaz hydrogène, protocarboné et bicarboné, de l'oxyde de carbone.

Le COKE DE TOURBE brûle avec une jolie flamme bleue qui se maintient longtemps, et une fois enflammée sa braise dure plusieurs heures. Du reste, l'utilité

(1) Ce chiffre est la moyenne des années 1803 à 1805, et nous ferons remarquer à nos lecteurs qu'à cette époque la Belgique faisait partie de la France.

du coke de tourbe sera hautement reconnue un jour pour tous les usages domestiques et industriels.

Le COKE DE HOUILLE s'obtient aujourd'hui uniquement par la distillation de la houille en vases clos ; le coke provenant des cornues à gaz est, après le bois, sinon le meilleur, du moins le plus employé des combustibles.

Les CHARBONS AGGLOMÉRÉS s'obtiennent avec les détritus ou débris de houilles et de poussier de charbon de bois, qu'on moule soit à froid, mais plus ordinairement à chaud ; on leur donne toutes sortes de formes, mais plus particulièrement celles de pavés pour les agglomérés de houilles, car cette forme facilite l'emmagasinement et l'arrimage pour les bateaux à vapeur.

Sous le nom de *charbon de Paris*, M. Popelin Ducarre a remis au jour un aggloméré de charbon qui est très-répandu à Paris.

Avec la *tannée*, résidu d'écorce qui a servi au tannage des peaux, on fait aussi des mottes, mais son usage est peu répandu ; dans le midi de la France, en Italie et en Espagne, on brûle, sous le nom de mottes, des tourteaux qui proviennent des résidus des olives écrasées qui ont servi à fabriquer l'huile. Enfin, la cherté des combustibles a fait rechercher une foule de procédés : on a fait des agglomérés avec des poussiers de charbon et de la sciure de bois, de l'argile, de la vase, des goudrons, etc., etc.

II. — COMBUSTIBLES LIQUIDES.

Les principaux sont les *alcools* et les *huiles*.

Les ALCOOLS ne servent guère qu'à alimenter les lampes à alcool, qui sont de vrais appareils de chauffage inventés en 1685 par du Val (1) ; mais vu le prix élevé de l'alcool, on ne pourra y songer, du moins de longtemps, pour d'autres usages de chauffage.

Quant aux huiles, nous n'avons à nous occuper ici que des huiles minérales, et principalement du pétrole. En Europe, où le prix de ce carbure d'hydrogène est élevé, on ne peut songer à l'employer, quoique des travaux d'Élie de Beaumont et de Séguier concluent à ce qu'on ne doit pas renoncer définitivement à ces produits (huiles de pétrole et autres huiles minérales), qui présentent l'immense avantage de chauffer rapidement (2). Nous ajouterons même que pendant l'été de 1868 nous avons vu fonctionner une locomotive sur le tronçon de chemin de fer aboutissant au camp de Châlons.

(1) *Le Foyer de campagne et de cabinet*, par du Val, 1 vol. in-12, Paris, Estienne Michallet MDCCLXXXV.

(2) Voy. *Union médicale*, 14 mars 1868 (Bulletin de l'Académie des sciences).

En Amérique, où l'on rencontre des quantités considérables de pétrole, on commence à employer des huiles lourdes de pétrole pour le chauffage des machines à vapeur.

Nous croyons du reste que si les huiles minérales ne sont pas employées davantage aujourd'hui, c'est que le public s'exagère le danger de ce combustible, qui en somme n'est pas plus à redouter que les poudres, alcools et gaz d'éclairage, qui sont d'un usage journalier. Espérons que le jour où l'on pourra retirer ces huiles économiquement d'une matière quelconque, de la tourbe, par exemple, ou du sein de la terre, comme en Amérique (1), on les utilisera pour les usages domestiques et peut-être industriels.

III. — COMBUSTIBLES GAZEUX.

Beaucoup de gaz peuvent s'enflammer et pourraient, par conséquent, s'ils n'offraient des inconvénients, être employés comme combustible ; les principaux sont l'hydrogène, l'oxyde de carbone, l'hydrogène protocarboné ou gaz des marais, et l'hydrogène bicarboné.

On a souvent tenté d'employer l'hydrogène pur pour le chauffage et l'éclairage, mais ces tentatives n'ont pas abouti jusqu'ici ; on n'emploie guère à ces usages que le gaz d'éclairage, qui se répand chaque jour davantage dans les grandes villes ; il passerait même entièrement dans la consommation pour le chauffage, si les compagnies ne le vendaient pas à un prix trop élevé : ainsi il vaut 35, 40 et 45 centimes le mètre cube, tandis qu'à 15 centimes les compagnies trouveraient un prix suffisamment rémunérateur.

Pour terminer ce chapitre sur la combustion et le combustible, il ne nous reste qu'à déterminer leur *valeur* et leur *puissance calorifique*, ce qui nous permettra de raisonner le choix d'un combustible suivant l'emploi que nous voudrons en faire.

VALEUR D'UN COMBUSTIBLE.

La valeur d'un combustible est assez difficile à déterminer, d'autant qu'il nous faut l'envisager au double point de vue *hygiénique* et *industriel*. Au point de vue hygiénique, nous dirons que chaque combustible présente des avantages et des inconvénients spéciaux, et que c'est en les analysant qu'on peut fixer le choix qu'on doit faire d'un combustible plutôt que d'un autre. Au point de vue industriel, la valeur d'un combustible dépend surtout de sa puissance calorifique.

(1) Il existe en France, à Gabian, près de Béziers, des sources de pétrole assez riches.

PUISSANCE CALORIFIQUE DES COMBUSTIBLES.

La puissance calorifique d'un combustible est le nombre de calories produites par la combustion complète d'un kilogramme de ce combustible.

Le pouvoir calorifique des combustibles est très-variable, comme on peut le voir par le tableau suivant, que nous avons composé d'après les données de nombreux auteurs (Rumford, Laplace, Lavoisier, Silbermann, Marcus, Bull et Berthier).

TABLEAU COMPARATIF DU POUVOIR CALORIFIQUE DE DIVERS COMBUSTIBLES DANS DIFFÉRENTS ÉTATS DE DESSICCATION.

COMBUSTIBLES.	POUVOIR CALORIFIQUE D'UN KILOGRAMME.	
	A l'état sec.	A 25 p. 100 d'eau.
	Calories.	Calories.
Bois séché à 100 degrés	3 600	2 760
		A 10 p. 100 d'eau
Anthracite	8 000	7 150
Carbone pur	7 800	7 000
Charbon de bois	7 300	6 500
Coke de tourbe moulé	7 100	6 500
Houille (première qualité)	8 000	5 350
— (deuxième qualité)	5 500	4 850
Coke de houille	6 500	5 850
— de tourbe ordinaire	5 500	4 900
Tourbe épurée moulée	4 500	3 900
— ordinaire	3 200	2 800
Hydrogène	34 090	
Carbone	8 080	

D'après ce tableau, on voit le pouvoir calorifique des meilleurs combustibles; mais nous donnerons, pour compléter notre travail, la loi établie par Dulong, qui permet de trouver la puissance calorifique d'un combustible quelconque, dès qu'on connaît sa composition et la puissance calorifique de l'hydrogène et du carbone; cette loi est la suivante :

La puissance calorifique d'un combustible est égale à la somme des quantités de chaleur dégagées par les éléments qui la composent, en ne tenant pas compte de l'hydrogène, qui peut former de l'eau avec l'oxygène du combustible.

Nous devons ajouter que cette loi n'est pas parfaitement exacte quand le combustible contient plus de 10 p. 100 d'hydrogène, mais elle donne des résultats assez approchés pour les applications usuelles.

CHOIX D'UN COMBUSTIBLE.

Il est très-difficile, pour ne pas dire impossible, de conseiller le choix d'un combustible, car suivant les besoins on peut employer un combustible différent. Nous n'avons donc qu'à passer en revue les qualités et les défauts des combustibles, afin que chacun emploie celui qu'il croira le mieux répondre à l'effet qu'il désire obtenir.

Le BOIS est sans contredit le plus agréable et le plus hygiénique des combustibles, surtout les bois tendres, qui, brûlant avec beaucoup plus de rapidité et plus complétement, donnent par conséquent à la fois une flamme plus longue et plus continue. C'est pour cela que les bois vermoulus provenant des démolitions sont si recherchés; mais les bois ont le défaut de coûter fort cher, et par conséquent de ne pouvoir être utilisés que par les classes aisées de la société.

La HOUILLE est à l'heure actuelle le moins cher des combustibles (1); mais elle a l'inconvénient de salir et de noircir tout ce qu'elle touche, et de contenir des pyrites de fer qui brûlent difficilement et dégagent des produits sulfureux dangereux à respirer et qui noircissent les peintures, dorures et le mobilier des appartements; aussi ne doit-on brûler la houille que dans des appareils dont le tirage sera énergique.

Les CHARBONS DE BOIS et la BRAISE donnent des dégagements considérables d'oxyde de carbone qui peuvent amener les plus graves accidents et même la mort par l'asphyxie. Ce combustible est en outre d'un prix très-élevé; malgré cela, la vente au petit détail et la facilité de son allumage font qu'il est très-employé, même par les classes pauvres.

La TOURBE telle qu'on la prépare aujourd'hui, s'enflamme assez difficilement dans les grilles et foyers ordinaires; il faut donc l'employer dans les appareils dans lesquels on brûle les houilles et les cokes. Le jour où l'usage de la tourbe épurée et moulée sera plus répandu, la tourbe fournira un contingent considérable au chauffage : c'est donc un combustible de l'avenir comme nous l'avons déjà dit.

Quant aux COKES DE HOUILLE ET DE TOURBE, il faut les brûler aussi dans des appareils spéciaux. Nous en parlerons lorsque nous traiterons du chauffage au coke.

(1) Voici le chiffre de la dépense de divers combustibles pour 100 000 calories, en utilisant 75 p. 100 du combustible. :

Houille	de	0 fr.	80	à	0 fr.	85
Coke		0	90	à	1	»
Bois		2	15	à	2	20
Gaz		3	80	environ.		

La TANNÉE s'enflamme assez difficilement et donne de l'odeur dans les cheminées qui n'ont pas un fort tirage.

Les HUILES MINÉRALES en général, et le PÉTROLE en particulier, donnent, en brûlant, de mauvaises odeurs, parce que l'industrie livre au commerce des huiles qui ne sont pas assez purifiées, et dans cet état elles constituent des gaz spontanément inflammables qui rendent leur emploi très-dangereux. Si ces mêmes huiles étaient rectifiées et distillées une deuxième fois, le danger que nous signalons cesserait d'exister. Du reste, aujourd'hui leur prix de revient est encore trop élevé pour permettre leur consommation régulière pour les usages culinaires et le chauffage domestique.

Arrivons aux combustibles gazeux, qui ont aussi leurs agréments et leurs dangers.

Si l'on n'avait pas à redouter des explosions terribles par le GAZ D'ÉCLAIRAGE, ce serait sans contredit l'un des meilleurs combustibles domestiques, car la dépense peut être limitée au strict nécessaire.

L'allumage est instantané et des plus faciles; on peut activer ou diminuer la quantité de la flamme suivant ses besoins; enfin on peut la supprimer tout à fait quand elle n'est plus nécessaire. En outre, on n'a pas à faire des provisions à l'avance, ce qui, dans certains cas, peut réaliser une économie de temps et d'argent. Nous dirons même que malgré le prix exagéré auquel le maintient le monopole dans certaines villes, il y a encore avantage à l'employer, et le jour où son prix sera abaissé, le gaz d'éclairage passera entièrement dans la consommation.

Abordons un combustible gazeux qui n'est pas assez connu, et par conséquent peu utilisé : nous voulons parler de l'*hydrogène*.

L'HYDROGÈNE présente tous les avantages des combustibles gazeux, et il jouit en outre d'une propriété particulière qui, au point de vue hygiénique, mérite d'être prise en très-sérieuse considération.

Ce gaz, en brûlant, au lieu de produire de l'oxyde de carbone ou des vapeurs délétères comme d'autres combustibles, produit de la vapeur d'eau. Or il est aujourd'hui reconnu par tous les hygiénistes qu'il y a tout intérêt à introduire dans les lieux habités, chauffés ou non chauffés, mais surtout dans les premiers; qu'il y a intérêt, disons-nous, à introduire de l'air possédant un degré notable d'hygrométricité (1). Donc, en employant l'hydrogène comme chauffage, il ne serait pas nécessaire de se débarrasser des produits de la combustion. On pourrait même employer des appareils à foyer découvert, ce qui permettrait d'utiliser toute la chaleur produite. Seulement, il faudrait installer la ventilation de façon à se débarrasser de l'excès de la vapeur d'eau condensée, de sorte que la nou-

(1) Voir à ce sujet une note sur l'assainissement de l'air par la vapeur d'eau, par le général Morin (*Bull. de la Société d'encour.*, 1868, 2e série, t. X, p. 688).

velle quantité d'air à introduire dans le local devrait être réglée seulement en vue d'entretenir le foyer. Mais cette quantité d'air n'aurait pas besoin d'être exagérée comme cela a lieu par les cheminées ordinaires. L'emploi de l'hydrogène présenterait les avantages des *chauffe-doux* et des *braseros*, comme appareils de chauffage, et des cheminées comme appareils de ventilation.

Le seul inconvénient que l'on puisse reprocher au chauffage à l'hydrogène pur, c'est que s'il se déclare des fuites, comme ce gaz ne possède pas d'odeur, il devient difficile de s'assurer de leur présence. Mais ce défaut est bien racheté, puisqu'on peut le respirer impunément et sans danger. Ensuite, rien ne s'opposerait à faire entrer dans sa composition une substance odorante qui informerait des fuites et qui ne serait pas nuisible à la respiration.

On peut voir que l'hydrogène pourra devenir un excellent moyen de chauffage, car ce gaz est préférable à tous les combustibles, surtout aux gaz et aux huiles minérales, qui présentent tout autant de dangers que lui au point de vue des explosions, mais qui ne sont pas respirables, tandis que les constitutions les plus délicates peuvent impunément respirer l'hydrogène.

D'après ce qui précède, on peut comprendre que le chauffage à l'hydrogène est une idée qui mérite de fixer l'attention des esprits les plus sérieux.

Passons aux produits de la combustion; ils sont nombreux, comme nous allons le voir.

Produits de la combustion. — On nomme ainsi tous les corps produits par l'oxydation des combustibles.

Nous avons déjà vu que beaucoup de ces corps étaient volatils, et de plus que l'hydrogène et le carbone étaient les éléments essentiels de presque tous les combustibles.

La SUIE est une portion de fumée qui se condense sur les parties froides dans l'intérieur du tuyau.

La FUMÉE qui se dégage bien au-dessus du feu représente à nos yeux les parties solides des produits de la combustion; ce n'est en réalité qu'un mélange de divers corps, mais en proportion variable, suivant l'intensité de la fumée et la variété du combustible.

La fumée des bois, des bois tendres surtout, est légère et s'élève dans les airs; celles des huiles, chargées en carbone et plus denses, s'élèvent moins dans l'atmosphère. Arrivées à une certaine hauteur, elles restent pour ainsi dire stationnaires au point de masquer le soleil dans les grands centres industriels où il y a beaucoup d'usines, surtout les jours de brouillard. Aussi, devant cet état de choses, il serait désirable de trouver des foyers brûlant le plus complétement possible les combustibles; on éviterait de la sorte non-seulement les désagréments d'une fumée noire et épaisse, mais on brûlerait encore une partie de combustible qui s'en va en pure perte en fumée, car cette dernière sera d'autant plus légère que le combustible sera plus complétement brûlé. Pour obtenir ce résultat, il faudrait fournir au combustible une proportion convenable d'air à une température élevée; c'est pour cela qu'on a imaginé une quantité de foyers qui sont disposés de manière à faire passer les produits de la distillation du combustible nouvellement introduit, sur le combustible ancien incandescent. Les dispositions les plus communes consistent dans l'emploi des foyers à alimentation inférieure et les foyers à flamme renversée, dont nous parlerons dans le courant de notre ouvrage.

Quelques physiciens ont calculé la chaleur perdue par une combustion imparfaite, et ils ont trouvé :

Pour la fumée noire...........................	10	p. 100 de	perte
Pour la fumée légère..........................	7,61	—	—
Pour la fumée incolore........................	1,64	—	—

Quand le combustible est complétement brûlé, il reste dans le foyer un résidu nommé CENDRES, dont la composition est très-variable; les cendres des végétaux contiennent de la soude et de la potasse.

Le bois donne en volume environ 2 p. 100 de cendres, la tourbe 4 à 5 p. 100; quant aux houilles, lignites et anthracites, des quantités très-variables suivant leur qualité.

Nous ne nous appesantirons pas davantage sur les produits de la combustion, mais nous parlerons de l'allumage des feux; nous reviendrons ensuite sur la fumée, pour son utilisation, et pour décrire les moyens de l'empêcher d'envahir les locaux que nous habitons; enfin nous terminerons ce que nous avions à dire sur les produits de la combustion, en les résumant dans un tableau.

De l'allumage du feu. — Nous avons défini précédemment la nature de la combustion, les différents combustibles, ainsi que les produits de la combustion; pour compléter ces données nous parlerons de l'allumage du feu.

L'allumage et l'entretien du feu appartiennent exclusivement à l'homme; en effet, il ne viendra jamais à la pensée d'aucun animal mourant de froid devant les restes d'un feu, d'y ajouter du bois ou tout autre combustible qu'il aura à sa portée. Le singe lui-même, qu'on trouve si imitateur de l'homme (ce qui n'est pas vrai), ne l'imite toujours pas en cela.

A quelle époque et de quelle façon l'homme a-t-il fait un premier usage du feu? Il est bien difficile de le dire; ce qu'il y a de positif, c'est que le feu est connu de toute antiquité, puisque c'est l'un des quatre éléments du monde. A défaut d'autres preuves sur son ancienneté, la légende de Prométhée et du forgeron Vulcain nous prouverait l'antiquité de son origine. L'homme a pu le connaître par un cas fortuit : l'amoncellement de fourrages ou de végétaux en fermentation a pu s'enflammer; la foudre du ciel, en frappant des arbres morts ou des broussailles sèches dans une forêt, a pu provoquer un incendie.

Ce qu'il y a de certain, c'est que l'homme a aimé et redouté à la fois le feu qu'il a adoré comme un dieu. Ce culte s'est même continué fort avant dans la civilisation, puisque à Rome un corps de prêtresses, les vestales, étaient chargées d'entretenir perpétuellement le feu sacré sur l'autel de Vesta; sans doute la religion avait fait un dogme de cet usage, dans la crainte de perdre un des éléments si précieux à la santé et au bien-être de l'homme.

Dans les temps modernes, les briquets en acier, le silex et l'amadou ont permis de se passer des vestales pour avoir du feu à volonté. On a même inventé une quantité de briquets plus ou moins phosphoriques; enfin les allumettes chimiques ont détrôné tous les anciens systèmes, et les fumeurs en ont fait un usage si considérable que la fabrication annuelle des allumettes dépasse aujourd'hui 32 000 000 de francs.

Utilisation de la fumée. — La fumée possède une température assez élevée pour qu'on ait songé à l'employer dans l'antiquité pour sécher du bois et faire vieillir le vin, comme nous le verrons un peu plus loin lorsque nous parlerons du *fumarium* des anciens.

Un de nos confrères, M. de Sanges, s'est même fait breveter à ce sujet pour ce procédé renouvelé des Romains.

A en croire les prospectus lancés par notre confrère, son procédé offrirait des avantages très-considérables qu'on peut résumer ainsi :

1° Le tirage des diverses cheminées serait constant et égal;

2° Il atténuerait et supprimerait même en grande partie l'effet du vent violent sur les cheminées, dont le résultat est de les faire fumer;

3° Il supprimerait totalement toutes les souches de cheminées, dont la présence offusque la vue d'une façon si désagréable dans l'ensemble des constructions des villes;

4° Il supprimerait en même temps tous les appareils fumivores.

5° Au point de vue de l'humanité, il diminuerait presque entièrement les dangers auxquels sont exposés les fumistes.

6° En cas d'incendie, les secours peuvent être beaucoup plus prompts, plus faciles et sans dangers.

7° Il permet de réaliser une importante amélioration, puisque avec la perte du calorique des appartements des premiers étages, il serait possible de chauffer les étages supérieurs.

8° En faisant passer dans la chambre de la fumée le tuyau ventilateur des fosses, l'extrémité de ce conduit étant chauffée activerait le dégagement des miasmes et supprimerait ainsi toute odeur dans les cabinets.

Voilà pour les avantages signalés par notre confrère. Parlons un peu des inconvénients qu'il oublie de nous signaler.

Ce système supprime-t-il en effet la fumée par le rabattement? Il est permis d'en douter. Ensuite un désavantage visible, c'est la perte de l'étage des combles, car il faut réunir tous les conduits de cheminées sur un seul et même point, et les tuyaux coupent cet étage de façon à le rendre impropre à quelque usage que ce soit. Aussi nous pensons qu'il est préférable d'utiliser la fumée dans le voisinage immédiat du foyer; c'est là la solution pratique de l'utilisation de la fumée.

Nous devons savoir gré à notre confrère des efforts qu'il a faits pour remettre en lumière le procédé du *fumarium romain*, mais nous pensons que cette idée, pour devenir pratique, aurait eu besoin d'une étude plus approfondie.

DIVERS CORPS QU'ON RETROUVE DANS LES PRODUITS DE LA COMBUSTION.

I. Corps simples		Carbone, hydrogène, oxygène, azote.
II. Corps binaires	Oxydes	Vapeur d'eau, oxyde de carbone, acide carbonique.
	Carbure d'hydrogène.	Gaz des marais, pétrole, goudron, huiles empyreumatiques, etc.
	Composés d'azotes	Ammoniaque cyanogène.
III. Composés ternaires		Acides acétique, phénique, etc.

CHAPITRE III

HISTORIQUE DU CHAUFFAGE.

Utilité et nécessité du chauffage artificiel. — De tous les animaux qui vivent sur la surface du globe, l'homme est le seul qui, en venant au monde, n'apporte pas une fourrure pour le protéger contre les variations de température.

Il est donc obligé de se vêtir, afin de maintenir son corps dans une atmosphère de 37 à 38 degrés centigrades, qui lui sont indispensables pour vivre en bonne santé.

Dans notre pays, la température varie entre — 18° et + 38°; or notre corps tend toujours à se mettre en équilibre avec le milieu qui l'entoure, de sorte que lorsqu'il fait très-froid nous sommes obligés, pour maintenir notre chaleur corporelle à 37 ou 38 degrés, d'y suppléer par divers moyens.

Au dehors, on peut combattre le froid par un excellent moyen, par l'exercice; dans l'intérieur de nos habitations, au contraire, le plus ou moins de vêtements ne peut nous garantir suffisamment du froid, et pour maintenir l'équilibre entre notre corps et le milieu dans lequel il se trouve, il faut employer le chauffage artificiel, c'est-à-dire élever la température ambiante.

Seulement, il est très-difficile de déterminer le degré le plus convenable pour notre santé, car ce degré peut varier avec chaque individu, suivant son état de santé, suivant ses habitudes et suivant aussi la nature de ses occupations. Mais si on ne peut établir une échelle des températures applicable à chaque constitution ou à chaque corps d'état, on peut fixer des températures moyennes qu'on a reconnu bonnes et qui sont :

12 à 14° pour les ateliers;

15 et 17° pour les bureaux et appartements;

17 à 18° pour les lieux publics, tels que magasins, amphithéâtres, salles de spectacles, etc.;

Enfin, 18 à 20° pour certaines salles d'hôpitaux.

La différence qui existe entre ces températures et celle de notre corps est la somme de chaleur que nous pouvons perdre et fournir à l'air ambiant.

Si sous certains climats froids et humides on ne chauffait pas nos habitations, le froid et l'humidité nous causeraient des inflammations aiguës ou chroniques des voies respiratoires, des rhumatismes et autres maladies plus ou moins dangereuses.

Les observations qui précèdent peuvent donc servir à démontrer que dans tous les temps et chez tous les peuples, les hommes ont reconnu l'utilité sinon l'importance du chauffage, et la nécessité d'employer des appareils spéciaux pour cet usage.

Histoire du chauffage. — Nous avons recherché mais en vain des traces du chauffage dans les travaux des archéologues qui se sont occupés de l'homme dans les temps préhistoriques. Nous sommes donc obligé de conclure pour le moment que nous ne savons rien, absolument rien sur la manière dont se chauffaient les populations lacustres.

Nous ne nous sommes pas occupé le premier de cette question, puisque, dès 1756, Pierre Hébrard, dans sa *Caminologie* (1), page XV de sa dissertation sur les cheminées, nous dit : « Quant aux peuples qui faisaient leur demeure dans des antres ou des cavernes, il n'y a nulle difficulté à concevoir comment ils pouvaient y faire du feu en toute sûreté, sans être incommodés par la fumée, qui sortait par l'entrée et par les autres ouvertures faites par la nature; ainsi ils pouvaient fort bien se passer des cheminées. Ceci ne doit point paraître un paradoxe. On sait combien de différents peuples ont non-seulement habité des cavernes, mais encore en ont fait des demeures commodes et même agréables, principalement dans une partie de l'Asie, sur les bords de la mer Rouge et du golfe Persique; dans les montagnes d'Arménie, dans les îles Baléares et dans l'île de Malte. »

On pourrait objecter au père Hébrard que dans presque tous les pays qu'il cite, le climat était si doux et même si chaud, que les habitants n'avaient pas besoin de foyer et qu'ils pouvaient faire la cuisine en plein air, d'autant que ces tribus ne faisaient que chasser et guerroyer.

Dans le prophète Ézéchiel (2), les cuisines du temple nous sont représentées comme des cours découvertes de quarante coudées de longueur sur trente de largeur, autour desquelles étaient des foyers... D'autres sont dépeintes sous des portiques; *et culinæ fabricatæ erant subter porticos* (3).

Quoique les anciens n'eussent pas à l'origine de cheminées, il ne s'ensuit

(1) *Caminologie, ou Traité des cheminées*, sans nom d'auteur, 1 vol. in-12 de 187 pages, 21 pl., Dijon, Desventes, 1756.

(2) Livre d'Ézéchiel, cap. XLVI, v. 21 et 22.

(3) Ibid., cap. XLVI, v. 23.

pas qu'ils ne se chauffaient pas ; nous avons au contraire des traces nombreuses, dans les livres anciens qui nous restent, de leurs divers modes de chauffage. On retrouve chez eux comme chez nous l'usage des *braseros ;* le *foculus* des Romains, l'*arula* des Hébreux, durent être pendant longtemps chez ces peuples le seul appareil de chauffage. C'était un petit foyer portatif muni d'anses. Les Grecs employaient aussi le même appareil, ou du moins un appareil analogue. On pourrait le supposer d'après ce passage du *Misopogon* (œuvre de l'empereur Julien) dans lequel Julien raconte qu'étant à Lutèce, pendant un hiver de froid excessif, il ne voulut pas laisser chauffer son appartement avec les fourneaux généralement en usage dans le pays ; il se fit apporter dans sa chambre des charbons allumés, mais il ressentit bientôt un assoupissement si violent, qu'il fallut recourir à l'intervention d'un médecin pour l'en tirer.

Il est bien évident que ce commencement d'asphyxie n'a pu provenir que du dégagement de l'oxyde de carbone des charbons du *brasero*, dont la combustion était trop peu avancée.

Plutarque, dans la vie d'Alexandre, raconte que ce roi, dînant un hiver chez un de ses amis et se trouvant près d'un brasier avec fort peu de feu, Alexandre aurait dit : Apportez du bois et de l'encens ; du bois pour brûler dans le foyer ou de l'encens pour brûler sur le brasier. Voilà donc une trace de foyer à côté du *brasero*.

Le *brasero* et le *foculus* ne furent pas les seuls appareils de chauffage des Romains. Pour les bains, ils avaient imaginé un mode spécial de chauffage dont l'usage s'était répandu pour chauffer les appartements d'hiver. Ce mode se nommait *hypocaustum*.

Dans la Gaule, où l'hiver faisait ressentir souvent ses rigueurs, toutes les maisons de ville et de campagne avaient des hypocaustes, et même celles de beaucoup de pays plus méridionaux n'en étaient pas dépourvues, puisqu'on en voit beaucoup à Pompéi, dans des ruines qui n'appartiennent pas à des constructions balnéaires.

L'hypocauste consistait en un espace vide, mais très-peu élevé, ménagé sous l'aire ou le pavement des salles. Celui-ci était supporté et isolé du sol par de nombreux piliers équidistants entre lesquels circulaient la flamme et la fumée. Ces piliers étaient presque toujours construits en briques et de forme carrée. Cependant il en existait aux thermes de Titus, par exemple, qui étaient en pierre, de forme cylindrique, et qui ressemblaient à de petites colonnes.

Une bouche précédant un petit couloir servait à l'introduction du combustible dans cette sorte de four ; elle servait aussi à l'alimentation du feu. La flamme du foyer circulait entre les piliers et échauffait le pavement de la salle. La fumée s'échappait par une série de conduits en terre cuite qui tapissaient les parois de la chambre située au-dessus de l'hypocauste, et y portaient ainsi une douce chaleur. Aucune communication n'existait et ne devait exister entre la chambre et l'hypocauste. Une bouche tout à fait semblable à celle d'un four pour la forme, la dimension et le genre de construction, s'ouvrait toujours à l'extérieur du bâtiment, dans un petit réduit comparable à un fournil, ou dans une cour basse qu'on nommait *propnigeum* (προπνιγεῶν); c'est dans cette cour que se tenaient les *fornarii* ou *fornacatores*, c'est-à-dire les esclaves chargés du service de l'hypocauste.

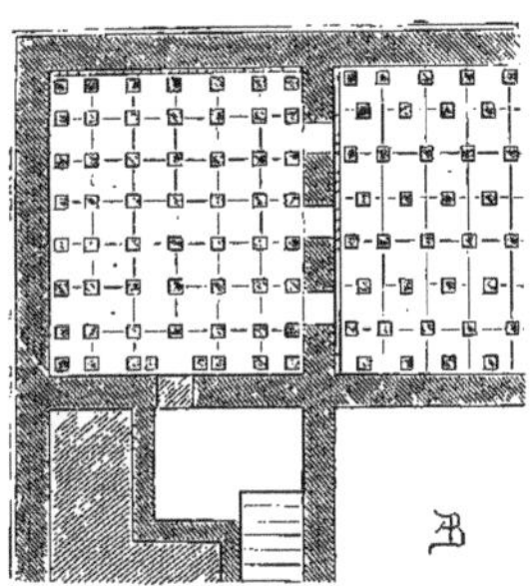

Fig. 1. — Plan d'un hypocauste découvert à Paris (ancienne rue de Constantine). (Échelle de 0m,005 pour mètre.)

Nous donnons, figures 1 et 2, le plan et l'élévation d'un hypocauste découvert à Paris, dans l'ancienne rue Constantine, près de Notre-Dame. Nous avons donné cet exemple, parce qu'il est inédit et tout à fait caractéristique.

La bouche et les parois intérieures de l'hypocauste, et en général toutes les parties qui pouvaient avoir à subir l'action du feu, étaient construites en briques comme les piliers, et hourdées comme eux en terre à four.

Le sol de l'hypocauste était formé d'une couche de terre à four étendue sur

Fig. 2. — Coupe d'un hypocauste découvert à Paris (ancienne rue de Constantine). (Échelle de 0m,005 pour mètre.)

une fondation en béton ou d'enrochement et pavé de briques ou tuiles plates retournées. Sur ce pavement s'élevaient les piliers hauts d'environ 0m,50 centimètres et composés de briques carrées de 0m,18 de côté, briques dont la forme, les dimensions, le degré de cuisson et même la nature de la pâte étaient toutes spéciales pour ce genre de construction, et qu'on ne voit employées dans aucun autre.

La forme des tuyaux pour la fumée était carrée, leur longueur variable, et quelques-uns avaient leurs côtés percés de trous ronds ou rectangulaires destinés à remplir l'office de véritables bouches de chaleur pour le chauffage de la chambre. Il est superflu d'ajouter que ces orifices étaient bouchés dans les tuyaux de fumée.

Nous donnons, figure 3, l'un des vestiges les plus curieux du chauffage des anciens. C'est un dessin de l'époque trouvé dans un *laconicum* (1) découvert à Rome près de l'église Sainte-Cécile. On y voit de nombreux tuyaux dans les murs, et l'emploi de briques creuses brevetées de nos jours comme une invention nouvelle ; ce qui prouve une fois de plus qu'il n'y a rien de nouveau sous le soleil.

Fig. 3. — Dessin d'un hypocauste trouvé à Rome sur les murs d'un *laconicum*.

Avant les Romains, les Chinois avaient employé un mode de chauffage en tout semblable à l'hypocauste, mais qui n'avait qu'un seul conduit au lieu de plusieurs pour l'échappement de la fumée. Nous le donnons dans nos figures 4 et 5 ; ces deux figures sont tirées des *Philosophical and micellaneous papers* (année 1787, appendix n° III, page 46). Nous traduisons littéralement l'article, et cela pour deux raisons. La première, parce qu'il indique que depuis longtemps les Chinois employaient la ventouse des cheminées ; la deuxième, parce que le système ingénieux des Chinois, perfectionné par l'auteur de l'article, pourrait être appliqué avec de nouveaux perfectionnements encore pour le chauffage des serres, jardins d'hiver et bains publics. Voici la traduction de cet article : « Dans le nord de la Chine, il existe un mode de chauffer les rez-de-chaussée qui est ingénieux. Ces étages sont dallés avec tuiles ayant un pied carré et deux pouces d'épaisseur (mesures anglaises). Les angles de ces tuiles sont supportés par des briques placées debout qui mesurent un pied de long sur quatre pouces carrés, les tuiles elles-mêmes se joignent les unes aux autres par emboîtement. Cette cavité qui existe au-dessous de la totalité de l'étage, a sur l'un des côtés de la maison une prise d'air près du foyer, et de l'autre un conduit qui entraîne la fumée. Le combustible employé est du charbon de terre, dont l'odeur ne se sent point dans la chambre à cause du fort tirage, et l'étage, et naturellement la chambre, est chauffé ; mais comme chaque pilier de ce sous-sol est noirci par la fumée et

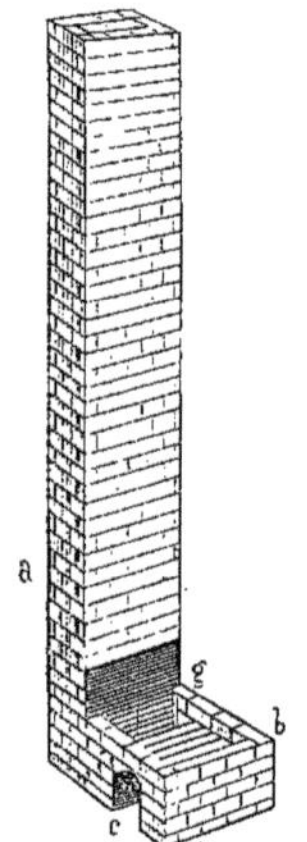

Fig. 4. — Conduit de la fumée d'un hypocauste chinois.

(1) On nommait ainsi l'extrémité demi-circulaire d'une chambre thermale du *caldarium* des bains ; c'est le πυριατήριον des Grecs. Martial, VI, 43, 16.

la suie, celle-ci empêche l'application directe de l'air chaud aux tuiles, et on comprend que la combustion de la fumée, qui est obligée de passer sur les charbons enflammés, fait que ce système est très-avantageux et donne plus de chaleur et par la flamme et par la fumée. L'étage étant tenu isolé par ce sous-sol a besoin de moins de combustible pour être échauffé. »

Ensuite l'auteur propose une amélioration, il demande avec raison (ce qui augmente fortement le tirage, qui sans cela laisse à désirer) que le conduit de la fumée soit fermé devant la grille, de façon à n'avoir qu'une plaque de fer entre le feu et le conduit de la fumée afin d'augmenter le tirage. Puis il donne la description des figures : (fig. 4) *a* est le conduit de la cheminée; *b*, la grille sur laquelle est placé le combustible; *c*, une des ouvertures par laquelle la fumée descend, attirée dans le conduit *d* de la figure 5; arrivée là, elle suit tous les

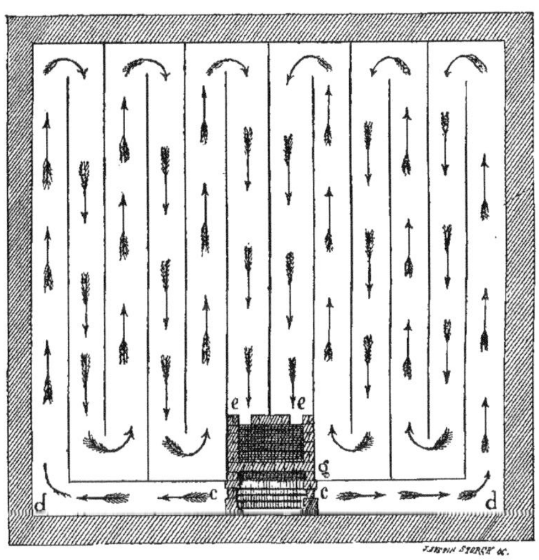

Fig. 5. — Plan d'un hypocauste chinois.

circuits désignés par les flèches, et arrive enfin aux ouvertures *e*, *e*; de là elle s'échappe par le conduit *a* (fig. 4). *g*, *g*, dans les deux figures, est la plaque de fer qui est placée près du feu. Par suite de sa position, cette plaque est chauffée; elle raréfie l'air dans cette partie du conduit, et cause l'ascension rapide de la fumée.

Sans la modification apportée par Franklin, nous comprenons difficilement que la fumée passe par les conduits souterrains sans que le feu donne beaucoup de fumée dans la pièce, avant que le tirage s'accomplisse; car il est bien entendu que la grille *b* (fig. 4) ne communique avec le conduit *a* qu'après avoir passé par les conduits souterrains, car chez les Chinois la partie *g* est construite en brique comme le montre en plan la figure 5.

Après cette digression revenons au chauffage antique.

Les Romains avaient un autre genre de chauffage sur lequel nous n'avons pas de renseignements bien précis; c'était l'*héliocaminus* (du grec ἥλιος, soleil, et κάμινος fourneau).

Ce mot *héliocaminus* se trouve dans deux textes latins, mais malheureusement sans explication. Le premier auteur de l'un de ces textes c'est Pline le Jeune (1): « *In capite xysti deinceps cryptoporticus horti diætæ est, amores mei, re vera amores; ipse posui. In hac* HELIOCAMINUS *quidem alia xystum, alia more utroque solem cubiculum autem valvis cryptoporticum fenestra prospicit.* »

Le deuxième texte est d'Ulpien (2) : « *Quod si arbore a te compacta* HELIOCAMINO *meo solem adimeret eo quod umbram facit in loco* HELIOCAMINI; *id contra servitutem tibi facere non licet* ».

Rich (3), qui dans son *Dictionnaire des antiquités grecques et romaines* renvoie aux deux textes que nous venons de citer, dit que l'*héliocaminus* était une chambre exposée au Midi, suffisamment chauffée par la chaleur naturelle du soleil et qui, en conséquence, n'avait pas besoin d'un chauffage artificiel.

D'après le dire de cet auteur, l'*héliocaminus* ne serait donc qu'une sorte de serre tempérée de nos jours.

Abordons maintenant la question de la CHEMINÉE. Les anciens l'ont-ils connue? Les avis des archéologues sont fort partagés sur cette question; cependant, après une étude sérieuse et des recherches minutieuses, attentives, nous sommes arrivé à nous faire une conviction que le lecteur partagera, nous l'espérons du moins. *Caminus* vient du grec κάμινος (nous l'avons déjà vu) qui signifie fourneau à fondre les métaux; Dezobry, dans son *Dictionnaire des lettres et des beaux-arts*, prétend que le mot *caminus* signifie non une cheminée, mais un fourneau à fondre les métaux, ou un brasier, un foyer peu élevé que les Romains plaçaient au milieu d'une chambre pour la chauffer.

Rich, dans son dictionnaire, nous dit à l'art. 4 de CAMINUS : « Il reste encore un point douteux : *caminus* signifie-t-il quelquefois une cheminée, dans le sens que nous attachons à ce mot, c'est-à-dire au conduit destiné à emporter la fumée en passant par les différents étages d'une maison, et à la répandre au dehors du toit? Les passages qu'on pourrait citer pour l'affirmative ne sont pas du tout concluants, et l'absence de toute construction qui ressemble à une

(1) Pline, 1, Ep. 17, 20, L. II.

(2) Ulpien, Dig. 8, 2, 17.

(3) Rich, *Dictionnaire des antiquités grecques et romaines*, 1 vol. in-12, Paris, Firmin-Didot frères, fils et Cie.

cheminée au sommet d'un édifice, dans les nombreux points de vue représentés par les artistes de Pompéi, celle de toute trace positive d'une pareille invention dans les bâtiments publics et particuliers de cette ville, prouve avec assez d'évidence que si les anciens connaissaient la cheminée, ils ne s'en sont que rarement servi. Dans la plupart des maisons, la fumée s'échappait probablement par une simple ouverture sur le toit, par les fenêtres et par les portes. »

Cette dernière supposition que la fumée s'échappait probablement par les portes et les fenêtres répugne au bon sens, car un pareil milieu n'est pas tenable pour l'homme ; ensuite, comment admettre que dans les belles *villæ*, dans les maisons luxueuses et dans les palais, les architectes grecs et romains qui ont fait preuve de tant de capacité, de recherches et de goût, ne se soient pas occupés d'empêcher la fumée de ternir les peintures et les dorures de la maison, ainsi que le riche mobilier que la plupart d'entre elles renfermaient. C'eût été une lacune regrettable, et les architectes anciens ne l'ont certainement pas commise.

Un peu plus loin, dans l'article précité, Rich, en parlant des divers fourneaux découverts à Baïes et à Pérouse, à Civita-Vecchia, finit par dire : « Si les édifices dans lesquels ces poêles étaient construits n'avaient qu'un étage, on ne se servait pas de tuyaux ; mais si, comme cela est très-probable, il y avait des appartements au-dessus, il semble presque certain qu'un petit tuyau ou tube avait été placé sur l'orifice de la coupole, de la même façon que celui qu'on voit dans le four d'un boulanger à Pompéi ; on n'en peut déterminer la hauteur primitive, parce qu'il n'en reste qu'une partie du rez-de-chaussée ».

Donc, cet auteur finit par conclure que : il *semble presque certain qu'un petit tuyau ou tube avait été placé sur l'orifice de la coupole, de la même façon que celui qu'on voit dans le four du boulanger de Pompéi.* Nous prenons acte de cet aveu, qui admet l'existence probable de la souche de cheminée ; nous avons vu dans l'hypocauste des conduits de fumée, et puisque le four du boulanger de Pompéi nous montre le manteau de la cheminée, nous pouvons bien conclure que, malgré toutes les discussions des archéologues, les anciens connaissaient et possédaient des cheminées presque semblables aux nôtres.

Fig. 6. – Four du boulanger à Pompéi.

Nous donnons, dans notre figure 6, ce fameux four du boulanger de Pompéi d'après une photographie. On y voit l'ouverture du four, le cendrier, un moulin, enfin le conduit de la fumée en forme d'entonnoir ou de hotte. Ce conduit traversait ou ne traversait pas d'autre pièce, peu importe ; mais il est bien certain que la fumée sortait quelque part, nous voulons même dans le *fuma-*

rium (1). Il n'en est pas moins vrai que c'était le même genre de cheminée que le nôtre, et même plus perfectionné, puisque les constructeurs romains utilisaient la fumée comme nous le disons dans notre note. Il demeure donc parfaitement établi d'après ce qui précède que les anciens ont employé un foyer surmonté quelquefois d'une hotte et toujours d'un conduit ou tuyau pour la fumée. Ensuite, que si ces tuyaux n'aboutissaient pas toujours directement sur les toits à des souches de cheminées, ils y aboutissaient indirectement en passant par le *fumarium*.

L'usage des cheminées telles que nous venons de les décrire, ne s'est pas perpétué jusqu'à nous sans interruption, puisque les cheminées avec jambages et hottes ne se retrouvent que dans les constructions postérieures au XIe siècle.

Parmi les cheminées remarquables du XIIe siècle, nous citerons celle de la cathédrale du Puy, celle du château de Vaux (Allier) et celle de la maison du Juif à Lincoln (Angleterre); au XIIIe siècle, les cheminées les plus connues sont celles du château de Clisson, près de Nantes, de l'abbaye Blanche, à Mortain; enfin, à partir du XIVe siècle, les exemples de cheminées encore existantes sont tellement nombreux, que nous n'essaierons même pas d'en faire mention.

A part les cheminées, le moyen âge employait encore le brasero, porté sur des roues, qu'on promenait de pièce en pièce. Notre figure 7 représente un de ces ustensiles, qui sont encore en usage en Espagne et en Italie.

Fig. 7. — Brasero portatif en usage au moyen âge.

Il employait aussi le *chauffe-doux* et le *bacin*, ainsi que des appareils dans lesquels le charbon embrasé était remplacé par l'eau chaude. C'était des vases de métal, fermés à vis, avec des anses; on les plaçait sous les pieds pour les tenir chaudement; on nommait certains de ces appareils *chauffouères* ou *chaufferettes*. Ils correspondaient à ce que nous nommons des boules ou bouillottes.

M. Delaborde, dans sa notice sur les émaux, bijoux et objets divers exposés dans les galeries du Louvre, à propos de divers ustensiles qui figuraient dans les inventaires du duc d'Anjou en 1360, cite ce passage : « *A Guillaume Arode, orfèvre, demourant à Paris, pour avoir rappareillé et mis à point le bacin et chaufferette d'argent* ».

(1) On appelait *fumarium*, pièce à fumée, une chambre située dans la partie supérieure des maisons romaines, et dans laquelle on réunissait la fumée des fourneaux des cuisines et des bains pour l'utiliser, avant sa sortie et sa dissipation dans les airs, soit pour sécher des bois soit pour faire vieillir le vin plus promptement, *quoniam vina celerius vetustescunt* (Columelle, *De Re rustica*, lib. I, cap. VI). On peut voir aussi Martial, X, 36, et Horace, od. III, 8, 11.

Nos ancêtres avaient aussi l'*escaufaille* ou *pomme à chauffer les mains*, qui était aussi une boule de métal contenant de la braise ardente. Nous dirons à ce propos que dans un inventaire de Gabrielle d'Estrées en 1599, il est question d'une pomme d'agate garnie d'argent pour rafraîchir la main des malades; ce qui prouve que les petites dames de ce temps-là avaient leurs maisons bien montées et ne se privaient de rien.

L'escaufaille du moyen âge n'était que la réédition de la *trulla* des anciens; c'était une sorte de vase en fer qui servait à transporter des matières ignées. Il existait dans l'antiquité des *trulla* en faïence, comme le prouve celle que nous donnons figure 8, qui a été découverte dans des fouilles à Rome.

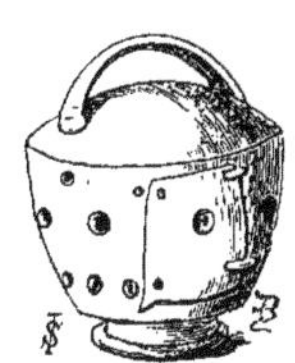

Fig. 8. — Trulla des anciens.

Le nom de cet ustensile lui vient des trous ménagés dans ses flancs, et qui servaient à faire passer un courant d'air sur des charbons qu'il renfermait dans son intérieur.

Tels étaient les divers modes et appareils de chauffage employés avant nous. Aujourd'hui, comme nous allons le voir dans le chapitre suivant, nous sommes beaucoup plus riches en appareils de chauffage.

CHAPITRE IV

LES APPAREILS DE CHAUFFAGE MODERNES.

Nos appareils sont nombreux nous venons de le dire, mais aucun de nos systèmes n'est tellement parfait qu'il ne présente des avantages et des inconvénients; malheureusement la somme de ces derniers prime de beaucoup celle les avantages.

Dans tous ou presque tous nos appareils modernes, on s'est efforcé de résoudre ce problème: *Utiliser le plus complètement et le plus économiquement possible la chaleur dégagée en brûlant les combustibles proprement dits.*

Dans l'application de ce principe, chaque inventeur a répondu d'une manière différente suivant le combustible qu'il se propose d'utiliser, suivant la localité qu'il habite, et suivant les désirs ou les exigences du consommateur qu'il veut satisfaire; de là une infinité d'appareils de chauffage qu'on peut cependant ramener à neuf classes différentes qui sont:

I. — Le chauffage direct par la combustion;

II. — Chauffage de l'air des appartements par le rayonnement du combustible; cheminées;

III. — Poêles;

IV. — Cheminées-poêles;

V. — Calorifère a air chaud;

VI. — Chauffage de l'air par l'eau chaude a haute et a basse pression;

VII. — Chauffage a la vapeur;

VIII. — Chauffage par l'eau et la vapeur combinées.

IX. — Chauffage au gaz.

Nous allons analyser successivement ces neuf modes de chauffage.

I. — CHAUFFAGE DIRECT PAR LA COMBUSTION.

Ce mode de chauffage n'est plus praticable, car les émanations d'acide carbonique et d'oxyde de carbone qu'il dégage dans une enceinte fermée sont des plus dangereuses pour la santé. Ce procédé consiste à brûler un combustible dans un récipient quelconque placé au milieu d'une salle, dont le plafond conique est, au centre du cône, percé d'un ou plusieurs trous par lesquels s'échappe la fumée. Aujourd'hui ce n'est que dans les huttes de sauvages et dans l'industrie du séchage des *crins frisés* que ce mode de chauffage existe encore.

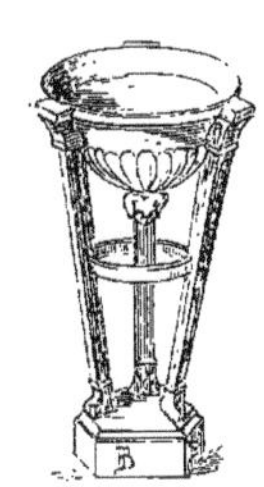

Fig. 9. — Trépied imité de l'antique servant de brasero.

Dans les pays chauds, en Algérie, en Italie, en Espagne, dans l'Amérique méridionale où les Espagnols l'ont importé, on chauffe encore les pièces à l'aide du brasero que nous avons décrit et figuré ci-dessus, ou bien on emploie encore un trépied imité de l'antique, dans le genre de celui que représente notre figure 9.

II. — CHAUFFAGE DE L'AIR PAR LE RAYONNEMENT DU COMBUSTIBLE; CHEMINÉES.

La plupart des pays civilisés sont aujourd'hui chauffés par des foyers ouverts, chargés de bois ou de charbons, qui échauffent l'air par le rayonnement du combustible enflammé.

C'est un mode de chauffage très-agréable, mais qui n'est pas économique, car une grande partie du calorique dégagé s'échappe par le conduit de la cheminée. Cette perte de calorique est évaluée de 75 à 80 p. 100.

Dans le courant de cette étude, nous analyserons et nous passerons en revue les moyens et les systèmes qu'on a proposés pour obvier à cet inconvénient; pour le moment, nous nous occuperons de la construction des cheminées; nous étudierons ensuite les causes qui les font fumer, et nous indiquerons les remèdes à apporter dans le but de supprimer le plus possible la fumée.

De la construction des cheminées. — On nomme *cheminée* l'endroit où l'on fait du feu ainsi que le conduit qui donne passage aux produits de la combustion et les rejette au dehors du local où le feu existe, et cela à une hauteur convenable.

Le tuyau sert aussi pour le tirage nécessaire à la combustion; c'est Montgolfier, le célèbre inventeur des ballons, qui s'occupa le premier du tirage des cheminées, et reconnut qu'il était dû à la différence de température qui existait entre l'air chauffé de l'intérieur des cheminées et l'air froid extérieur.

Les parties qui composent la cheminée sont : l'*âtre*, le *foyer*, le *contre-cœur*, les *jambages* ou *pieds-droits*, le *manteau* et la *hotte* (quand elle en possède), le *tuyau de la fumée*, la *souche* et la *mitre*, quand le tuyau est couronné de cette dernière.

Étudions la construction de ces diverses parties.

On construit les conduits de la fumée de diverses manières ; dans certaines localités, on se sert de coffre, tel que celui représenté par notre figure 10.

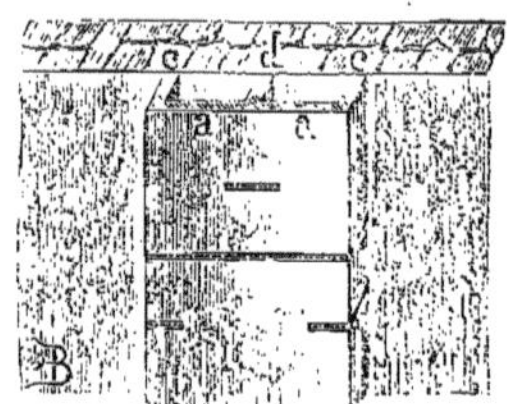

Fig. 10. — Coffre de cheminée en usage dans beaucoup de localités.

Dans ces coffres, toutes les cloisons ou petits murs portent le nom générique de *languettes*, mais on les distingue chacune par un nom particulier, suivant leurs positions respectives. Ainsi on nomme languette de face celle marquée *d* sur notre figure, languette de refend celle marquée *d*, et languettes costières celles marquées *c*, formant face en retour.

Dans la pratique on dit simplement *faces*, *costières* et *languettes*. On comprend que dans tout coffre ou souche il n'y a jamais qu'une languette de face et deux costières, et que le nombre des languettes de refend est variable et toujours égal à celui des côtés moins un.

Pour éviter toute confusion, on appelle *coffre* un conduit et *souche* la réunion de plusieurs conduits. Aujourd'hui on a substitué avec raison aux grands coffres des tuyaux qui donnent plus de tirage et moins de déperdition de chaleur ; du reste le volume de fumée est considérablement diminué par des appareils donnant une parfaite combustion. Notre figure 11 montre ce genre de tuyau en po-

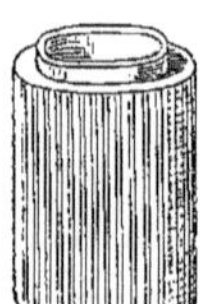

Fig. 11. — Tuyau en poterie pour conduite de fumée.

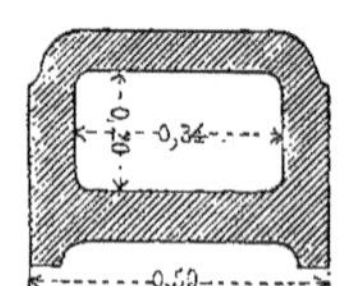

Fig. 12. — Tuyau en poterie dit wagonnet (1er type).

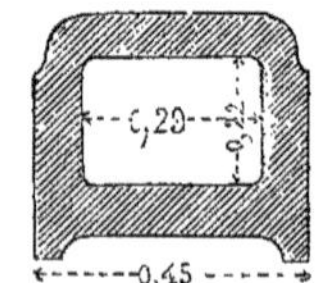

Fig. 13. — Tuyau en poterie dit wagonnet (2e type).

terie qui a ses faces extérieures cannelées, afin de faciliter le grippement du plâtre qu'on emploie pour les enduits.

Dans une construction, on est souvent obligé d'adosser plusieurs tuyaux de cheminées à côté les uns des autres. On emploie pour cet usage des poteries dites en wagon, parce qu'on les pose à la suite les unes des autres, et que la partie concave de la première s'emboîte avec la partie convexe de la seconde. Il s'en fait de plusieurs dimensions; notre figure 12 en montre un type qui mesure intérieurement $0^m,22$ sur $0^m,29$, et notre figure 13 un deuxième type, ayant comme dimensions intérieures $0^m,20$ sur $0^m,34$.

On fabrique aussi pour conduits de cheminées des briques cintrées. Suivant la forme qu'elles affectent, elles prennent diverses dénominations : elles sont dites en équerre, A (fig. 14); en plat à barbe, B; en chapeau de commissaire, C; en violon, D.

Quand on a un seul tuyau à monter, on emploie les briques cintrées, comme

Fig. 14. — Briques cintrées pour conduits. A, équerre; B, plat à barbe; C, chapeau de commissaire; D, violon.

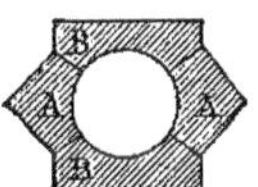

Fig. 15. — Briques cintrées pour conduits.

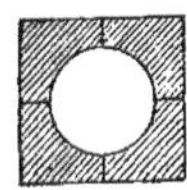

Fig. 16. — Briques cintrées pour conduits.

le montrent les figures 15 et 16; les briques A et B forment la première assise et notre figure 16 montre la deuxième assise. Enfin, quand il faut passer dans un

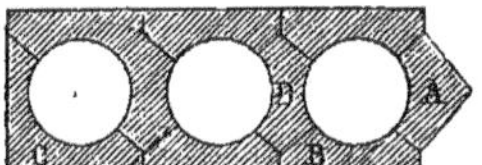

Fig. 17. — Briques cintrées pour un grand nombre de conduits.

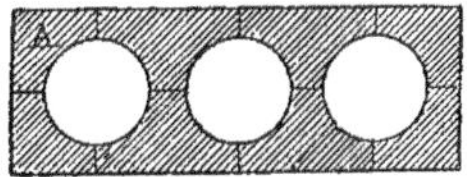

Fig. 18. — Briques cintrées pour trois conduits.

mur plusieurs tuyaux, on emploie les première et deuxième assises que représentent nos figures 17 et 18.

Il arrive parfois que dans une construction on n'a pas l'espace pour mettre les tuyaux à la suite les uns des autres, soit qu'une pièce de charpente ou toute autre cause vous gêne. Dans ce cas, on établit deux rangs de poteries comme le montre notre figure 19. On emploie à cet effet des briques en équerre, A, en plat à barbe, B, et en violon, D.

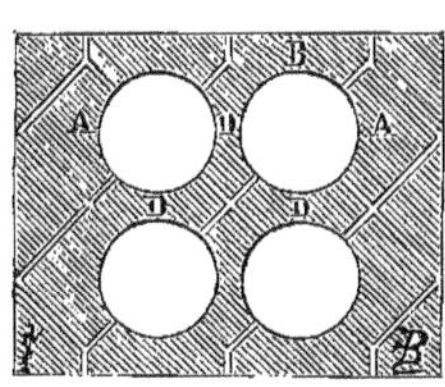

Fig. 19. — Briques cintrées pour deux conduits de cheminées.

Ce qu'on s'efforce d'obtenir aujourd'hui dans la construction d'une cheminée, c'est de ramener le feu en avant dans la chambre à échauffer pour réduire la profondeur du foyer. On augmente de cette façon le champ circulaire de dégagement du calorique rayonnant.

Le point de départ du conduit de fumée mérite de fixer l'attention. Il peut être muni d'un registre destiné à ouvrir ou fermer la communication; un rideau à l'aide de contre-poids peut donner à l'entrée de la cheminée plus ou moins d'ouverture, et augmenter ou diminuer le tirage ou même l'intercepter tout à fait. Des ventouses dont l'ouverture est pratiquée sur les murs extérieurs, et destinées à amener de l'air dans le tuyau de la cheminée, peuvent apporter un remède à celles qui fument, comme nous allons le voir un peu plus loin.

Les foyers de cheminées sont établis sur des bandes de trémies, espaces vides du plancher que l'on remplit de matériaux incombustibles; quand les planchers sont en fer on n'a pas à se préoccuper de la pose des bandes de trémies.

Les tuyaux de cheminées se font aussi en pierre et en fonte dans certains pays; ils sont comme ceux que nous avons précédemment décrits, soit carrés avec les angles arrondis, soit ronds, soit ovales.

A Paris il arrive assez souvent, nous pourrions dire presque toujours, que les maçons ne font que monter les jambages et hourder les manteaux des cheminées; le marbrier pose ensuite les marbres; enfin le fumiste fait tout ce qui est relatif aux dispositions intérieures du foyer.

Il arrive parfois qu'en province ou à l'étranger le maçon peut avoir à monter seul sa cheminée; dans ce cas, voici comment il doit procéder :

La cheminée étant faite en plâtre, le maçon commence à tracer sur le sol l'emplacement des jambages; puis il les érige en plâtras et plâtre, et mieux en brique. Les jambages montés jusqu'à la hauteur du manteau, le maçon établit ce dernier. Dans ce but, il place ordinairement deux barres de fer carrées s'appuyant sur les jambages, l'une sous la languette des tuyaux, et l'autre à $0^m,12$ ou $0^m,15$ en avant des jambages. Au-dessous des barres de fer, à quelques centimètres en contre-bas, il pose un bout de planche horizontalement, afin de noyer les barres dans le plâtre, et il établit en plâtre et plâtras toute la masse du manteau. Dès que le plâtre a fait prise on retire la planche.

Les jambages et le manteau ainsi obtenus, on les enduit extérieurement de plâtre, s'ils ne doivent pas recevoir de pierre ou de marbre; dans le cas contraire, on procède à la pose de ceux-ci, en ayant soin de les fixer dans le massif soit avec des pattes à scellement, soit avec des agrafes. Il pose d'abord les plaques verticales en les liant, à la place qu'elles doivent occuper, avec une ficelle située vers le milieu de leur hauteur, et dont les extrémités sont arrêtées à deux pointes implantées dans les jambages. Ces revêtements de pierre ou de marbre étant ainsi placés bien d'aplomb et dans l'alignement déterminé, le maçon les fixe à leur extrémité et aux jambages. Il pose ensuite la traverse horizontale, puis enfin la tablette qui recouvre le manteau, en ayant soin de la tenir éloignée du tuyau ou coffre d'un centimètre ou deux, afin que le gonflement du plâtre ne risque pas de la faire fendre. Ces opérations terminées, le maçon exécute en brique le contre-cœur, qui est destiné à diminuer l'ouverture de la cheminée; il pose en même temps la plaque de fonte de façon à amener le feu en avant, comme nous l'avons dit plus haut, pour diminuer le passage de la fumée et faire mieux rayonner la chaleur.

Les espaces compris entre les jambages et le contre-cœur restent ordinairement vides; c'est dans ce vide que passent les ventouses et les contre-poids des rideaux.

Quand les pièces sont parquetées, le carrelage du foyer se prolonge à $0^m,35$ environ en avant des jambages; aujourd'hui ces foyers sont généralement en marbre, d'une pièce ou à compartiments. Il faut ordinairement trois heures et demie à un maçon et son aide pour l'exécution, la pose et le scellement d'une cheminée dans les dimensions ordinaires.

Les *cheminées de cuisine* avec hotte se composent de deux jambages en briques hourdées en plâtre, formant console pour supporter le bâtis ou ceinture en fer du manteau de la cheminée. On laisse sur le devant de la hotte une partie horizontale de $0^m,12$ à $0^m,15$ de largeur faisant tablette. Celle-ci sert à recevoir quelques ustensiles de cuisine. Le plus souvent les cheminées de cuisine forment fourneau, et sont élevées à $0^m,75$ ou $0^m,80$ au-dessus du sol; on place ordinairement à côté et au même niveau une pierre d'évier. La largeur du tuyau des cheminées de cuisine doit être en proportion de la dimension du fourneau et du foyer.

Les *grandes cheminées d'usine* se construisent généralement en brique. On leur donne pour section un carré, mais plus généralement un cercle. Celles de forme circulaire sont élevées elles-mêmes suivant un carré jusqu'à une certaine hauteur, déterminée par leur position respective relativement aux bâtiments qui l'entourent; mais même lorsqu'elles sont isolées, on devra toujours, pour leur donner plus de solidité, les élever sur un massif carré de maçonnerie de $3^m,50$ à 4 mètres de hauteur au-dessus du sol. On forme ainsi une sorte de piédestal que l'on couronne par une corniche de brique ou de pierre. Cette partie carrée est descendue à 2 mètres ou $2^m,50$ en contre-bas du sol pour former la chambre de prise de la fumée venant des fourneaux ou chaudières; enfin elle est assise sur un massif de béton de 1 ou 2 mètres d'épaisseur, suivant la hauteur de la cheminée à laquelle elle sert de fondation. On donne à ce massif de $0^m,25$ à $0^m,50$ d'empâtement sur le parement extérieur des murs formant la base ou socle de la cheminée.

Les proportions d'une cheminée d'usine, de 30 à 35 mètres de hauteur à partir du sol, et de $0^m,55$ de diamètre au sommet, sont à peu près les suivantes :

Côté extérieur du socle, depuis le massif en béton jusqu'à $0^m,20$ environ au-dessus du sol .... $3^m,00$

Épaisseur des murs (3 briques sur leur longueur de $0^m,22$ et une sur la

largeur de $0^m,11$, y compris joints) .... $0^m,79$
Côté extérieur de la cheminée depuis le socle jusqu'à la partie circulaire, c'est-à-dire sur une hauteur de $2^m,90$ environ .... $2^m,79$
Épaisseur des murs dans cette partie (3 briques sur leur longueur de $0^m,22$ avec joints) .... $0^m,69$
Saillie du socle sur le pourtour de cette partie .... $0^m,12$
Diminution intérieure de la cheminée depuis le massif de béton jusqu'à la partie circulaire .... $1^m,42$
Le pied de la partie circulaire étant tangent au socle, son diamètre est de $2^m,80$
Épaisseur des murs de la partie circulaire, depuis son pied jusqu'à la première retraite intérieure, c'est-à-dire dans une hauteur de 7 à 8 mètres (2 briques sur leur longueur de $0^m,22$ et une sur la largeur de $0^m,11$, y compris joints) .... $0^m,58$
Épaisseur des murs depuis la première jusqu'à la seconde retraite intérieure, c'est-à-dire sur une hauteur de 6 à 7 mètres (2 briques sur leur longueur de $0^m,22$) .... $0^m,45$
Épaisseur des murs de la deuxième à la troisième retraite, c'est-à-dire encore sur une hauteur de 6 à 7 mètres (une brique sur la longueur et une sur la largeur) .... $0^m,34$
Épaisseur des murs depuis la troisième retraite jusqu'au sommet de la cheminée, sur une hauteur de $6^m,70$ à 7 mètres (une brique sur la longueur) .... $0^m,22$

On emploie, pour la construction de ces cheminées, des briques légèrement cintrées, mais on peut employer aussi des briques droites. Quand on utilise ces dernières pour ne pas être obligé de tailler les briques (ce qui exigerait un temps considérable et un assez fort déchet), on donne la même épaisseur à la cheminée dans toute la hauteur de chacune des portions séparées par des retraites. Si on construit ainsi, c'est pour regagner ce que le fruit extérieur a fait perdre à la section intérieure de la cheminée; et de distance en distance on met les parois intérieures en retraite de la largeur d'une brique, c'est-à-dire qu'on diminue de cette largeur l'épaisseur de la cheminée.

Pour les cheminées de petite hauteur, l'épaisseur du sommet est très-souvent réduite à la largeur d'une brique de $0^m,11$.

Afin de rendre le fruit bien régulier sur toute la hauteur de la cheminée, le maçon applique contre le parement extérieur de celle-ci, au fur et à mesure qu'elle s'élève, une planche de 1 mètre de longueur, taillée de manière que sa largeur soit moindre à l'extrémité supérieure qu'à l'autre; et contre l'une des faces on a fixé un fil à plomb qui vient battre dans une encoche faite au bas de la planche, quand l'arête non taillée de celle-ci est placée verticalement. On conçoit que pour bien élever ses parements, l'ouvrier n'a qu'à appliquer des *secs* de temps à autre sur le côté incliné de cette espèce de niveau, et à vérifier si le fil à plomb bat dans l'encoche.

L'établissement des hautes cheminées d'usine se faisait autrefois à l'aide d'un échafaudage extérieur et était très-coûteux. Actuellement on les construit sans échafaudage extérieur. L'ouvrier se tient à l'intérieur de la cheminée, et au fur et à mesure qu'il l'élève, il place des traverses en bois dans des trous qu'il réserve dans la maçonnerie. Sur ces traverses, il dispose des planches qui le supportent pour son travail. A l'une des traverses est fixée une poulie sur laquelle passe une corde manœuvrée par un treuil fixé au bas de la cheminée. A l'extrémité libre de la corde est fixé un plateau sur lequel des garçons placent des briques et le mortier pour les élever au compagnon qui construit la cheminée.

Fig. 20. — Plan d'une cheminée d'usine.

Un bon ouvrier et son aide peuvent en quelques semaines élever une cheminée de 14 à 15 mètres de hauteur ayant un diamètre, à la base extérieurement, de 1^{m},70, intérieurement de 0^{m},80, et au sommet extérieurement de 0^{m},70, et intérieurement de 0^{m},50.

Le temps nécessaire pour exécuter 1 mètre cube de maçonnerie pour ces sortes de cheminées, de la base au sommet, est en moyenne de sept heures de briqueteur et onze heures de manœuvre ou aide.

Pour Paris, les prix moyens de 1 mètre cube de maçonnerie de brique pour les cheminées sont de :

Pour les fourneaux de machines à vapeur en brique de Bourgogne, et y compris les briques réfractaires du foyer.	70 fr.
En brique de Vaugirard ou du pays	50 »
Pour la main d'œuvre sans fourniture	15 »

Ces cheminées sont pourvues de divers accessoires; ainsi, à part les registres, à des intervalles de 0^{m},25 à 0^{m},30 de hauteur, on encastre régulièrement, pendant la construction, un crampon en fer rond à deux coudes dans la maçonnerie et à l'intérieur de la cheminée.

Ces crampons forment une échelle qui sert au maçon à monter et à descendre pendant le cours de la construction, puis elle sert plus tard pour faire les réparations et les nettoyages.

Comme ces hautes cheminées d'usine courent le danger d'être frappées par la foudre, on les munit ordinairement de paratonnerres, dont la chaîne descend intérieurement ou extérieurement et s'enfonce dans le sol comme à l'ordinaire. Il ne faut pas craindre de donner à ces cheminées plus de hauteur qu'il n'est nécessaire pour le tirage, parce qu'on peut toujours diminuer celui-ci à l'aide de registres s'il est trop fort.

Pour certaines cheminées d'appel, comme celles qui servent à la ventilation, on construit près de leur base un petit fourneau particulier, dit *fourneau d'appel*, qui sert à lancer dans la cheminée une quantité de chaleur nécessaire à son tirage. La plus haute cheminée qui existe actuellement en Europe est construite à Manchester; elle mesure 125 mètres de hauteur; son diamètre extérieur, à la base, est de 7^m,50, et au sommet 2^m,70; on y a employé 4 500 000 briques.

Notre figure 20 montre le plan d'une cheminée d'usine, notre figure 21 l'élé-

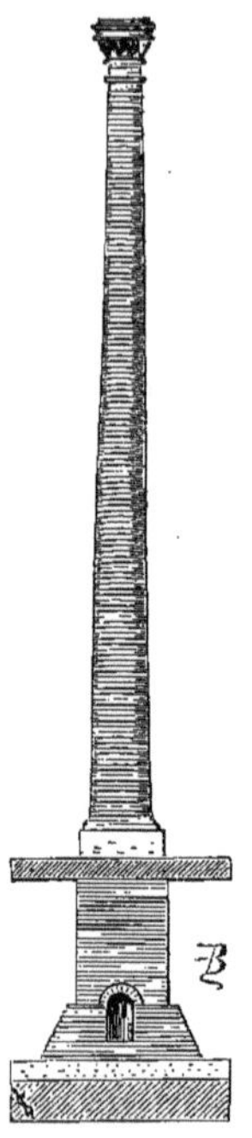

Fig. 21. — Élévation d'une cheminée d'usine.

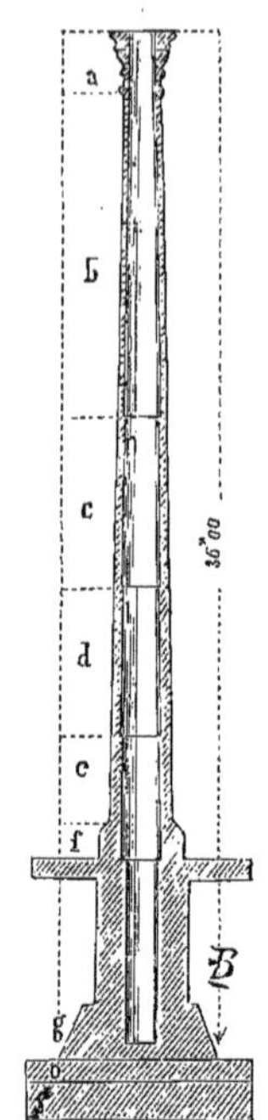

Fig. 22. — Coupe d'une cheminée d'usine.

vation et notre figure 22 la coupe. Ces figures montrent aussi que la corniche du soubassement est en pierre, ainsi que le chapiteau qui couronne la cheminée.

De la fumée, et des moyens d'empêcher les cheminées de fumer. — Les cheminées sont un moyen de chauffage des plus agréables, malheureusement elles sont sujettes à fumer. Pour obvier à cet inconvénient, on a imaginé une quantité innombrable d'appareils dits *fumivores* ainsi qu'un grand nombre de cheminées de divers systèmes, qui peuvent cependant être ramenés à quelques types principaux; nous les passerons bientôt en revue, après avoir étudié toutefois les moyens de se préserver de la fumée.

Les désagréments de la fumée sont connus depuis longtemps, puisqu'un poëte latin a écrit :

Sunt tria damna domus :
Imber, mala fœmina, fumus.

Thomas Ruston, de Philadelphie, dans une lettre qu'il écrivait à B. Franklin (1) exprimait à peu près la même pensée :

A smoky house and scolding wife
Are (said to he) two of the greatest ills in life.

Ce qui signifie : « Une maison fumeuse et une femme acariâtre sont réputées deux des plus grands fléaux de la vie » ; tandis que la traduction du latin signifie : « Il y a trois fléaux de la maison, l'humidité, une femme acariâtre et la fumée ». S'il est difficile d'éviter le second fléau, on peut au moins remédier aux deux autres.

Pour la fumée, il faut d'abord rechercher les causes qui la rejettent dans les appartements. Ces causes sont nombreuses ; nous allons les étudier successivement, en indiquant les remèdes les plus efficaces pour les supprimer.

Parmi ces causes, les unes sont purement accidentelles, les autres proviennent d'un vice de construction ; mais quoique ces causes soient fort nombreuses, on peut les ramener à treize principales :

1° Le manque d'air dans une pièce fait fumer une cheminée ; il faut en effet une moyenne de 60 mètres cubes d'air pour brûler dans un foyer 1 kilogramme de bois. Il devient donc impossible de faire tirer une cheminée lorsque la pièce où brûle un foyer est tellement close que l'air extérieur ne peut y pénétrer.

Bien souvent l'habitant du local s'aperçoit qu'en ouvrant une porte ou une fenêtre la cheminée effectue un bon tirage ; il constate donc lui-même, et souvent d'une manière inconsciente, le défaut d'aérage ; dans ce cas il faut établir une ventouse d'aération, c'est-à-dire une prise d'air partant de l'extérieur et arrivant dans le coffre de la cheminée ; par ce moyen l'air froid ne traverse pas la pièce et donne un tirage dans le tuyau de la cheminée.

2° Une trop grande ouverture du foyer fait aussi fumer les cheminées ; le remède est facile à trouver, il suffit en effet de diminuer cette ouverture.

3° Un tuyau trop large ne s'échauffe qu'à la longue ; dès lors, il ne peut y avoir un tirage suffisant. Il faut donc construire des tuyaux étroits ou réduire ceux qui sont trop larges pour éviter la fumée. Si les tuyaux sont trop étroits la cheminée ne peut débiter assez, d'où encore fumée, comme dans le cas précédent.

4° Le parcours ou hauteur moyenne du tuyau peut être trop court ; cela arrive

(1) *Philosophical and Miscellaneous papers;* app., p. 50, année 1789. Ruston disait aussi dans cette lettre : « L'entretien sur les cheminées qui fument, entretien que j'ai eu l'honneur d'avoir avec vous dernièrement dans votre propre maison, a autant d'importance pour chaque individu que pour chaque famille ; aussi on ne saurait trop causer là-dessus. *A smoky house*, etc. ;... et quelques difficultés qu'on puisse avoir pour porter remède à l'un de ces maux, cependant il y a moyen d'éloigner les inconvénients de l'autre, ce qui ne peut manquer d'être favorablement reçu du public.

pour les bâtiments qui n'ont qu'un rez-de-chaussée; dans ce cas, il faut exhausser le conduit de la fumée par un tuyau en tôle, ou de toute autre manière. Si l'on ne peut user de ce moyen, il faudra rétrécir l'embouchure de la cheminée, de façon à ce que l'air aspiré soit forcé de passer très-près du feu; il s'échauffe alors et peut s'élever plus rapidement, ce qui établit un bon tirage.

5° Deux cheminées dans la même pièce ou dans deux pièces contiguës produisent encore de la fumée. C'est très-facile à comprendre. Si deux cheminées fonctionnent dans une pièce, l'une d'elles par sa position, par sa construction, peut avoir un plus fort tirage que sa voisine, elle attire dès lors un plus grand courant d'air; elle peut même amener dans la pièce un vide partiel suffisant pour déterminer un courant descendant par l'autre cheminée, ce qui occasionne de la fumée. Si les cheminées sont dans deux pièces contiguës communiquant par une porte, on évite le désagrément que nous venons de signaler en fermant cette porte; dans le cas précédent, pour éviter la fumée il faut fermer par une trappe l'une des cheminées, ou, si l'on veut allumer du feu dans les deux à la fois, il faut établir à chacune d'elles de fortes ventouses.

6° Si le sommet d'une cheminée est dominé par un édifice, une éminence quelconque (monument, colline ou montagne), suivant le vent dominant cette cheminée fumera, et si le vent, après avoir dépassé ces hauteurs, change de direction et frappe sur la cheminée presque verticalement, il bouche la mitre : la fumée ne pouvant plus sortir enfume l'appartement. C'est une des causes auxquelles il est très-difficile d'apporter un remède; il faut dans ce cas coiffer les cheminées avec l'un des appareils que nous donnons plus loin, figure 23 et suivantes.

Les appareils que nous décrivons plus loin ne donnent pas toujours satisfaction, mais ils améliorent sensiblement la situation. Le procédé vraiment efficace consiste à faire dépasser, quand c'est possible, le tuyau au-dessus de l'obstacle.

7° Quand le vent souffle contre une éminence, il est arrêté dans sa course, et comme il est refoulé il s'engouffre dans le tuyau de cheminée et renvoie la fumée dans la pièce; c'est peut-être un des cas auxquels il est très-difficile de remédier, car si le tuyau ne peut dominer l'édifice ou la colline, les appareils qu'on emploie sont peu efficaces.

8° Quand une cheminée est posée dans une pièce de façon à ce qu'une porte établisse un courant d'air le long du mur, ce courant entraîne une partie de la fumée dans la chambre.

Dans ce cas, il faut faire ouvrir la porte du côté opposé, ou bien employer un paravent pour intercepter le passage de l'air et l'empêcher de frapper sur le mur auquel la cheminée est adossée. On doit surtout éviter d'établir la cheminée en face de la porte d'entrée, sinon chaque fois que l'on ouvrira ou fermera celle-ci, la colonne d'air ébranlée chassera des bouffées de fumée dans la chambre.

9° Un vent violent passant sur le sommet d'une cheminée la fait fumer; on remédie à cet état de choses en apposant des mitrons qui rétrécissent le tuyau et augmentent le tirage (fig. 23), ou des appareils fumivores analogues à ceux que nous décrivons un peu plus loin.

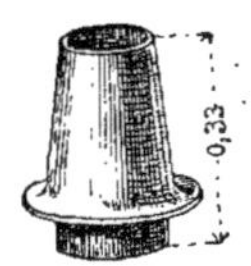

Fig. 23. — Mitron pour augmenter le tirage des cheminées.

10° La fumée arrive parfois par une cheminée dans laquelle on ne fait pas de feu; c'est le vent qui rabat la fumée d'une cheminée voisine ou adossée; dans ce cas il faut fermer hermétiquement la cheminée par une trappe ou un autre moyen, quand elle n'est pas allumée; si elle l'est, au contraire, l'inconvénient que nous venons de signaler n'arrive qu'accidentellement.

11° Quand les rayons solaires frappent sur les souches de cheminée, l'action du soleil détermine des courants d'air chaud descendant, ce qui retarde l'allumage et fait fumer. On peut remédier à cet état de choses à l'aide des appareils fumivores, ou en surélevant les souches de cheminée pour augmenter le tirage.

Le soleil a une autre manière d'agir sur les cheminées pour les faire fumer; par exemple, si une des salles chauffées est exposée au Midi et ses fenêtres percées dans un grand mur, si celui-ci reçoit en plein les rayons de soleil il s'échauffe. Il s'établit alors un fort courant ascendant qui fait appel sur toutes les fenêtres adjacentes; si l'on vient à ouvrir une de ces fenêtres, l'air se précipite avec violence de ce côté et fait appel à la cheminée, qui fume. Si cette pièce n'a pas assez d'air pour sa cheminée, il faut établir de fortes ventouses au Nord, qui aboutissent dans le bas de la cheminée.

12° Quand on emploie un même tuyau pour plusieurs cheminées, d'abord ces tuyaux ont l'inconvénient d'être des tuyaux d'acoustique, ensuite quand on oublie de fermer la trappe de sa cheminée, la fumée d'une autre qu'on allume vient chez vous par ce tuyau; il faut dans ce cas avoir des trappes fermant hermétiquement ou, ce qui est mieux, avoir un tuyau pour chaque cheminée.

Nous parlerons plus loin des tuyaux unitaires.

13° Quand une salle chauffée se trouve dans le voisinage d'une cage d'escalier chauffée ou non chauffée, en raison de son diamètre et de sa hauteur, cette cage d'escalier produit l'effet d'une puissante cheminée d'appel qui attire toute la fumée des cheminées qui sont sous son influence.

Pour empêcher cette action, il faut dans certains cas ventiler la cage d'escalier, et dans d'autres on doit se contenter de chauffer très-modérément cette même cage. Les moyens de reconnaître les causes qui font fumer les cheminées sont quelquefois difficiles; mais dans bien des cas il suffit, quand le feu est allumé, de fermer les portes et les fenêtres et de présenter aux joints de celles-ci une bougie allumée; on reconnaît par la direction de la flamme de cette dernière la direction des courants d'air.

Si le courant sort de la pièce, on passe une porte et on le suit, et il vous mène tantôt à une porte ou à une fenêtre, tantôt à une cage d'escalier.

On peut en conclure que la porte, la fenêtre ou la cage d'escalier font appel; dans ce cas, il faut fournir à la pièce qui manque d'air des ventouses d'aération plus puissantes, ou en ajouter à la pièce ou à la cage d'escalier qui fait appel.

Si au contraire les courants viennent tous du dehors au dedans de la chambre, c'est une preuve que l'air de la pièce ne suffit pas au tirage de la cheminée; il faut donc établir une ventilation plus active. Du reste, aujourd'hui on commence à connaître mieux l'utilité et le rôle important que la ventilation exerce sur les cheminées; si ce fonctionnement était mieux compris, nous verrions bientôt disparaître des toitures tous ces fumivores et tous ces parafumées qui produisent un si détestable effet sur nos édifices publics et privés, et qui coûtent tant de soins, de soucis et de dépenses à leurs propriétaires; cependant, comme dans certains cas extrêmement rares on ne peut s'en passer et comme la routine les emploiera encore longtemps là même où ils ne sont pas utiles, nous sommes bien obligé de les décrire dans notre travail.

Les appareils inventés pour cet usage sont très-nombreux, et leurs formes sont très-variées, quelquefois très-compliquées. Nous ignorons pourquoi on les nomme *fumivores* puisqu'ils ne dévorent point mais détournent simplement la fumée; aussi préférons-nous les appeler *parafumées*.

Le plus simple de tous et le plus anciennement connu c'est la mitre chinoise (fig. 24). Quand le vent souffle du côté A, la mitre prend la position inclinée qu'indique la ligne ponctuée, et la fumée s'échappe du côté B.

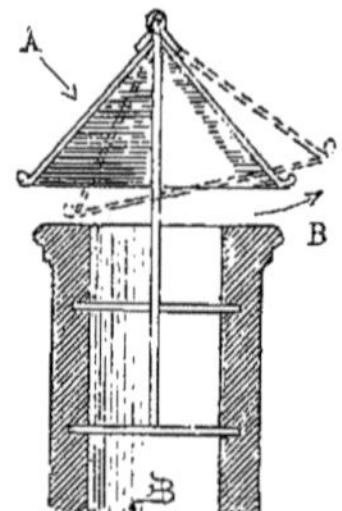

Fig. 24. — Mitre chinoise.

Fig. 25. — Mitre d'Alberti.

Alberti, dans son traité, donne un système identique représenté par notre figure 25.

Notre figure 26 représente une gueule de loup à chapeaux superposés; le vent entre dans ces sortes de cellules que forment les chapeaux, et entraîne la fumée; en outre comme l'extrémité de la gueule de loup est à girouette, la fumée sort du côté opposé au vent.

Notre figure 27 fait voir la coupe d'un système de ventilateur qui protége aussi la sortie de la fumée ; si le vent souffle en B, la fumée peut sortir librement en A.

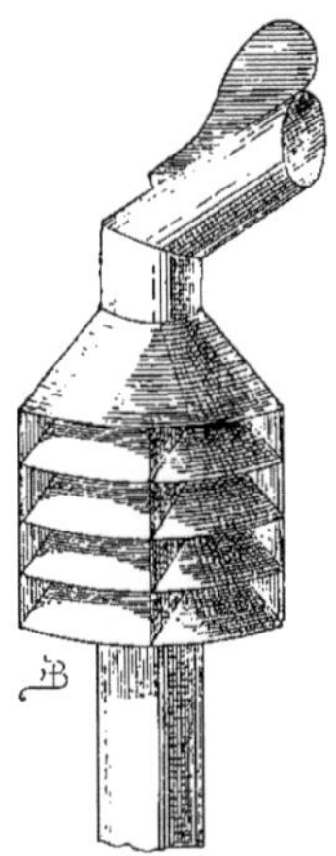

Fig. 26. — Gueule de loup avec chapeaux superposés.

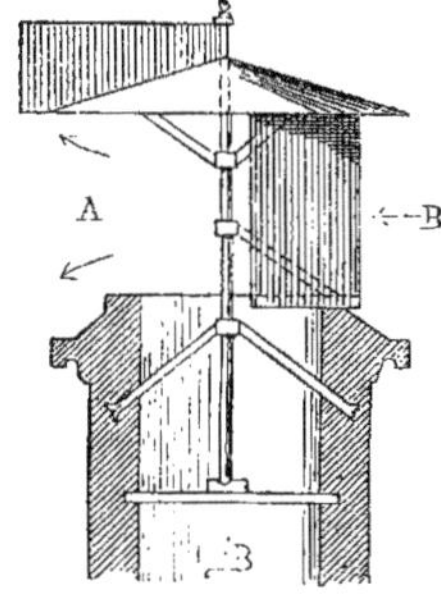

Fig. 27. — Mitre pour la fumée et la ventilation.

Beaucoup d'auteurs se sont occupés d'empêcher les cheminées de fumer ; nous allons en citer quelques-uns avec les appareils qu'ils ont proposés.

Alberti prétend que rien n'est plus efficace que d'appliquer à l'extrémité du tuyau un couvercle de tôle ou de fer-blanc (fig. 28) portant quatre becs qui,

Fig. 28. — Souche de cheminée de L. B. Alberti.

Fig. 29. — Souche de cheminée de Serlio.

Fig. 30. — Souche de cheminée de Cardan.

suivant son expression, *serviront de soupiraux ou de narines pour faire sortir la fumée.*

Évidemment ce système permettait l'échauffement du conduit de la fumée et devait activer le tirage ; en outre, si le vent soufflait sur une des *narines*, la fumée pouvait sortir par les trois autres.

Serlio a parlé aussi longuement des cheminées dans chaque ordre d'architecture, et il a donné différents modèles de tuyaux qui tous satisfont à un principe unique : celui de réduire l'ouverture de la sortie de la fumée. L'extrémité des conduits est rétrécie et presque fermée, ce qui fait que le vent peut d'autant moins y entrer que la fumée comprimée en sort avec plus de force ; notre figure 29 montre le principe que Serlio a préconisé pour les tuyaux de fumée.

Cardan (1), s'inspirant probablement du système d'Alberti, en créa un nouveau qui a quelques analogies avec ce dernier.

Seulement, au lieu de quatre tuyaux ou narines il en met huit ; deux sur chaque face, dont l'un a son extrémité dirigée en haut et le second en bas (fig. 30). « Car, dit-il, il est impossible que huit vents, quatre tendant en haut et quatre tendant en bas, soufflent tous en même temps des divers points de l'horizon ; par conséquent la fumée pourra toujours s'exhaler par quelqu'un de ces tuyaux. »

Fig. 31. — Souche de cheminée de Philibert Delorme (1er type).

Nous devons ajouter que ce système n'est applicable que pour les tuyaux isolés ; malgré cela Philibert Delorme fait beaucoup de cas de cette invention, qu'il regarde comme *très-bien imaginée* (2).

Philibert Delorme propose deux souches de cheminées pour empêcher la fumée d'arriver dans les appartements. Il ferme l'extrémité des souches, et il laisse seulement des ouvertures longues et perpendiculaires aux quatre faces pour l'issue de la fumée. Ces ouvertures sont cachées par des contre-murs portés par des consoles, comme le montre notre figure 31. La figure 32 indique le plan de cette même souche de cheminée.

Fig. 32. — Plan de la souche de cheminée de Philibert Delorme (1er type).

Nos figures 33 et 34 montrent le deuxième type de souche de cheminée ; dans celui-ci le contre-mur est remplacé par des demi-cylindres suspendus aux quatre faces de la cheminée. Ces demi-cylindres sont ouverts également du haut

(1) *De Subtilitate*, libri XII. Nuremberg, 1555. In-fol. traduit en français par Rich. Le Blanc, Paris, 1556, in-4°, et 1585, in-8°, deux éditions rares.

(2) Livre IX de l'*Architecture*, chapitre X.

et du bas, de sorte que si le vent souffle sur le haut, la fumée sort par le bas; si au contraire il souffle de bas en haut, il active le tirage et la fumée sort par l'extrémité supérieure.

Nous ferons remarquer que la cheminée dépasse en hauteur les demi-cylindres, de sorte que quel que soit le vent dominant, deux ou trois cylindres ont leur extrémité à l'abri.

Fig. 33. — Souche de cheminée de Philibert Delorme (2e type).

Fig. 34. — Plan de la souche de cheminée de Philibert Delorme (2e type).

Notre figure 33 montre l'élévation de la souche, et notre figure 34 le plan.

Delorme avait puisé l'idée de ses souches dans Cardan. (Voy. ouvrage cité précédemment.)

Nous trouvons encore dans Delorme (1) un procédé complétement oublié aujourd'hui et qui pourrait être appliqué aux cheminées qu'aucun système ne peut empêcher de fumer. Nous en donnons la description d'après cet auteur : « Il est quelquefois nécessaire, dit-il, de se servir de deux pommes creuses de cuivre de 5 à 6 pouces de diamètre au plus; ayant fait un petit trou en dessus il faut les remplir d'eau, ensuite les placer dans la cheminée à la hauteur de 4 à 5 pieds, à proportion du feu qu'on voudra faire, afin qu'elles puissent s'échauffer jusqu'au point que l'eau étant suffisamment chaude, elle s'évaporera par le petit trou; les vapeurs raréfiées sortiront rapidement; forcées de passer en peu de temps d'un grand espace dans un petit, pousseront l'air, lequel étant chassé violemment communiquera son mouvement à l'air intérieur, et cette impression rapide fera sentir un vent assez véhément pour pousser et faire monter la fumée. »

Notre figure 35 fait parfaitement comprendre la disposition de ces boules dans la cheminée.

Vitruve (2), en traitant de la génération et de la nature des vents, parle de certaines boules qu'il compare à celles des Grecs qu'ils nomment ἑολιπιλες (*quasi æoli portæ*), qui ne sont autre chose que des globes ou boules d'airain de diffé-

(1) Livre IX, chap. VIII de son livre l'*Architecture*
(2) Lib. I, cap. VI.

rentes formes. On les plaçait devant le feu pour servir de soufflets ou d'allumoirs; c'est ainsi que les nomme François René dans son livre des ***Merveilles de la nature***. Ces *éolipyles*, dont nous donnons un second spécimen (fig. 36), sont des boules creuses remplies d'eau et qui ont à leur sommet un petit trou fort étroit. On les met devant le feu qui échauffe et vaporise l'eau que contiennen

Fig. 35. — Éolipyle de Ph. Delorme pour augmenter le tirage.

Fig. 36. — Éolipyle.

ces boules; la vapeur d'eau sort en causant un courant très-sensible qui lance le tirage de la cheminée.

Enfin, on emploie des appareils en forme de T, de double T, de sphères coiffant des tuyaux, lesquelles sphères sont faites avec des lamelles de tôle, et sont disposées de façon à tourner suivant le courant du vent, ce qui, au dire des inven-

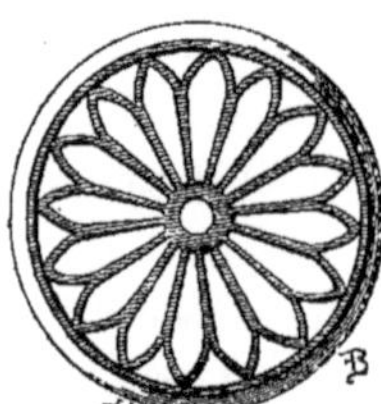

Fig. 37. — Grille ronde pour ventouse d'aération.

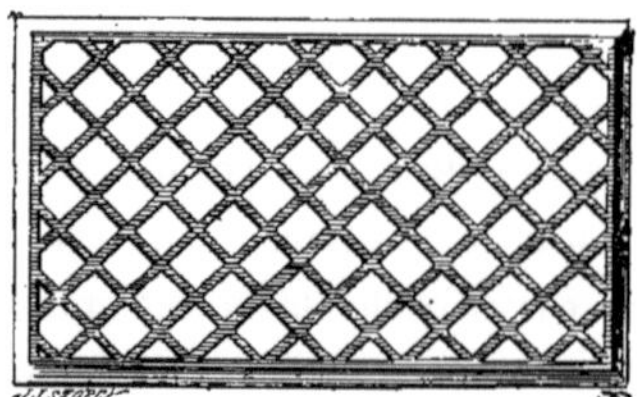

Fig. 38. — Grille rectangulaire pour ventouse d'aération.

teurs, aspire la fumée. Ces procédés sont plus ou moins ingénieux mais sont loin de répondre à l'effet qu'on leur demande. Les meilleurs moyens d'empêcher les cheminées de fumer, c'est de les bien construire, ainsi que soigner la construction de leur tuyau, et de leur donner des ventouses d'aération en rapport avec les dimensions et le diamètre des tuyaux de fumée. Comme les trous des ventouses d'aération pratiqués sur les façades des maisons seraient désagréables à la vue, on emploie pour les boucher des grilles de ventilation qui empêchent aussi les oiseaux, les rats et les souris de s'abriter dans les ventouses d'aération pour s'y loger.

Ces animaux sauraient bien vite les boucher à l'arrière, afin de ne pas rester exposés au courant d'air. Comme on le voit ces grilles ont leur utilité, puisqu'elles assurent le bon fonctionnement du tirage de la cheminée. Elles ne sont donc pas un simple objet de décoration. Les grilles de ventilation sont tantôt rondes (fig. 37) et tantôt rectangulaires comme le montre la figure 38.

Comme on le voit par ce qui précède, les ventouses d'aération sont encore le meilleur système de se préserver de la fumée.

Tuyaux unitaires. — Les tuyaux unitaires sont aussi un excellent moyen d'empêcher les cheminées de fumer. Ce système offre en outre d'autres avantages; aussi nous avons cru que nous ne pouvions nous dispenser d'en parler.

Substituer aux tuyaux multiples et individuels qui prennent tant de place dans les constructions et qui affaiblissent considérablement les murs; substituer, disons-nous, un tuyau unique qui reçoive, sans qu'il puisse en résulter aucun inconvénient, la fumée de plusieurs cheminées distinctes et superposées d'étage en étage, tel était un problème difficile à résoudre.

M. Mousseron n'a pas craint de l'aborder (1) et la solution qu'il a trouvée mérite qu'on s'y arrête.

Le tuyau unitaire, dont la section est la somme des sections des cheminées qui s'embranchent sur lui, ne dépasse pas $0^{m},30$ pour six cheminées. Il partait primitivement de la voûte des caves pour aboutir à quelques centimètres au-dessus du toit; mais cette disposition a été abandonnée avec raison parce que l'air des caves pouvait donner une odeur d'humidité désagréable, augmentée encore par d'autres exhalaisons plus détestables, par exemple si une partie des caves était occupée par un épicier qui pouvait y renfermer des substances à odeurs fortes et nauséabondes. Aussi, aujourd'hui, MM. Mousseron et Allard arrêtent-ils le tuyau unitaire au rez-de-chaussée.

Ce tuyau est fermé à son extrémité par un guichet en tôle qui sert à opérer le ramonage, opération qui s'exécute par cette ouverture, et cela sans avoir à déranger personne dans les appartements. Ce dernier agrément n'est pas un des moindres avantages du système.

Comme complément du tuyau unitaire, MM. Mousseron et Allard ont inventé un foyer fumivore que nous décrirons plus loin, et qui fonctionne très-bien. Du reste, nous donnons en note le résumé du rapport de la commission de notre

(1) Le capitaine Belmas a donné le premier, dès 1832, une théorie très-exacte du tuyau unitaire, dans le *Mémorial de l'officier du génie*. Cette publication est périodique et paraît encore aujourd'hui; elle possède 22 vol. in 8°.

Société centrale des architectes (1) qui montre la valeur du système que nous venons de décrire.

Passons maintenant en revue les diverses formes qu'on a données aux intérieurs de foyers.

DES DIVERS SYSTÈMES DE CHEMINÉES.

Le premier auteur français qui ait écrit un livre sur les cheminées, c'es Gauger. Notre impartialité nous fait un devoir d'ajouter que cet ouvrage, publié en 1723, a été le point de départ de toutes les améliorations apportées dans la construction des cheminées. Tous ceux qui sont venus après Gauger ont plus ou moins emprunté à son livre, *la Mécanique du feu;* mais ce qui est curieux mais non surprenant (le fait est assez ordinaire), c'est qu'après lui avoir pillé toutes ses inventions, quelques auteurs en sont venus à vouloir annihiler sa personnalité. Ainsi en 1829, un Anglais, Mickleham, auteur d'un ouvrage sur le chauffage et la ventilation, prétend que Gauger n'a jamais existé, et que l'auteur de *la Mécanique du feu*, le cardinal de Polignac, a pris le pseudonyme de Gauger pour le signer. Cette opinion plus que hasardée, puisqu'elle est fausse, a été reproduite par Tomlinson dans la première édition de son livre (*Warming and ventilation*). Or Gauger a parfaitement existé. Michaud, dans sa *Biographie universelle*, lui consacre une courte notice; M. Weiss, dans la sienne, parle aussi de Gauger (2). Ainsi donc Gauger n'est pas un mythe. Le second auteur français qui ait traité le même sujet, c'est un moine bénédictin nommé dom Pierre Hébrard. Son livre est intitulé *Caminologie, ou Traité des cheminées*. Ce dernier auteur, qui a écrit son

(1) En résumé, la commission reconnaît qu'avec l'appareil Mousseron on peut :

1° Chauffer plusieurs pièces par un seul foyer, et quelles que soient les matières qu'on brûle; dès lors économie de combustible, malgré le tirage violent qui se produit;

2° Opérer parfaitement la ventilation des pièces;

3° Obtenir une combustion régulière;

4° Obtenir la combustion de tous les gaz et leur disparition complète dans le tuyau unitaire;

5° Jouir de la faculté de se clore hermétiquement sans risque de fumée, à la condition cependant de munir chaque appareil d'une prise d'air extérieur;

6° Réduire la dépense des constructions, en diminuant le nombre des tuyaux de terre cuite;

7° Ramoner facilement sans être obligé de passer dans les appartements.

Le rapporteur : L. PAPPERT. Le président, membre de l'Institut : GILBERT.

Le secrétaire principal : GODEBOEUF.

Paris, le 4 juillet 1861.

(2) Gauger (Nicolas) physicien, né à Pithiviers vers 1680, mort en 1730, a publié quelques écrits dont les plus remarquables sont : *Mécanique du feu, ou l'art d'en augmenter les effets et d'en diminuer la dépense*, première partie, contenant le *Traité des nouvelles cheminées qui échauffent plus que les cheminées ordinaires et qui ne sont point sujettes à fumer*, Paris, 1713 et 1749, in-12; — *Théorie des nouveaux thermomètres ou baromètres*, Paris, 1772, etc. Dans l'un de ses ouvrages, Gauger prend le titre d'avocat au Parlement et de censeur royal. (*Biogr. univ.* de Weiss, tome II, page 734).

livre en 1756, a reproduit quelques types de cheminées de Gauger, et a étudié comme lui les moyens de remédier à la fumée. Il a créé en outre un type de cheminée. Nous allons nous aussi, dans le présent paragraphe, passer en revue les divers systèmes de cheminées; nous résumerons le plus possible cette partie de notre travail, car les cheminées que nous avons à décrire sont fort nombreuses.

Cheminée du Louvre par Savot. — C'est cette cheminée qui constitue le premier progrès accompli dans le chauffage domestique. En effet, la cheminée de Savot emploie pour la première fois des bouches de chaleur qui sont alimentées par une prise d'air passant sous l'âtre et la plaque du fond du foyer. Seulement cet air est pris dans la pièce même où se trouve la cheminée; mais l'isolement du foyer de toute part est un premier progrès qui ne sera jamais plus délaissé, et qui ouvre la marche aux améliorations subséquentes. Savot avait imaginé cette cheminée en 1624.

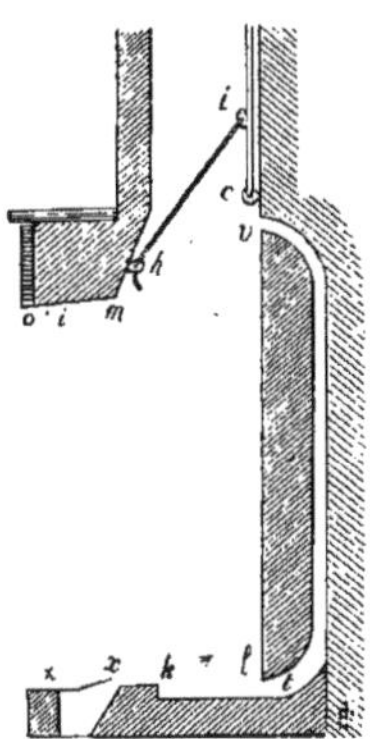

Fig. 39. — Coupe de la cheminée de Gauger. (Échelle de $0^m,02$ pour mètre.)

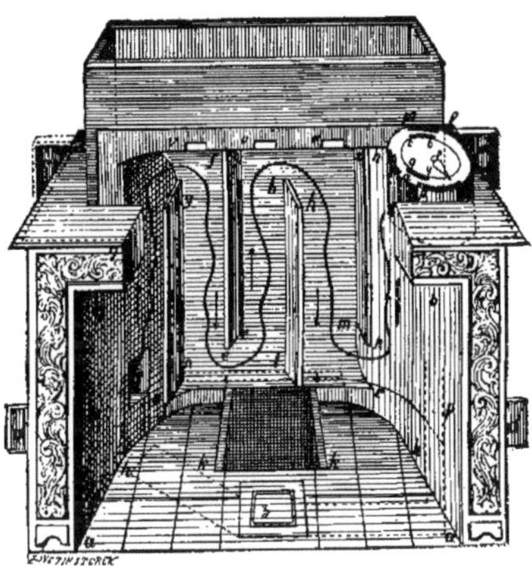

Fig. 40. — Élévation de la cheminée de Gauger.

Cheminées Gauger. — Dès 1713 Gauger (1) crée plusieurs genres de cheminées qui ressemblent plus ou moins au type que nous donnons dans nos figures 39 et 40.

La figure 39 représente la coupe perpendiculaire à l'âtre et au contre-cœur : z est la trappe du soufflet; x, son ouverture lorsqu'il souffle; k et l, le cendrier, et au-dessous la cavité qui règne sous l'âtre; o, i, m, le dessous horizontal de la tablette; c, la trappe qui doit être à l'entrée du tuyau de cheminée; h, le

(1) Gauger, *la Mécanique du feu*. Nos deux figures sont tirées de cet ouvrage, mais elles sont réduites de moitié.

crochet qui la tient levée; *v*, *t*, l'épaisseur de la caisse derrière laquelle il y a un espace vide.

La figure 40 est l'élévation de la cheminée; on a supprimé la tablette et une partie de la traverse pour laisser voir le système. *a*, *a*, *h*, est l'âtre; *z*, le soufflet avec son châssis; *h*, *z*, le canal pour conduire l'air jusque dans le tambour; *k*, le cendrier; *c*, *g*, *f*, *h*, *l*, *m*, *n*, les languettes attachées sur le fond de la caisse; la ligne noire qui serpente montre le chemin que parcourt l'air quand il y a cinq séparations; *d*, *d*, sont des amorces, des prises d'air extérieur; *r*, *r*, les bouches de chaleur.

Notre figure 40 montre à droite le tambour muni d'une aiguille qui sert de régulateur.

Foyers de Pensylvanie de Franklin. — Dès 1744, dans une brochure qu'il avait publiée à Philadelphie, B. Franklin disait : « Dans les cheminées que nous construisons ordinairement, la plus forte partie de chaleur du feu, qui est située à la partie supérieure de celui-ci, monte directement dans le tuyau de la cheminée et se trouve perdue en pure perte. Le tirage de la cheminée est si fort qu'il emporte non-seulement la chaleur d'en haut, mais encore celle des côtés, de derrière et d'en bas; enfin, celle même que le feu rejette en avant dans la chambre est continuellement renvoyée dans la cheminée et chassée vers le tuyau. Dans mon foyer, la chaleur du haut frappe et échauffe la plaque du comble, qui communique sa chaleur à l'air situé au-dessus. »

Nous donnons, figures 41 et 42, les deux systèmes de foyers de Franklin que nous avons extraits de sa brochure; c'est le même principe qui a présidé dans leur construction.

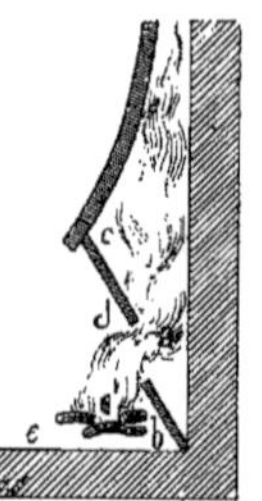

Fig. 41. — Foyer de Pensylvanie de B. Franklin (1er type).

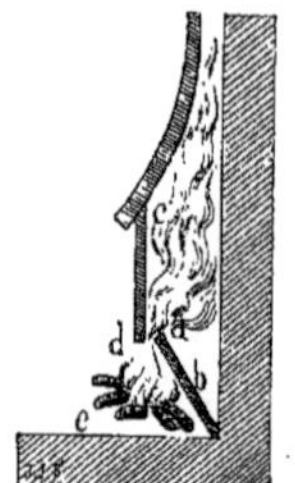

Fig. 42. — Foyer de Pensylvanie de B. Franklin (2e type).

Partant de ce principe que la fumée est une chose très-traitable (*is a very tractable thing*), on peut la gouverner et la diriger facilement (*easily governed and directed*) lorsqu'on connaît les principes de la physique; s'appuyant sur ses connaissances, Franklin réduit le plus possible le passage de la fumée.

Le premier type de ces foyers (fig. 41) se compose de deux plaques de fer *a*, *b*, *c*, *d*, placées comme l'indique notre figure. La plaque inférieure *a*, *b* est bissectrice de l'angle formé par l'âtre et le fond de la cheminée. En *e* se trouve le combustible.

Le deuxième type (fig. 42) a la plaque inférieure *a*, *b* dans la même position que dans l'exemple précédent, mais elle a plus de hauteur; tandis que la plaque supérieure *c*, *d* est perpendiculaire à l'âtre. En *e* se trouve le combustib.e.

En 1744 ou 1745, Franklin inventait un poêle qui réalisait complétement le progrès qu'il voulait obtenir; nous donnerons plus loin cet appareil.

Cheminée Hébrard. — Le père Hébrard reproche avec raison aux cheminées de Gauger leurs complications, et pour obtenir un effet analogue, il propose un appareil beaucoup plus simple qui contient en germe l'idée première des appareils Fondet. Nous donnons la description de cette cheminée d'après l'auteur lui-même (1) : « Il est vrai que les cheminées de M. Gauger ne sont point exposées aux inconvénients de la fumée; mais ce n'est qu'à l'aide d'un ouvrage très-composé et qui par cette raison est fort coûteux. Or, comme ce n'est là que remédier à un inconvénient sans en éviter plusieurs autres, on a cru qu'il était possible de construire une cheminée fort simple et à peu de frais, au moyen de laquelle, non-seulement on empêche la fumée, mais on procure même tous les avantages des cheminées de M. Gauger, si on excepte le renouvellement de l'air de la chambre. La description qu'on va en donner démontrera l'utilité de cette nouvelle invention. *a*, *b* (fig. 43) est une partie du mur contre lequel la cheminée est adossée; *c*, en est l'âtre et *d*, *e* les deux jambages; jusque-là il n'y a rien d'extraordinaire, si ce n'est que l'âtre doit caver un peu à l'endroit *c*.

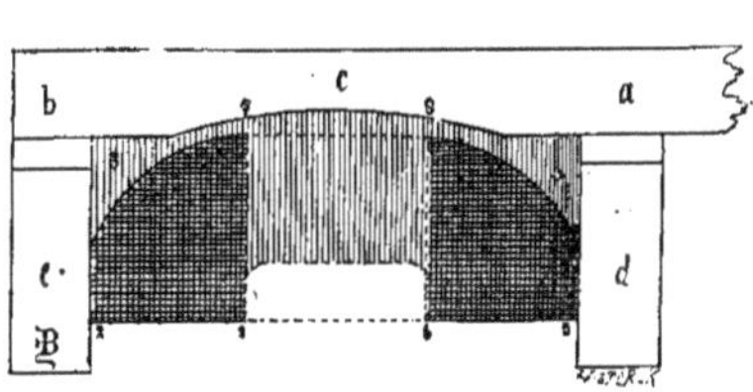

Fig. 43. — Cheminée de P. Hébrard (plan).

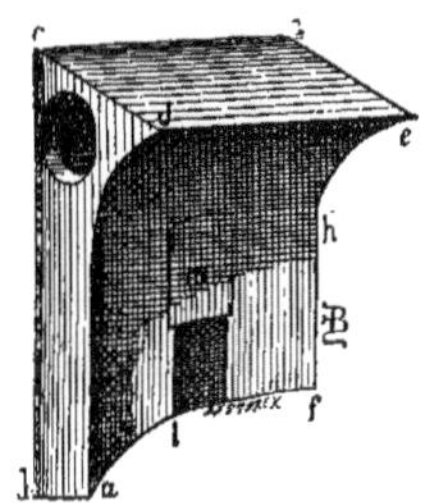

Fig. 44. — Cheminée de P. Hébrard.

» Tout le secret de cette cheminée dépend de deux espèces de caisses faites en tôle forte, dont la figure est assez singulière : 1, 2, 3, 7 et 6, 8, 4, 5, sont ces deux caisses placées aux deux côtés de la cheminée, en dedans; elles ont chacune une pièce pareillement de tôle, 2, 3, et 4, 5, qui en font les joues, telles qu'on en voit une représentée par *a*, *b*, *c*, *d* (fig. 44). A chaque côté de la caisse (fig. 44) il y aura une ouverture, *l*, qui se fermera avec une petite coulisse, *m*. » L'ouverture placée entre *c* et *d* communique à l'aide d'un tuyau aux bouches de chaleur placées sur les côtés de la cheminée.

Cheminée de Montalembert. — Ce système (fig. 45) comprend une petite che-

(1) *Caminologie ou Traité des cheminées*, p. 172, chap. XIII. Description d'une nouvelle cheminée.

minée dans une plus grande ; le combustible est placé en *a* ; au moment de l'allumage, à l'aide d'un cordon de tirage *d* on ferme la trappe *c*, et du cordon *f* on ouvre au contraire la trappe *a* ; les produits de la combustion s'échappent directement dans la cheminée *b* ; le feu étant bien allumé, on fait une manœuvre contraire : on ferme la trappe *a*, on ouvre la trappe *c*, et la fumée suit le parcours indiqué par les flèches, descend à droite, passe sous l'âtre, et remonte à gauche pour sortir par le conduit de la fumée *b*.

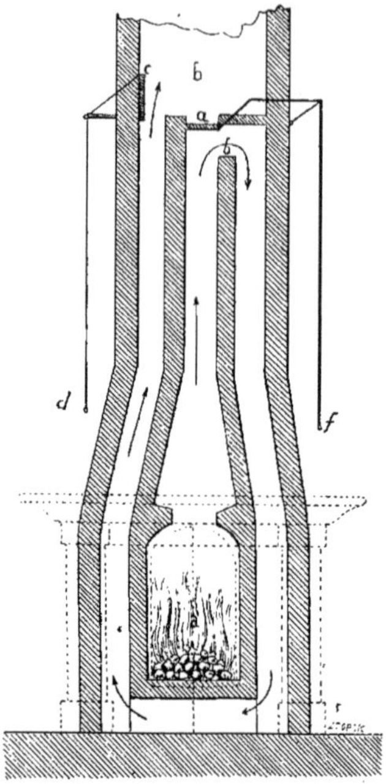

Fig. 45. — Cheminée du marquis de Montalembert.

Cette cheminée, malgré sa construction compliquée, fut un progrès lors de son apparition, car elle économisait une grande partie de la chaleur qui, dans les cheminées ordinaires, se dissipait en pure perte.

Comme on peut le voir en jetant les yeux sur cette figure 45, le trajet de la fumée est considérablement augmenté, et la fumée arrivant au point *c* doit avoir beaucoup perdu de sa chaleur.

Cheminée de Rumford. — Rumford n'apporte d'autres modifications dans la construction des cheminées que de réduire l'intérieur des anciennes et de rétrécir le départ de la fumée pour ne laisser passer que celle-ci et conserver le plus de chaleur. Il incline à 45° les parois latérales destinées à réfléchir la chaleur rayonnante, et il remplit les anciens foyers de plâtras qui sont mauvais conducteurs.

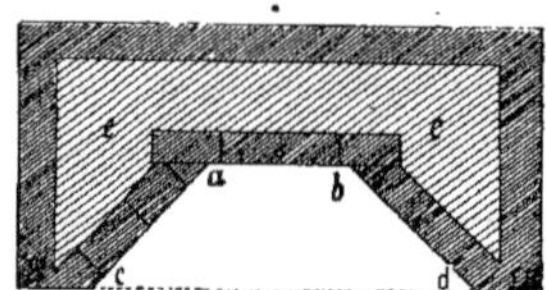

Fig. 46. — Plan de la cheminée de Rumford.

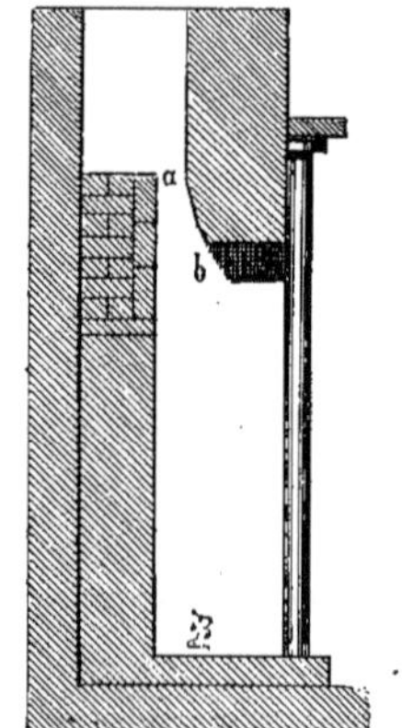

Fig. 47. — Coupe de la cheminée de Rumford.

La figure 46 montre le plan de cette cheminée ; *a*, *b*, *c*, *d* indique le rétrécissement et le vide *e*, *e* garni de plâtras ; la figure 47 montre une coupe qui fait voir en *a*, *b* le peu d'espace qu'on laisse à la fumée ; cet espace est si étroit qu'il fallait démolir les trois briques placées au-dessous de *a* pour laisser passer le ramoneur quand la cheminée avait besoin d'être ramonée.

Il est fâcheux que Rumford n'ait pas tenu compte, dans la construction de ce foyer, des perfectionnements trouvés avant lui et qui avaient pour but d'amener de l'air chaud dans les pièces, au lieu de l'air froid qui est soutiré par les portes et les fenêtres, avantages qui assuraient avec l'économie du combustible un meilleur tirage aux cheminées.

Cheminée Bronzac. — Cette cheminée, représentée figure 48, marque un pas en avant dans le chauffage ; les pieds droits sont munis de plaques de faïence pour réfléchir la chaleur.

L'appareil est muni en outre d'un tablier ou rideau en tôle qui facilite l'allumage, et le feu est porté sur un chariot à roulettes *a*, *b*, qui permet de l'amener

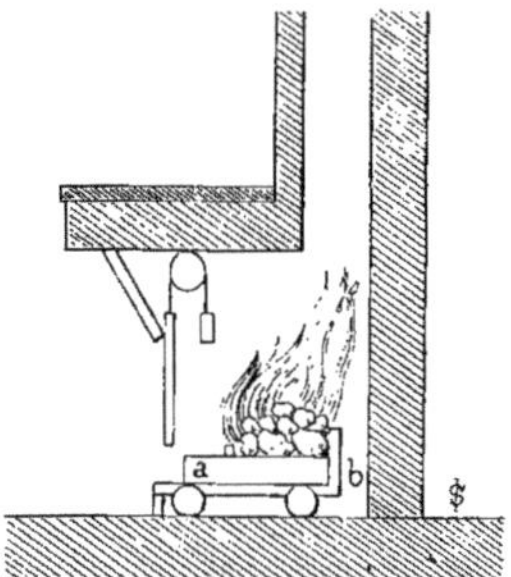

Fig. 48. — Cheminée Bronzac.

Fig. 49. — Cheminée à ventouse.

plus avant dans la pièce une fois que le combustible est bien allumé. La construction de cette cheminée, qui a figuré à l'exposition industrielle de 1835, a beaucoup de rapport avec celle dite de Lhomond.

Cheminée à ventouse. — Notre figure 49 montre une cheminée à ventouse qui souffle sur le feu par le point *p*, c'est-à-dire beaucoup plus bas que nos ventouses modernes, qui ne donnent le plus souvent de l'air que sous la traverse des cheminées.

Ce genre de ventouse, qui prend l'air extérieurement, doit être très-efficace, mais doit occasionner une grande dépense de combustibles.

Cheminée Ch. Joly. — M. Joly (1) a imaginé un foyer neuf et original qui peut s'adapter à toutes les cheminées et qui présente certains avantages. En

(1) Joly est l'auteur d'un *Traité de chauffage et de ventilation*, 1 vol. in-8°, Paris, J. Baudry, 1873.

effet, le feu est apparent, l'air se renouvelle facilement, et les surfaces de chauffe et de rayonnement sont établies dans d'excellentes conditions.

En outre, on peut brûler indistinctement dans ce foyer toutes sortes de combustibles, et il donne d'excellents résultats au double point de vue de l'hygiène et de l'économie.

Ainsi qu'on peut s'en rendre compte par nos figures, le foyer Joly est formé par des surfaces ondulées, munies de nervures ; les angles supérieurs sont arrondis et ramènent les produits de la combustion à un orifice central dont la section a été calculée pour laisser un passage suffisant, mais non exagéré, pour la sortie de la fumée.

Une prise d'air (fig. 50) vient déboucher au bas du foyer par une ventouse di-

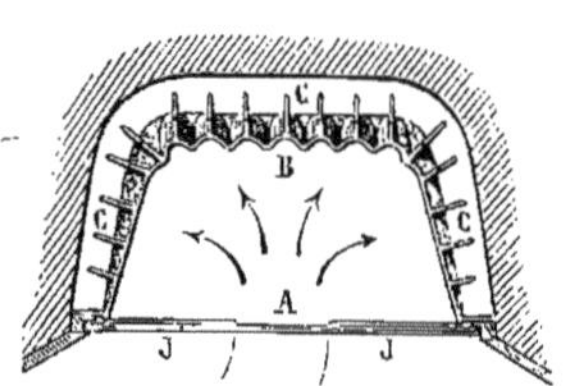

Fig. 50. — Plan du foyer Joly. (Échelle de $0^m,05$ pour mètre.) — A, plaque d'âtre ; B, coquille en fonte ; C, chambre de chaleur ; J, rideau en tôle.

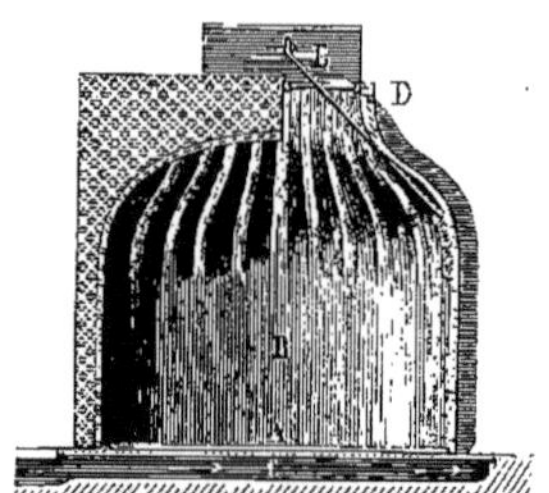

Fig. 51. — Élévation du foyer Joly. (Échelle de $0^m,05$ pour mètre.) — A, plaque d'âtre ; B, coquille en fonte ; C, chambre de chaleur ; E, trappe.

rigée en avant sous la plaque d'âtre A, dans la chambre de chaleur C ; B est une coquille en fonte formant réflecteur. Cette coquille, par sa forme, peut recevoir indifféremment des chenets pour brûler du bois ou une grille pour brûler du charbon de terre ou du coke.

En avant du foyer il existe une galerie ou cadre en fonte D, qui permet de l'adapter à tous les châssis, quelles que soient leurs dimensions. Ce cadre supporte une trappe E à fermeture conique.

Le plan de ce foyer (fig. 50) est fait sur la ligne O, O' de la figure 56.

La figure 51 représente l'élévation de ce foyer ; A est la plaque d'âtre ; B, la coquille en fonte ; C, la chambre de chaleur ; E, la trappe.

Dans ce système, l'air froid pris à l'extérieur est amené à la partie basse de la cheminée C ; voyez figure 52 (cette figure est dessinée au double afin d'en faciliter l'interprétation). Cet air circule d'abord sous la plaque d'âtre, comme nous l'avons déjà dit, puis sur les côtés, où il finit par s'échauffer, pour s'échapper ensuite par la partie supérieure de la chambre chaude au moyen des bouches I, qui sont placées à $1^m,05$ au-dessus du sol, sous la tablette de la cheminée.

M. Joly a laissé à dessein dans la chambre de chaleur un libre passage à l'air ;

le but de tout chauffage rationnel étant de procurer un grand renouvellement d'air à une température moyenne, plutôt qu'une petite quantité d'air très-chaud, mais desséché, et ses molécules calcinées. Un rideau ordinaire, fixé à l'intérieur, facilite l'allumage et cache le foyer pendant l'été.

Le simple déplacement de la chicane G (fig. 52) glissant sur coulisse, permet un ramonage direct sans démonter l'appareil.

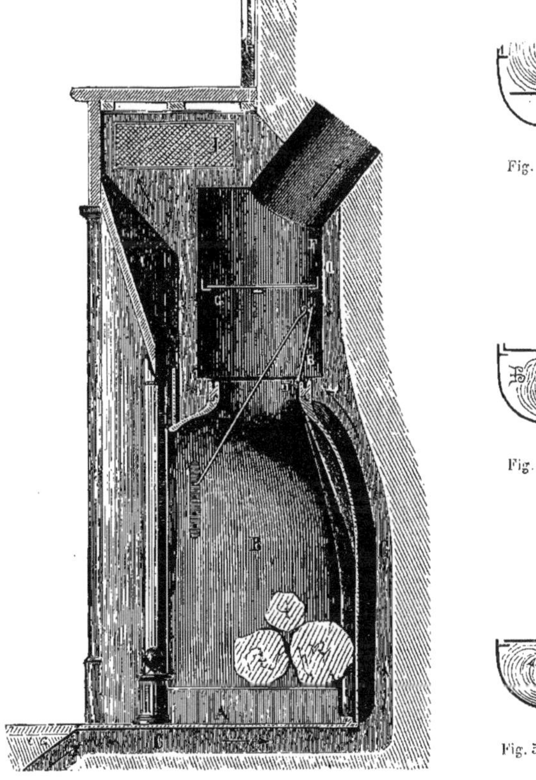

Fig. 52. — Coupe du foyer Joly. (Échelle de 0m,10 pour mètre.) — A, plaque d'âtre; B, coquille en fonte; C, chambre de chaleur; D, cadre en fonte; F, fumée; G, chicane; I, bouche de chaleur; J, rideau en tôle.

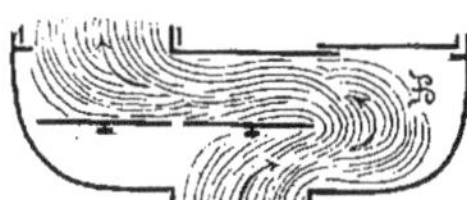

Fig. 53. — Sortie de la fumée à gauche du coffre.

Fig. 54. — Sortie de la fumée à droite du coffre.

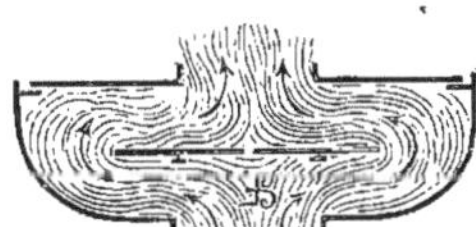

Fig. 55. — Sortie de la fumée au milieu du coffre.

Afin de pouvoir obtenir une meilleure utilisation du calorique, l'inventeur a placé un coffre supérieur en tôle, que l'on voit dans la figure 52, et à l'aide d'une disposition ingénieuse, le départ de la fumée peut être déplacé à volonté soit à gauche, soit à droite, soit au milieu du coffre, comme nos figures l'indiquent : 53 est la sortie de la fumée à gauche, 54 à droite, et 55 la sortie au milieu du coffre.

Notre figure 56 montre la moitié de l'élévation et de la coupe verticale du foyer engagé dans une cheminée.

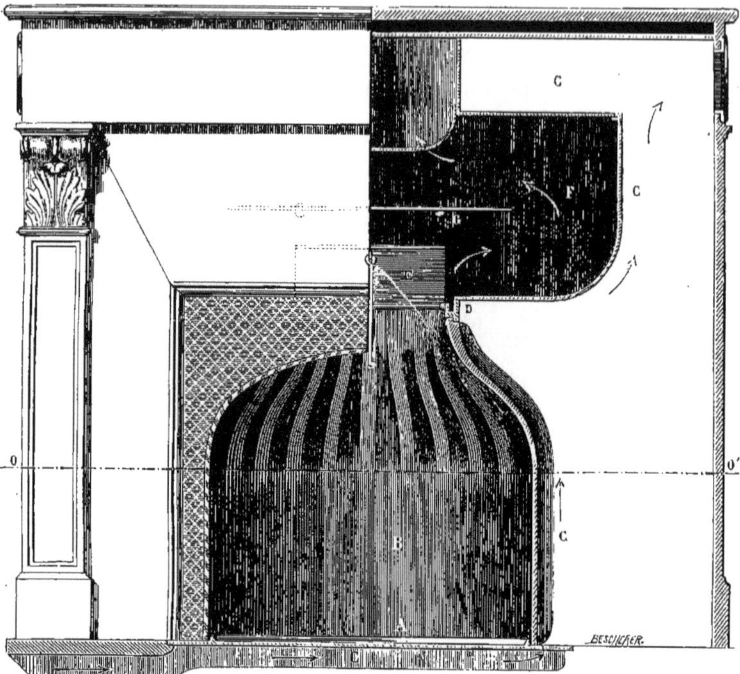

Fig. 56. — Moitié de l'élévation et de la coupe verticale du foyer Joly. (Échelle de $0^{m},10$ pour mètre.) A, plaque d'âtre ; B, coquille en fonte ; C, chambre de chaleur ; D, cadre en fonte supportant la trappe E ; F, chambre de la fumée ; G, chicane pour le ramonage direct, O, O', ligne de coupe sur laquelle le plan a été fait.

Foyer réflecteur à lames ondulées. — MM. Gaillard et Haillot, pour utiliser le plus possible la chaleur rayonnante, ont imaginé un foyer réflecteur à lames ondulées. La figure 57 montre le foyer dans la cheminée vue de face; tandis que la figure 58 montre la coupe de ce même foyer. Dans ce dernier croquis, on voit la prise d'air froid passer sous la plaque d'âtre et du foyer ; cet air s'échauffe et sort dans la pièce par des bouches de chaleur placées sur les côtés de la cheminée comme à l'ordinaire. La partie haute du réflecteur est fortement inclinée, de sorte que comme il ne reste que très-peu d'espace pour le passage de la fumée, toute la chaleur est renvoyée dans la pièce. Ce foyer réflecteur nous paraît être de ceux qu'on peut classer parmi les bons appareils, de même que la cheminée suivante, à laquelle nous reprochons cependant d'être un peu compliquée lorsqu'elle est accompagnée de la *colonne capnothermale.*

Cheminée Cordier. — Cette cheminée (fig. 59) se compose d'un appareil articulé et mobile *K*, qui permet le passage du ramoneur ou de son instrument par un simple mouvement de bascule imprimé à cet appareil de l'avant à l'arrière; d'un triple jeu de tubes de fonte réunissant deux boites à air du même métal; la boîte inférieure M communique avec la prise d'air U et amène par conséquent l'air frais dans les tubes qui surmontent cette boîte M; la boîte supérieure T reçoit

Fig. 57. — Foyer réflecteur à lames ondulées.

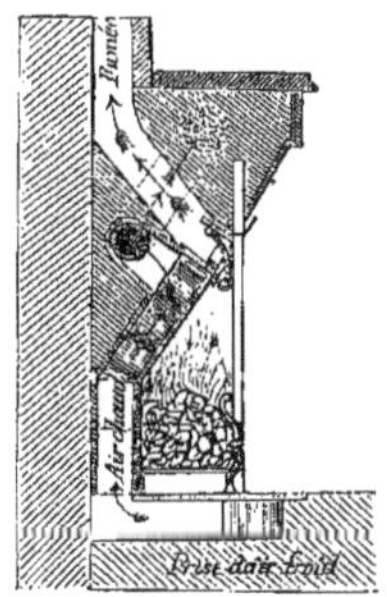

Fig. 58. — Coupe du foyer réflecteur à lames ondulées.

Fig. 59. — Cheminée Cordier à tubes et à colonne caponothermale. (Échelle de $0^m,10$ pour mètre.) — K, appareil à tube articulé; B, manchon; M, boîte supportant l'appareil; N, plaque de foyer avec tampon; U, prise d'air extérieur; V, passage de la fumée; X, tiroir où s'accroche la grille; T, conduit de la fumée; S, prise d'air extérieur de la colonne; L, ouverture par où l'air entre dans la colonne; J, tubes de la colonne; P, passage de la fumée.

par S de l'air frais qui pénètre dans son intérieur par la couverture L. Cet air s'échauffe en passant dans les tuyaux J, qui le déversent par des bouches de chaleur dans la pièce; enfin une plaque de foyer en fonte, N, est percée d'un trou qui permet le nettoyage de la boîte, si de la suie ou quelque autre matière venait à y tomber par accident. Ce trou est muni d'un tampon.

La figure 60 montre la coupe de cette cheminée à la même échelle que l'élévation, c'est-à-dire à $0^m,10$ pour mètre. Comme cette coupe est cotée et annotée, nous croyons inutile de donner des explications, tant on peut la comprendre aisément.

Étudions maintenant les divers détails qui composent le foyer.

L'appareil Fondet, que nos lecteurs connaissent, présente beaucoup d'inconvénients. A l'époque de son apparition il apportait une heureuse modification dans le chauffage par les cheminées, et nous ne devons pas oublier qu'il a ouvert la voie aux perfectionnements; mais un des principaux inconvénients de l'appareil Fondet est la difficulté du ramonage; l'appareil encombrant et bouchant presque toute la cheminée, on ne peut la nettoyer qu'à la corde, et il faut extraire la suie par une ouverture pratiquée à la partie inférieure. Il faut ensuite boucher cette ouverture au moyen d'un tampon et le luter avec de la terre à four.

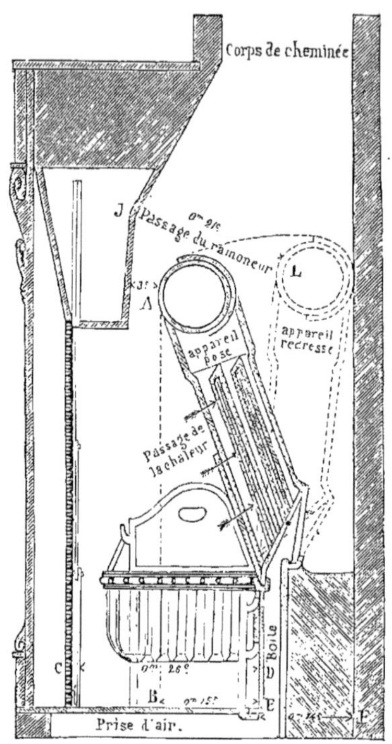

Fig. 60. — Coupe de la cheminée Cordier. (Échelle de 0m,10 pour mètre.)

Cela rend l'opération difficile, ce qui fait que les fumistes nettoyent imparfaitement les cheminées munies de ces appareils.

Pour obvier à cet inconvénient, Cordier (1) a adopté une disposition pratique et ingénieuse.

Au moyen d'une articulation on peut relever l'appareil dans la cheminée (fig. 60), ce qui donne passage au ramoneur et à l'instrument qu'il emploie pour opérer le nettoyage du conduit de fumée.

L'appareil Cordier se compose (fig. 61) d'un cylindre A (B, B', sont des manchons avec feuillures qui s'emboîtent pour éviter les infiltrations de la fumée); d'une boîte C; d'une plaque d'âtre D avec tampon.

Les tubes sont plus grands à l'intérieur que ceux de l'appareil Fondet;

(1) M. Cordier était un ancien notaire qui, à cause de sa mauvaise santé, avait quitté de bonne heure sa profession; mais comme tous les gens maladifs il était très-frileux, et il chercha à obtenir un meilleur chauffage pour économiser son bois; ce sont ces recherches qui lui firent inventer l'appareil que nous décrivons.

ils présentent donc une plus grande surface de chauffe, et risquent moins d'être brûlés par le combustible. Cependant l'inventeur applique contre son appareil des grilles-tubes (fig. 62) qui s'accrochent aux tubes de l'appareil, ce qui les préserve du contact immédiat de la houille ou du coke et empêche ainsi l'appareil de se détériorer. Ces grilles ne nuisent en rien au rendement calorifique.

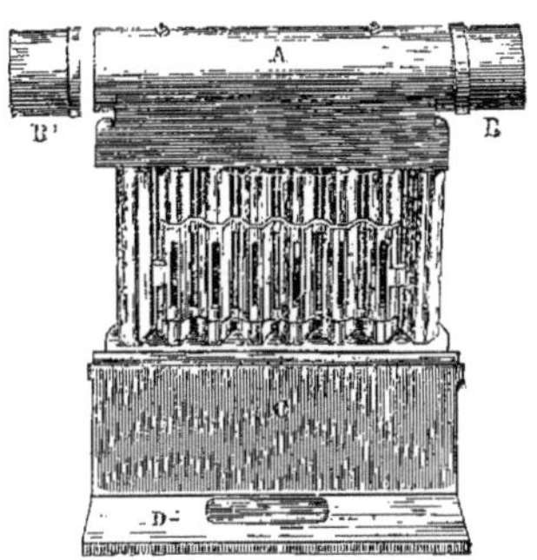

Fig. 61. — Appareil Cordier vu de face. — A, cylindre ; B' B, manchons avec feuillures ; C, boîte supportant l'appareil ; D, plaque de foyer avec tampon.

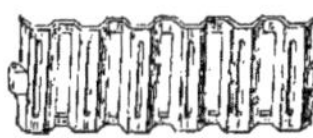

Fig. 62. — Grille-tube de l'appareil Cordier.

Notre figure 63 montre l'appareil de profil, tandis que notre figure 64 fait voir la colonne capnothermale T, qui repose sur une rondelle R. Par les ouvertures L l'air froid pénètre dans l'intérieur des tubes de la colonne, et il sort chaud par les ouvertures du haut.

Avec ces appareils on peut conserver aux foyers leur forme ordinaire ; grâce à leur mobilité, ils peuvent être enlevés de la cheminée et replacés en quelques minutes sans rien détériorer et avec la plus grande facilité.

Au point de vue du rendement calorifique, nous donnons en note des résultats constatés par une commission de la Société centrale des architectes (1).

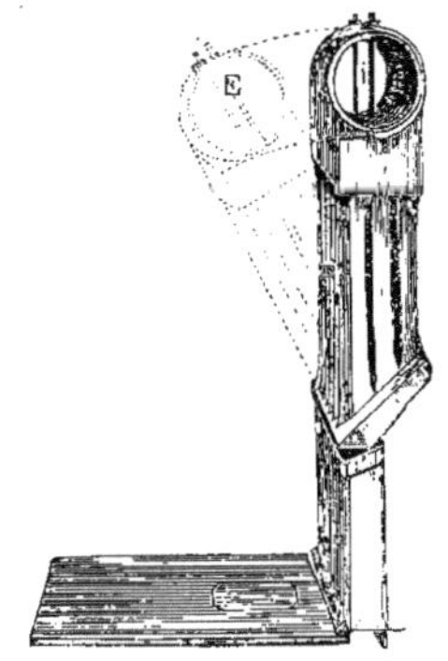

Fig. 63. — Appareil Cordier vu de profil, relevé, tandis qu'en E il est abaissé.

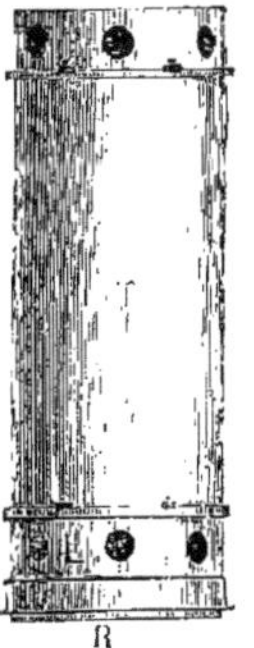

Fig. 64. — Colonne capnothermale. R, rondelle ; L, air froid.

(1) Voici les résultats que notre Commission a constatés dans une pièce d'une contenance d'environ 54 mètres cubes d'air :

Au moment où le feu fut allumé, le thermomètre marquait 17° centigrades ; la consommation

En résumé, l'appareil Cordier présente une économie de combustible, un ramonage et une pose et dépose faciles, une ventilation saine et abondante, et une longue durée, surtout si on le protége contre les coups de feu par la grille-tube représentée par notre figure 62.

Dans les modèles de foyers ou de cheminées qui précèdent, on emploie dans presque toutes des bouches de chaleur; ces bouches doivent pouvoir fermer hermétiquement afin de ne pas donner de l'air quand la cheminée n'est pas allumée; de plus elles doivent être grillagées afin que les rats ou souris ne puissent s'y enfermer, ce qui, on le comprend, pourrait donner de mauvaises odeurs si l'air chaud les brûlait.

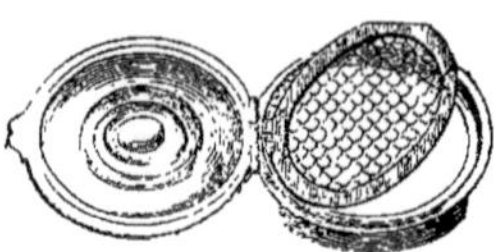

Fig. 65. — Grille pour bouche de chaleur à double charnière.

Un bon modèle de fermeture pour grille est celui qui est représenté par notre figure 65.

En été, quand les prises d'air sont faites dans des cours ou dans des endroits frais, on peut, en ouvrant ces bouches, donner de l'air frais et par conséquent ventiler les pièces.

Foyer Mousseron. — Ce foyer est un appareil en fonte dont la section horizontale elliptique est terminée à la partie supérieure par une surface en voûte ellipsoïde. La surface intérieure de cet appareil est percée dans son axe vertical de deux ouvertures, dont l'une, celle supérieure, est réunie à l'autre inférieure par une canalisation en fonte placée en saillie derrière l'appareil et formant conduit simple, double ou triple, en raison de la matière qu'on se propose de brûler. Notre figure 66, qui est la coupe de l'appareil, montre parfaitement sa construction. Ces conduits sont terminés à la partie supérieure de l'appareil par une emboîture destinée à recevoir le tuyau en tôle qui doit pénétrer dans le coffre de cheminée.

L'appareil, qui se monte promptement, peut se placer dans toutes les cheminées sans qu'il y ait lieu de modifier la construction. Il laisserait toutefois à son pourtour un vide désagréable, si l'inventeur n'avait remédié à cet inconvénient au moyen d'une enveloppe en fonte ou en cuivre à jour, qui s'adapte dans le châssis à moulure sans gêner les mouvements du rideau (1).

du bois fut de 9 kilogrammes, et le thermomètre au bout de deux heures indiquait 30° : la température était donc montée de 13 degrés.

Une expérience semblable faite quelques jours après, dans la même pièce, où un des appareils les plus connus (système Fondet) avait été placé, n'a donné, dans le même espace de temps et avec la même quantité de bois, pour résultat que 7 degrés au lieu de 13 degrés.

Ont signé : Le président, membre de l'Institut : Gilbert.

Le rapporteur : Léon Rivière.

Le secrétaire principal : Godebœuf.

(1) Rapport de M. Van Cléemputte à la Société centrale des architectes, 4 juillet 1861.

Notre figure 67 montre un foyer Mousseron pour brûler le charbon; tandis que la figure 68 est la représentation du même foyer pour permettre de consommer du bois comme combustible.

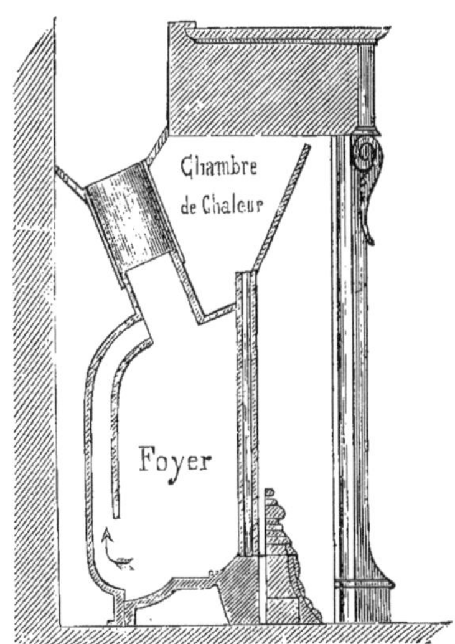

Fig. 66. — Coupe du foyer Mousseron.

On peut comprendre, en jetant les yeux sur nos figures, que les produits de la combustion sortant par le trou inférieur sont immédiatement brûlés en passant par la double enveloppe; ils sortent donc par les conduits, sans donner lieu à la fumée épaisse qui se produit dans les autres genres de foyers.

En outre, l'appareil donne un tirage si énergique que les produits de la combustion sont violemment entraînés sans pouvoir, dans aucun cas, être refoulés dans l'appartement. Lorsqu'on allume le combustible, la chaleur qui se développe d'abord au bas du foyer force les gaz à s'échapper par le trou ménagé au niveau de la grille, c'est ce qui établit le tirage si violent; puis, lorsque l'allumage est complet, le haut de la cloche se trouvant échauffé les gaz s'échappent par la partie supérieure et se rendent directement dans la cheminée.

Fig. 67. — Foyer Mousseron pour charbon de terre ou pour coke.

Fig. 68. — Foyer Mousseron pour bois.

Ce fonctionnement permet de dire que l'appareil Mousseron est un foyer à flamme renversée pendant la période de l'allumage, et un foyer ordinaire une fois l'opération terminée.

Cheminées ventilatrices. — Nous ne savons pourquoi on a donné cette épithète de *ventilatrice* aux cheminées que nous allons décrire, car toutes les cheminées ordinaires, même celles qui n'ont pas de ventouses d'aération, sont ventilatrices. Elles ventilent même trop dans bien des cas, lorsque par exemple elles ont un fort tirage et que les fenêtres et les portes de la pièce où elles fonctionnent joignent mal. Les cheminées en question ne visaient qu'à un but, celui d'utiliser la fumée.

Dès 1828 Péclet, dans la première édition de son *Traité de la chaleur*, nous montre une de ces cheminées. L'air arrive de l'extérieur dans une gaîne, et s'y chauffe au contact d'un tuyau de fumée en tôle qui la traverse. De là cet air chaud va sortir près du plafond par une ouverture garnie de lamelles inclinées qui dirigent l'air de bas en haut.

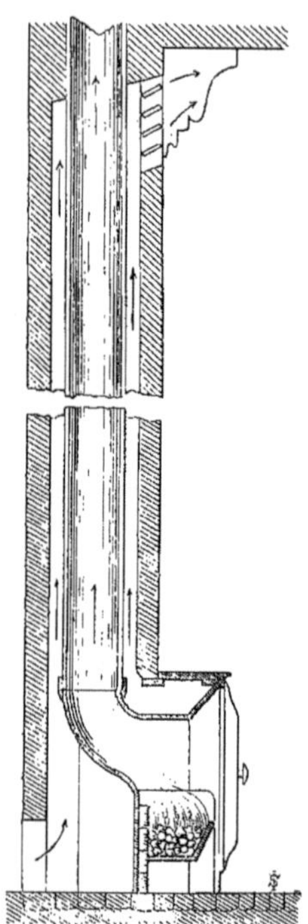

Fig. 69. — Coupe d'une cheminée ventilatrice. (Échelle de 0m,25 pour mètre.)

Ce système de tuyau de cheminée nécessite une grande largeur et ne peut être appliqué dans nos constructions modernes, où souvent sur un mur de 4 mètres de large il faut faire passer huit conduits de cheminées.

Ensuite la tôle du conduit de fumée, perforée par la rouille assez rapidement, donne de la fumée dans la pièce ; de là un entretien coûteux.

Dans le *Mémorial de l'officier du génie* (1), le capitaine Belmas indique dès 1832 une cheminée analogue à celle de Péclet ; enfin Douglas Galton a appliqué pour le chauffage des casernes anglaises le même principe (2). Mais ce système, bon tout au plus pour chauffer des casernes, ne peut convenir pour nos habitations modernes ; cependant nous donnerons un type de ces cheminées, qui a été reproduit avec de très-légers changements par M. le général Morin, et qui représente ce qui se fait de mieux dans l'espèce.

Notre figure 69 montre la coupe de cette cheminée ventilatrice, qui se compose d'un foyer ordinaire dans lequel on peut brûler indifféremment du bois ou du charbon. Ce foyer est isolé du mur et avance le plus possible dans la pièce ; une prise d'air placée derrière lui s'échauffe dans la gaîne au contact du tuyau de

(1) Cette publication est périodique ; elle a aujourd'hui 22 vol. in-8°.

(2) On a pu voir des spécimens de ces cheminées à l'exposition universelle de 1867 (section anglaise).

fonte de fumée, et sort près du plafond par une ouverture munie d'une trappe à ressort, qu'on ouvre ou qu'on ferme suivant que le feu est entretenu ou éteint.

La figure 70 montre le plan de cette cheminée avec une grille à coke, tandis que la figure 71 fait voir le même plan mais avec un foyer plus profond pour permettre de brûler du bois.

Voici les propriétés que M. le général Morin trouve à sa cheminée (1). « L'observation montre qu'avec les proportions indiquées plus loin, le volume d'air

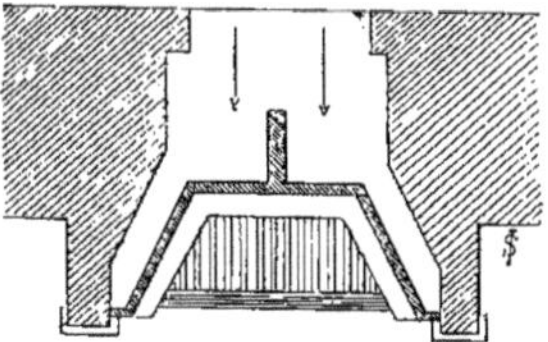

Fig. 70. — Plan d'une cheminée ventilatrice pour brûler du charbon. (Échelle de $0^m,025$ pour mètre.)

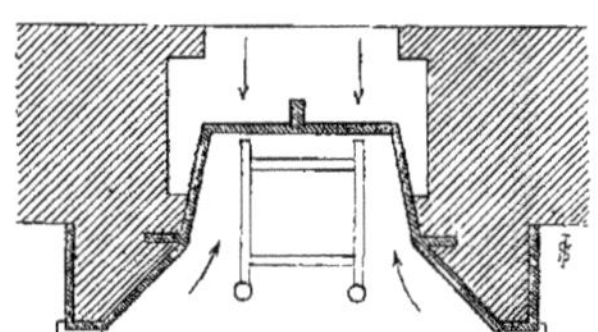

Fig. 71. — Plan d'une cheminée ventilatrice pour brûler du bois. (Échelle de $0^m,025$ pour mètre.)

ainsi introduit à 33° diffère peu de celui qui est évacué par la cheminée, ce qui supprime à peu près les rentrées d'air froid par les portes.

» Cette introduction d'air chaud, jointe au chauffage par le rayonnement ordinaire de la cheminée, augmente de beaucoup son effet calorifique, qui s'élève à 35° de la chaleur développée par le combustible, tandis que les cheminées ordinaires n'en utilisent que 12 à 14, et les cheminées munies de l'appareil Fondet que 20 environ.

» Toutes les fois que les conditions de la construction permettront l'installation de ce genre de cheminée, il est évident qu'on devra le préférer à tous les autres, et l'on pourra suivre pour leur construction les proportions ci-après :

PROPORTIONS DES CHEMINÉES VENTILATRICES.

CAPACITÉ des pièces à chauffer.	VOLUME D'AIR à évacuer et à introduire par heure.	SECTION du conduit de fumée.	AIRE de passage de la mitre.	SECTION TOTALE de la gaine de passage de l'air nouveau.
m. c.	m. c.	m. q.	m. q.	m. q.
100	500	0,050	0,025	0,140
120	600	0,060	0,030	0,168
150	750	0,075	0,038	0,210
180	900	0,090	0.045	0,252
220	1,100	0,110	0,055	0,308
260	1,300	0,130	0,065	0,364
300	1,500	0,150	0,075	0,420

(1) *Manuel pratique du chauffage et de la ventilation*, 1 vol. in-8° de 140 p. avec 2 planches, Paris, Hachette et Cie, 1868.

Malheureusement, comme l'insinue M. le général Morin, il y a fort peu de constructions qui puissent aujourd'hui permettre l'usage de ces gaînes; le mieux, selon nous, serait d'employer des cheminées à la prussienne qui auraient le tuyau de fumée extérieur au mur, et qui donneraient ainsi le maximum de chaleur si l'on avait soin d'établir un double tuyau dont l'enveloppe extérieure prendrait directement l'air par une ventouse extérieure. On obtiendrait le même résultat avec des frais moindres de construction.

Pour terminer ce que nous avons à dire sur les cheminées, nous devons mentionner la cheminée dite de *Nancy*, qui a amené à la découverte des cheminées à la prussienne, ainsi que d'un système de foyer tournant qui permet de chauffer tour à tour deux pièces; et enfin nous dirons quelques mots des grilles à coke et à charbon.

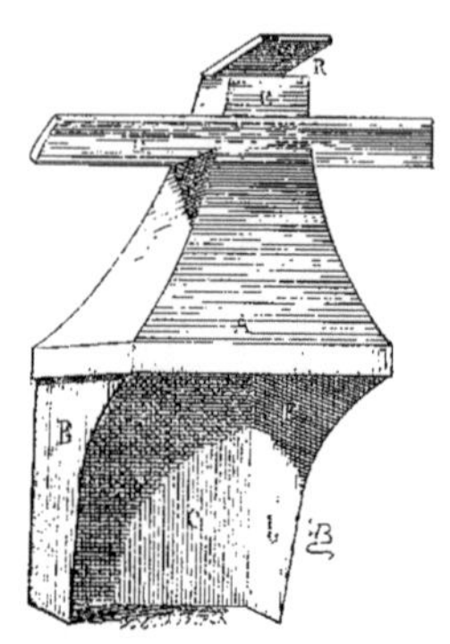

Fig. 72. — Cheminée de Nancy. — A, pavillon; B, côtés; C, contre-cœur; D, plate-forme; E, tuyau; R, registre.

Notre figure 72 représente la cheminée de Nancy. Elle est tirée de l'ouvrage d'Hébrard que nous avons cité plus haut, mais nous avons réduit cette figure de moitié; voici la description qu'en donne cet auteur, page 135 de sa *Caminologie* : « Elles sont faites de tôle ou de cuivre, tant pour le contre-cœur et les jambages que pour le petit tuyau, et disposées d'une façon qui n'a rien que d'agréable à la vue; car c'est une espèce de pavillon carré, A, d'où pendent de chaque côté comme deux rideaux, B, à demi tirés et arrêtés qui servent de jambages avec un fond, C, qui fait le contre-cœur... Elle échauffe considérablement la chambre, puisque la chaleur du feu ne peut point sortir par l'ouverture de la cheminée, qui est bouchée totalement avec une plate-forme en tôle, D, coupée exactement suivant la mesure de l'ouverture de la cheminée, et échancrée d'une face pour recevoir le petit tuyau E, qui termine par en haut le pavillon. » Comme on le voit par notre figure, cette cheminée, qui lors de son apparition fut une grande découverte, consistait tout simplement à réduire les énormes dimensions des cheminées de cette époque.

Examinons maintenant le double foyer décrit par Franklin (1) et qu'il est très-fâcheux de ne plus voir employé, car il est pratique et économique; nous traduisons littéralement : « A Paris, dit-il, j'ai vu un foyer si bien imaginé, qu'il peut servir à volonté à chauffer deux pièces, la chambre à coucher et le cabinet de travail. Le tuyau de fumée est rond; le foyer était en fonte ayant une partie

(1) *Philosophical and Miscellaneous papers*, appendix nº V, p. 50, année 1787, by M. B. Franklin and anothers.

droite à l'arrière, *a* (fig. 73), et deux plaques demi-circulaires horizontales *b*, *c*; le tout arrangé de façon à tourner sur deux pivots, *e*, *d*; la plaque *b* bouche toujours la partie circulaire du tuyau de la fumée, du côté de la pièce qui est sans feu, tandis que l'autre moitié, du côté où l'on fait le feu, est toujours ouverte. Avec une telle disposition, un domestique peut le matin faire du feu sur l'âtre *c*, qui est dans le cabinet de travail, sans déranger le maître qui est dans sa chambre. Quand celui-ci se lève il peut, en poussant avec le pied, faire tourner la cheminée sur ses pivots, et amener le feu dans sa chambre. Il peut rester là aussi longtemps qu'il le désire, puis il tourne de nouveau le foyer lorsqu'il veut passer dans le cabinet de travail. La pièce qui n'a pas de feu est également chauffée par la chaleur de la plaque verticale. Cette chaleur se répand dans la pièce comme ne le ferait pas mieux une cheminée.

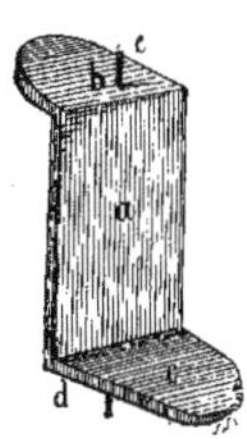

Fig. 73. — Plaque d'âtre et de foyer tournant sur son axe. — *a*, plaque en fonte ; *b*, plaque demi-circulaire; *c*, *d*, pivots.

Comme nous l'avons vu précédemment, on peut brûler dans les cheminées du bois ou du charbon, si leur intérieur est construit dans ce but; mais à l'aide de grilles à coke, on peut brûler simultanément et à volonté du bois ou du coke.

Notre figure 74 montre une grille à coke très-ajourée, imaginée par Cordier, l'inventeur de la cheminée que montrent nos figures 59 et 60; notre figure 75 montre une autre grille ayant au dos une plaque inclinée pour réfléchir la chaleur.

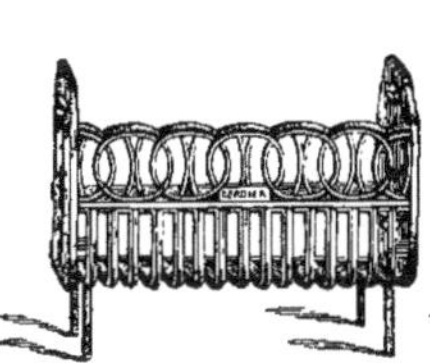

Fig. 74. — Grille à coke (système Cordier).

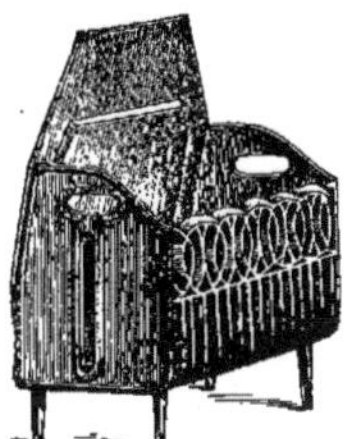

Fig. 75. — Grille à coke.

III. — POÊLES.

Définition. — Sous la dénomination générale de poêle, on désigne tous les appareils de chauffage qui, placés dans l'intérieur des pièces, les chauffent sans montrer le feu; pour compléter cette définition, nous devons ajouter qu'aujourd'hui on commence à faire des poêles qui montrent la flamme du foyer, une fois le combustible allumé, parce qu'en ce moment on supprime de grandes portes mobiles ou *mantelets*.

On fait des poêles en tôle, en fonte et en faïence; nous étudierons chacun d'eux en particulier; mais nous dirons tout de suite que, quelle que soit la matière qui les compose, les poêles constituent le chauffage le plus économique puisqu'ils utilisent 85 à 90 degrés de la chaleur développée par le combustible; ils agissent donc à l'inverse des cheminées, qui n'en utilisent que 15 ou 20; mais aussi cette propriété des poêles sert à démontrer que la ventilation est moins active. En effet, suivant le combustible employé pour leur alimentation, le volume d'air qui passe par le poêle et sort par le tuyau de fumée n'est en moyenne que 7 mètres cubes par kilogramme de combustible (1), ce qui nous permet de dire que ce mode de chauffage est économique, mais très-insalubre, surtout les poêles en fonte; malheureusement en France, principalement dans les grands centres de population, on ne fait usage que de ces derniers.

De l'origine des poêles. — Cette origine nous montrera ce qu'était le chauffage à la fin du XVIe siècle, c'est-à-dire deux siècles avant l'apparition des ouvrages de Gauger et de Franklin.

C'est, croyons-nous, Alberti, qui le premier dans son livre de l'*Architecture* nous parle des poêles : « En Germanie, en Colchos et ailleurs, dit-il, les habitants usent de *poisles.* » Plus loin il ajoute : « S'il faut bastir en un lieu froid, le remède sera d'user du feu, mais l'usage en est bien divers. Toutefois le plus profitable de tous est celui que l'on fait en lieu ample et ouvert, à fin qu'il puisse luyre et eschauffer tout à l'entour de soy. Car qui le ferait en un lieu clos comme un *poesle* ou dessous quelques voustes, si que la fumée ne s'en peut aller franchement, la vapeur en serait mauvaise et dangereuse, même nuysante grandement aux yeux, les rendant chassieux et débiles, etc. Au contraire le regard de la flamme d'un feu vivement allumé, outre qu'il est récratif à merveille, sert (ce dict-on) de bonne compagnie aux pères de famille quand ils devisent au foyer (2). »

Savot fait aussi allusion aux poêles dans son *Architecture françoise*, et il signale une funeste habitude, celle de fermer les clefs des tuyaux. « Ils font en Suède de petites cheminées rondes dans le coin de la chambre où ils brûlent le bois debout, et ils bouchent le haut du tuyau dans la hotte lorsque le bois est tout consommé, en sorte qu'il ne fasse plus de fumée ni même de vapeur, et cela conserve une chaleur fort longtemps. » C'est évidemment des poêles dont il est question dans ce passage, et les lignes suivantes nous indiquent d'une manière

(1) 5 mètres cubes pour 1 kilogramme de bois; 7 pour la houille et 11 pour le coke.

(2) L'*Architecture et art de bien bastir*, du seigneur Léon Baptiste Alberti, p. 90 et 233 de la traduction de Jean Martin, 1553.

certaine l'époque à laquelle parurent les premières cheminées-poêle, faussement dénommées *cheminées à la prussienne*. « On commence à voir à Paris des petites cheminées à l'anglaise pour des cabinets; elles sont faites de plaques de tôle ou fer fondu, tant pour l'âtre que pour le contre-cœur, que pour les costez des jambages (1). »

La date de la découverte des poêles est très-difficile à déterminer; ce qu'il y a de positif, c'est qu'ils étaient encore peu communs en France à la fin du XVIIe siècle. Hofmannus (2), s'appuyant sur Diodore de Sicile, en attribue l'invention à Vulcain lui-même. Suidas (3) ne remonte pas aussi haut; ce serait simplement l'Égyptien Annus qui serait l'inventeur des poêles. L'Allemand Busch (4), dans son *Abrégé des découvertes*, prouve que ces deux suppositions sont fausses et ne peuvent se rapporter aux poêles (*stubenöfen*), mais aux fourneaux des cuisines (*bakenöfen*). Nous supposons que les poêles ont été inventés dans les pays du Nord, en Allemagne probablement; le récit d'Alberti que nous avons cité pourrait le faire supposer. A son début, le poêle devait être simplement un foyer avec un tuyau de fumée (nous en donnerons deux exemples bientôt); plus tard, ce poêle reçut une enveloppe, le tuyau fut allongé pour augmenter le tirage. Ces modifications durent être faites très-rapidement, et le poêle arriva bien vite aux formes qu'il a encore aujourd'hui dans ce pays.

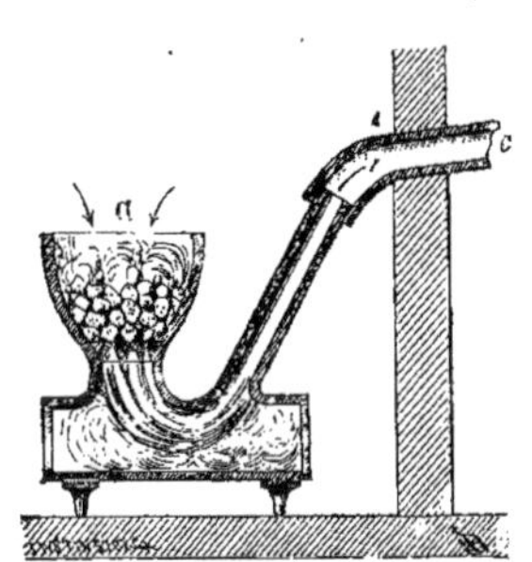

Fig. 76. — *Furnus acapnos* de Dalesme. *a*, entrée de l'air; *c*, sortie.

Quoi qu'il en soit, nous trouvons dans Tomlinson qu'une curiosité attira en 1686 des savants de Paris à la foire de Saint-Germain : c'était un poêle qui, suivant le terme employé dès cette époque, brûlait sa propre fumée. Il avait été inventé par Dalesme en 1680; il consistait en une sorte de vase en fer forgé, portant une grille destinée à recevoir le combustible. L'appareil se terminait par un tuyau ascendant par lequel s'échappait la fumée. La figure 76 montre une coupe du *furnus acapnos* de Dalesme. C'était, malgré le dire contraire de Tomlinson (5), le premier foyer

(1) *L'Architecture françoise des bastiments particuliers*, par M. Lovis Savot, médecin, avec notes et figures de Blondel, Paris, Clovzier l'aisné, M.DC.LXXIII. Note *a*, p. 140 à 142.

(2) Hofmannus (Joh. Jac.) *Lexicon universale, historiam, chronologiam, etc.*, explanans. Lug-Batav., 1698, 4 vol. in-fol., t. II, p. 597.

(3) Suidas, *Lexicon græce*, Venetiis, in ædibus Aldi et Andrea soceri, mense Feb. M.V.XIIII, in fol. ἄρτος, I, p. 340.

(4) Busch, *Versuch eines Handbuchs der Erfindungen*, Eisenach, in-8°, 1792. IV, Baud. Erfind. Oefen.

(5) Tomlinson nous apprend que le prince Rupert avait donné, en 1678, une cheminée dans laquelle la flamme était obligée de franchir les bords d'une plaque verticale avant de se rendre

à flamme renversée dans lequel la combustion était complète et qui ne donnait pas de fumée; de là son nom de *furnus acapnos*.

Voici comment fonctionnait l'appareil : sur la grille on disposait du bois et du charbon, puis, à l'aide d'une lampe, on chauffait le tuyau vers son point de raccord (voir notre figure 76), ce qui établissait un courant d'air dans le sens des flèches. Ce courant traversait le combustible; il partait du point *a* et sortait en *c*; on mettait alors le feu ou quelques charbons enflammés au-dessus du combustible qui se trouvait dans le récipient; la masse s'enflammait, et les produits de la combustion s'échappaient par l'orifice *c*.

Cet appareil, qui parut fort drôle à cette époque, ne fut regardé que comme un objet de simple curiosité; cependant aujourd'hui son principe est appliqué dans bien des cas, notamment dans les foyers de chaudières, ainsi que dans les établissements insalubres où le gaz et les vapeurs délétères des chaudières sont renversés sur les foyers et appelés dans les conduits de fumée.

Fig. 77. — *Vulcanus famulans* de Leutmann. — *a*, récipient du combustible; *b*, conduit à chauffer; *c*, tuyau de la fumée; *d*, entonnoir; *e*, anses.

L'appareil de Dalesme non-seulement ne donnait pas de fumée, mais la combustion était complète, comme nous l'avons déjà dit. A l'étranger cette découverte fut assez remarquée; nous avons vu que les Anglais avaient voulu s'en attribuer le mérite; les Allemands ont fait de même. Un certain Leutmann (1) avait,

dans le tuyau de fumée. Mais dans ce cas, quoiqu'il y eut renversement de la flamme, la combustion devait être bien incomplète, et ne constituait pas du tout un foyer à flamme renversée. Dalesme reste donc bien le véritable inventeur de ces derniers foyers.

(1) *Vulcanus famulans, etc.*, von Georg. Leutmann, 1 vol. in-12, Wittemberg, Gottfried Zimmermann, 1720.

dit-il, imaginé le premier l'appareil représenté par notre figure 77; *a* est le récipient; *b*, le conduit à échauffer; *c*, le tuyau de la fumée; *d*, l'entonnoir recevant la fumée et la conduisant à l'extérieur de la pièce; enfin l'appareil est muni d'anses *e*, *e*. Or voici ce que nous trouvons dans les *Philosophical and Micellaneous papers* (1) sur cet appareil; Franklin termine sa lettre en disant : « Il est évident pour moi que d'après l'explication de M. Leutmann sur le fonctionnement de cet appareil, il n'en connaît nullement les principes (*that he did not understand the principles of it*), d'où j'en conclus qu'il n'en est pas l'inventeur; et que par la description qu'il en fait, l'ouverture est si large et la pipe si courte, que je suis persuadé qu'il ne l'a jamais fait ni expérimenté ». Et Franklin termine en disant : « Je crois que cet Allemand a pillé l'idée à quelque Français ». Nous pouvons conclure certainement que ce Français était Dalesme lui-même, qui avait fait son appareil dès 1680. Toujours les mêmes, ces bons Allemands, ils croient toujours que le bien d'autrui est le leur.

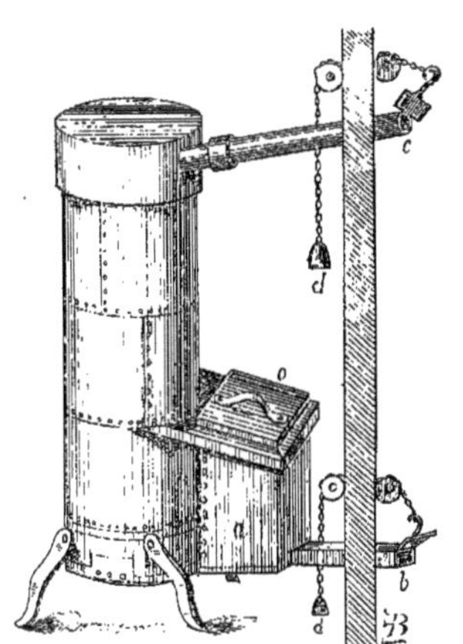

Fig. 78. — Poêle de Keslar. — *a*, foyer; *b*, prise d'air; *c*, sortie de la fumée; *d*, contre-poids; *o*, couvercle du chargement.

Nous donnons, figure 78, un poêle tiré de l'ouvrage de Keslar publié en 1619. Cette figure est réduite de moitié sur l'original. Ce poêle est formé de plaques de fer rivées. *a* est le foyer qu'on charge en soulevant le couvercle *o*; *b* est une prise d'air extérieur, qui montre une première application d'un tuyau aspirant de l'air froid. Cet air traverse le foyer et le grand poêle en fer, et sort mélangé aux produits de la combustion par *c*. Ces deux ouvertures sont munies de registres qu'on tient ouverts ou fermés à volonté, à l'aide de contre-poids *d*, *d*.

Notre figure 79 montre un des types les plus anciens des poêles allemands en faïence; il ressemble beaucoup aux types primitifs donnés par Keslar dès 1619, comme nous venons de le dire. Ce poêle est adossé à un mur et peut chauffer deux pièces. En *a* se trouve le foyer; *b*, *b*, *b* sont trois galeries destinées à recevoir les corps que l'on veut tenir chauds; *c* est une prise d'air qui part au-dessous du foyer *a* et suit le parcours indiqué par la ligne ponctuée. Cet air sort en *d*; *e*, *e*, *e* sont des tampons pour le ramonage des conduits de fumée horizontaux; *f* est une bouche de chaleur.

(1) *Op. cit.*, p. 61, année 1787.

Notre figure 80 montre un racloir destiné au nettoyage des conduits de la fumée. On emploie encore aujourd'hui des racloirs semblables et d'autres qui sont coudés.

Notre figure 81 représente la coupe d'un poêle tirée de l'ouvrage de Leutmann, ouvrage que nous avons déjà cité (voy. page 69) ; cette figure est réduite de moitié. *a* est le foyer proprement dit où brûle le combustible ; *e*, *e* est un conduit qui prend l'air froid de l'extérieur et le déverse chaud dans la pièce ; la fumée du foyer suit le parcours indiqué par les flèches et va sortir par le tuyau de fumée *h*.

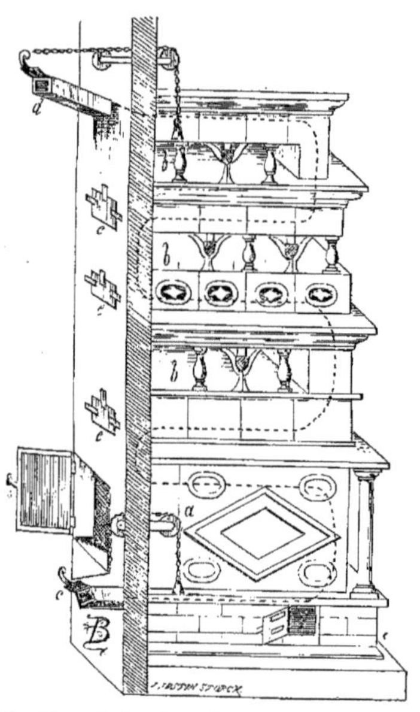

Fig. 79. — Poêle allemand. — *a*, foyer ; *b*, galeries ; *c*, prise d'air ; *d*, sortie de la fumée ; *e*, tampon de ramonage.

Fig. 80. — Racloir.

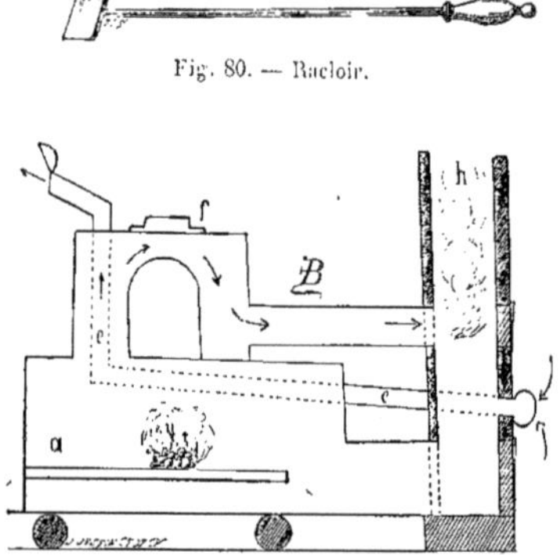

Fig. 81. — Poêle donné par Leutmann en 1720. *a*, foyer ; *e*, prise d'air ; *h*, sortie de la fumée.

En 1745 Franklin réalisait un problème qui le préoccupait depuis longtemps ; économiser le combustible, ou plutôt trouver le moyen de fournir le plus de chaleur avec une quantité de combustible donnée. Il fabriqua dans ce but un poêle en fer battu ; mais la vive chaleur dégagée par le combustible, surtout par la houille, détériorait promptement le fer ; aussi ce ne fut que quarante-quatre ans plus tard, en 1789, que Desarnod en employant la fonte put rendre pratique le poêle de Franklin, comme nous allons le voir bientôt.

L'appareil de Franklin (fig. 82) se plaçait dans les cheminées munies de ventouses d'aération.

Voici sa description d'après Franklin lui-même (1) : *m* est le manteau de la cheminée ; *c*, le tuyau de fumée ; *b*, *b*, un faux contre-cœur ; *e*, *e*, le vrai, c'est-à-

(1) *Description des nouveaux chauffoirs de Pensylvanie*, broch. in-8°.

dire le mur; *t*, le dessus du chauffoir; *f*, la face du chauffoir; *a*, le foyer où se trouve le combustible; *d*, la caisse à air; *k*, une bouche de chaleur déversant l'air chaud dans la pièce; *h*, le vide rempli d'air froid venant du dehors par le conduit *i*; cet air se sépare en deux au point *g*; une partie entretient la combustion tandis que l'autre fournit l'air à chauffer. Comme on le voit en jetant les yeux sur notre figure, la flamme suit le trajet indiqué par la flèche; arrivée au point *p*, *p*, il ne reste plus que la fumée brûlée, c'est-à-dire légère.

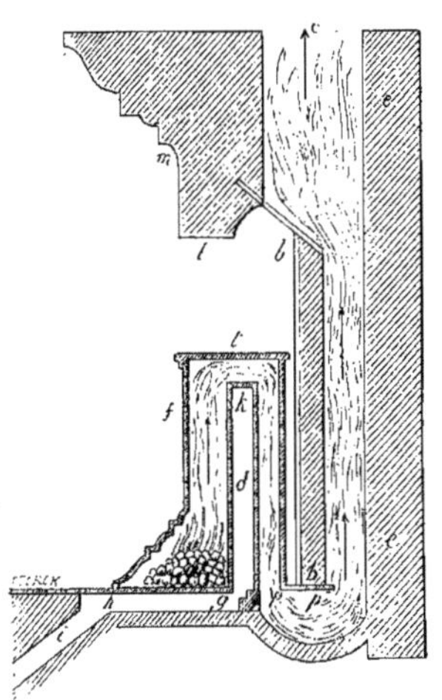

Fig. 82. — Chauffoir de Pensylvanie de Franklin. — *b*, faux contre-cœur; *c*, sortie de la fumée; *e*, contre-cœur; *f*, face du chauffoir; *g*, séparation de l'air; *i*, air froid; *m*, marteau de la cheminée; *t*, dessus du chauffoir.

Desarnod s'inspirant du chauffoir de Franklin y apporta des modifications; il l'ouvrit sur le devant pour laisser voir le feu (fig. 83); il ajouta sur chaque côté trois petits tubes qui se rendaient dans un plus grand, ce qui augmentait le parcours de la fumée, de sorte que celle-ci ne sortait dans le conduit de fumée qu'après avoir perdu une grande partie de son calorique. Notre figure montre les petits tubes dans lesquels la fumée descend pour remonter dans le plus grand tube. Au-dessus de ce poêle il existe une ouverture donnant de l'air chaud dans la pièce. En définitive, le poêle Desarnod n'est qu'une petite cheminée dans une plus grande.

Arrivons aux poêles tout à fait modernes. Leurs formes sont des plus variées, et nous n'exagérons pas en disant qu'il en existe des milliers, depuis le simple poêle de corps de garde, que les uns appellent lyonnais, les autres simplement cloches en fonte. Notre figure 84 montre ce poêle; c'est le plus simple de tous mais le plus insalubre. Il se compose de deux marmites, dont l'une inférieure a des pieds, et l'autre supérieure, retournée sur la première, porte un manchon à son sommet pour recevoir le tuyau de fumée. Une grille sépare ces deux marmites, qui ont chacune une porte; celle du haut sert à introduire le combustible, celle du bas à retirer les cendres ou à activer le tirage, suivant la plus ou moins grande quantité d'air qu'on laisse passer par cette ouverture inférieure.

Le type représenté par notre figure 84 possède tous les défauts possibles; il rougit à tel point qu'il calcine les molécules de l'air; il dessèche tellement celui-ci, que la tête la plus solide est promptement serrée comme dans un étau; nous n'indiquons ce poêle que pour dire qu'on ne doit jamais l'employer que pour sécher les plâtres dans les constructions neuves, il n'est pas bon à autre chose.

Pour remédier un peu aux nombreux inconvénients qu'il a, on l'entoure d'une enveloppe en tôle, dans laquelle on fait arriver de l'air frais soit par une prise extérieure au local, soit par l'air contenu dans la pièce elle-même. Cette

Fig. 83. — Poêle de Desarnod.

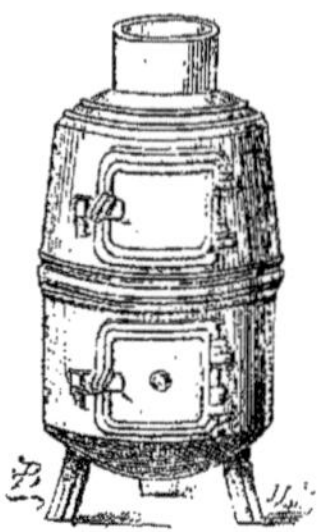

Fig. 84. — Poêle en fonte dit poêle lyonnais.

enveloppe a un double but, elle sert d'écran, et elle empêche la fonte de rougir par le refroidissement dont elle l'entoure; mais naturellement le rayonnement étant moins fort, les couches d'air qui s'échauffaient dans tous les sens ne s'échauffent pour ainsi dire que verticalement, dès que le poêle est enveloppé de sa chemise de tôle.

Pour remédier en partie à cet inconvénient, un fumiste, M. Aubert, a imaginé des enveloppes en tôle perforée, comme nous le verrons un peu plus loin, lorsque nous parlerons des poêles à alimentation continue qui constituent de véritables calorifères.

Pour procéder avec ordre, nous diviserons les poêles en trois sections :

1° *Poêles à parois métalliques apparentes (fonte ou tôle);*

2° *Poêles à parois métalliques cachées par des enveloppes réfractaires; poêles en poterie;*

3° *Poêles-calorifères.*

Nous nous étendrons assez longuement sur ces derniers, car ils constituent un véritable progrès dans le chauffage domestique.

1° Poêles à parois métalliques apparentes. — Fonte.

A part l'inconvénient déjà signalé de dessécher les poussières organiques en suspension dans l'air, les poêles à parois métalliques, surtout celles en fonte, présentent des dangers pour la santé, dangers exagérés par les uns et niés trop affirmativement par les autres.

Nous allons examiner successivement les différentes opinions qui se sont produites, afin d'élucider la question, car il serait temps de savoir à quoi s'en tenir sur ce sujet et vider entièrement le procès intenté à la fonte, procès qui n'a jamais été jugé en dernier ressort.

Depuis fort longtemps déjà, les dangers que présentent les poêles de métal ont attiré l'attention des hygiénistes.

Quand Franklin fit connaître ses chauffoirs de Pensylvanie, il eut à combattre bien des préjugés pour les faire adopter, et entre autres reproches ses détracteurs accusaient ses chauffoirs de dégager de mauvaises odeurs *préjudiciables à la santé.*

Dans sa défense, le savant physicien disait que les poêles donnaient de mauvaises odeurs parce qu'ils étaient tenus d'une façon malpropre; quant aux émanations métalliques, elles n'étaient point préjudiciables à la santé, puisque *les forgerons, les serruriers et autres ouvriers travaillant le fer à chaud se portaient fort bien.*

Un peu plus tard, en 1788, la Société royale de médecine appelée à donner son avis sur le foyer en fonte de Desarnod, termine son rapport par ces lignes : « Nous pouvons assurer avec vérité que, dans les chambres où nous avons vu ces foyers en expérience, quoique toutes les ouvertures fussent fermées, nous n'avons senti aucune émanation qu'on pût attribuer à la fonte. »

Dans une thèse de médecine soutenue par Delaroche, nous lisons : « Aucun fait d'ailleurs, à ma connaissance, ne prouve que les émanations odorantes de la fonte de fer chauffée aient une influence nuisible sur l'économie animale (1) ».

En 1820, Thénard (2) essaye de prouver que l'usage des tuyaux de poêle en tôle et même en cuivre n'était pas dangereux pour la santé.

Enfin, dans ces dernières années, la question a été reprise sinon résolue. Voici ce que nous lisons dans un journal (3) sous la signature de M. Legrand : « Dans le courant des années 1865 et 1866, M. le docteur Carret (de Chambéry) fit présenter à l'Académie des sciences, par les soins de M. Velpeau, plusieurs mémoires sur les inconvénients des poêles de fonte. Le premier de ces mémoires appelait l'attention des médecins et du monde savant sur une nouvelle épidémie observée en Savoie, épidémie dont la note, d'ailleurs très-courte, insérée aux comptes rendus, n'énumère pas les caractères, et, si j'ai bonne mémoire, le présentateur ne les avait pas fait connaître non plus. L'auteur signalait seulement ce fait singulier, à savoir que les malades se servaient tous de poêles de fonte récemment importés en Savoie, et que les habitations chauffées par d'autres

(1) Note, page 14, thèse n° 11, Paris, 1806.
(2) Rapport à l'Institut, 3e trimestre, 1820.
(3) *Union médicale*, 25 janvier 1868.

moyens avaient été indemnes. Les mémoires suivants, au nombre de deux, attribuaient aux poêles incriminés le développement d'une fièvre typhoïde qui sévissait sur les jeunes élèves du lycée de Chambéry. Toutes les communications de M. le docteur Carret furent renvoyées à la commission des arts insalubres (1) ».

De récents travaux de MM. H. Sainte-Claire Deville et Troost (2) ont attiré l'attention des savants sur la même question, et ont fait assez de bruit pour nécessiter la nomination d'une commission qui fut chargée de pratiquer des expériences au Conservatoire des arts et métiers; malheureusement une discussion assez vive froissa l'un des membres influents de cette commission, qui dès lors n'a pas donné les résultats si impatiemment attendus.

M. le général Morin, qui faisait partie de cette commission, continua bien les expériences avec M. Troost, mais il ne semble pas qu'il ait rien tiré de bien concluant de ses expériences, puisque dans son *Manuel du chauffage* (3) il n'en dit absolument rien; il se contente d'écrire (page 12) : « D'après des expériences récentes, directes et précises, exécutées en 1867 par MM. H. Deville et Troost, la fonte chauffée au rouge est très-perméable aux gaz et en particulier à l'hydrogène et à l'oxyde de carbone, ce qui explique le malaise et même les effets toxiques parfois très-graves qu'occasionne l'usage des poêles en fonte dans l'intérieur des appartements d'habitation. C'est tout au plus si l'on peut les admettre pour le chauffage des dépendances et des parties extérieures des appartements, fréquemment ouvertes, où l'air peut être facilement renouvelé. »

Pour nous, les poêles en fonte sont un chauffage insalubre parce qu'ils dessèchent outre mesure les poussières organiques de l'air. Dans cet état, ces poussières fatiguent les voies respiratoires et appauvrissent le sang à tel point, que les

(1) Le fait d'épidémie avancé par M. Carret a été nié par le docteur Michaud parlant au nom de l'association des médecins de la Haute-Savoie qui, en assemblée générale, ont émis les conclusions suivantes :

1° Que les épidémies dont il a été parlé au conseil d'hygiène de Chambéry, à l'Institut, à l'Académie de médecine et ailleurs, sont dues à toute autre cause qu'à l'usage des poêles de fonte;

2° Que l'épidémie de Jarsy et l'épidémie du lycée de Chambéry n'étaient autre chose que la fièvre typhoïde;

3° Que les trois cents faits énoncés par l'auteur du mémoire sur les épidémies d'hiver se rattachaient à des maladies connues, et qu'ils ne peuvent servir de base à la découverte d'une nouvelle entité morbide. Thèse du docteur Castarède, p. 167, in-4°. Paris, 1869.

(2) L'ensemble des discussions sur ce sujet est consigné dans le compte rendu de l'Académie des sciences en date du 13 janvier 1868 et du 3 mai 1869; il résulterait d'après cette étude que les poêles en métal *portés au rouge*, pourraient donner lieu à une formation d'hydrogène et d'oxyde de carbone, gaz des plus délétères par leurs principes toxiques; quant à cette formation, elle pouvait provenir de différentes causes : 1° de la perméabilité de la fonte, qui laisserait échapper ces gaz de l'intérieur du foyer à l'extérieur; 2° de la décomposition de l'acide carbonique au contact du métal rougi; 3° de l'action de l'oxygène de l'air sur le carbone de la fonte.

Cette dernière action ne serait pas de longue durée puisqu'elle n'agirait que sur les poêles neufs, à moins qu'on admette une cémentation de la fonte par l'oxyde de carbone du charbon brûlé à l'intérieur du foyer.

(3) Ouvrage déjà cité.

poêles peuvent rendre poitrinaires les personnes qui en font un usage constant. Ensuite la fonte rougie peut laisser échapper de l'intérieur de l'oxyde de carbone, et il suffit de très-minimes proportions de ce gaz pour agir de la façon la plus funeste sur l'économie, surtout quand un air brûlant et desséché ouvre pour ainsi dire les poumons à l'intoxication de ce gaz délétère; mais nous ne croirons jamais que la fonte rougie puisse procurer directement des fièvres typhoïdes.

Évidemment ce mode de chauffage est insalubre, et on doit éviter autant que possible d'en faire usage; on doit surtout, pour combattre sa plus fâcheuse influence, placer sur les poêles des récipients d'eau pour donner un degré d'humidité nécessaire à l'atmosphère des chambres dans lesquelles ils fonctionnent. Nous ajouterons encore qu'il est bien fâcheux que les tuyaux de poêle de fonte soient munis de clefs; on ne devrait jamais en faire usage. Si cependant on persiste dans cette funeste habitude, on ne devra régler la combustion avec la clef que lorsque le feu sera en pleine ignition et n'émettra que des gaz très-légers. Nous ne nous étendrons pas plus longuement sur la question de l'insalubrité des poêles de fonte, de même que nous ne donnerons pas d'autre modèle que le type figuré par notre croquis 84.

Nous nous occuperons immédiatement des poêles de la deuxième division, après avoir dit toutefois que les poêles avec enveloppes de tôle de fer sont de beaucoup préférables à ceux construits exclusivement en fonte.

2° Poêles à parois métalliques cachées par des enveloppes réfractaires.

Ces poêles ne diffèrent des précédents qu'en ce que les parois métalliques sont enveloppées le plus souvent de faïence.

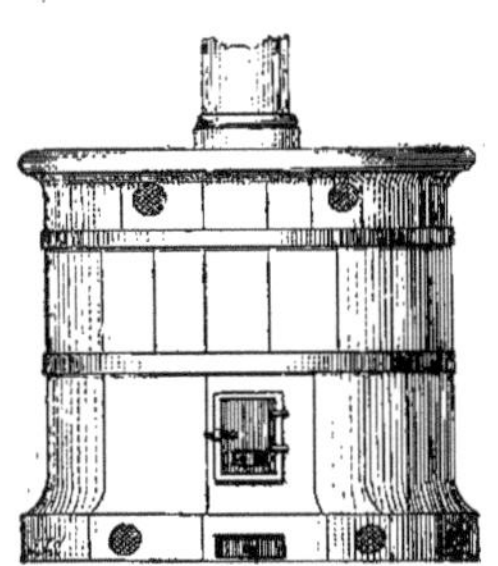
Fig. 85. — Poêle en faïence.

Notre figure 85 montre un spécimen de ces poêles; l'air de la pièce à chauffer pénètre par les ouvertures inférieures du poêle, s'échauffe au contact de la cloche en fonte, et ressort par des bouches de chaleur pratiquées à la partie supérieure. L'air nécessaire à la combustion arrive par la porte et par le cendrier pratiqué au-dessous de celle-ci. La porte elle-même est munie d'un petit registre à coulisse qui sert à régler le tirage.

Notre figure 86 montre un autre genre de poêle recouvert de faïence; celui-ci est déjà mieux compris que le précédent; car il sert aussi à la ventilation.

L'air extérieur *e*, chauffé au contact de la cloche en fonte, s'élève vers le plafond par le tuyau en poterie et le tuyau de fumée *a* faisant appel de *b*; il descend en c, ressort par les bouches pratiquées dans le haut du poêle, se mêle à l'air de la pièce et va se brûler définitivement dans le foyer, où il pénètre par la porte *d* et par le cendrier situé au-dessous.

Nous ne donnerons pas la description d'autres poêles de cette section parce que, comme les précédents, ils sont fort répandus, et nous passerons à la troisième catégorie.

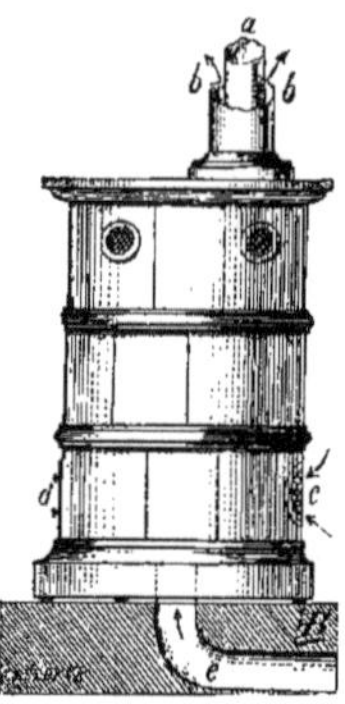

Fig. 86. — Poêle en faïence. — *a*, tuyau de fumée; *b*, appel de l'air; *c*, air de la pièce; *d*, baie de chargement.

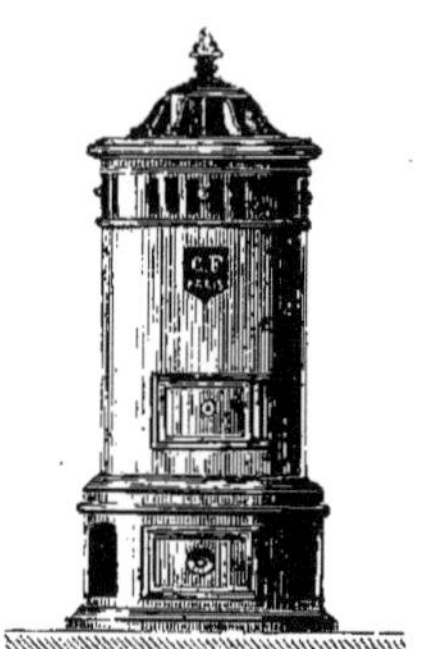

Fig. 87. — Calorifère à enveloppe.

3° Poêles-calorifères.

On les nomme aussi poêles à alimentation continue, parce que, une fois chargés, ils s'alimentent d'eux-mêmes et n'ont pas besoin d'être rechargés de dix à douze heures, et quelquefois davantage.

Notre figure 87 montre un calorifère à enveloppe fabriqué par M. Geneste. On peut, avec cet appareil, prendre l'air à volonté soit à l'intérieur, par des ouvertures latérales situées dans le socle de l'appareil, à droite et à gauche du cendrier, soit à l'extérieur, à l'aide d'une prise spéciale. Cet appareil, comme beaucoup d'autres modèles, du reste, peut servir à chauffer deux pièces contiguës qui ne seraient pas très-grandes; pour cela il suffit de le placer à cheval sur la cloison qui sépare les deux pièces. On peut de même combiner le chauffage avec la ventilation, en disposant une gaine spéciale dans l'axe de laquelle monte le tuyau de fumée du calorifère.

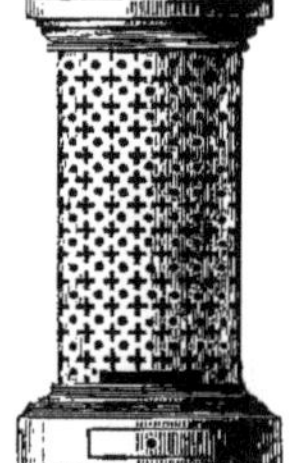

Fig. 88. — Poêle-calorifère Aubert. — (Échelle de $0^m,02$ pour mètre.)

La figure 88 représente aussi un calorifère à enveloppe, mais elle est perforée, ce qui permet d'utiliser d'une manière plus efficace la chaleur rayonnante.

Ce calorifère, une fois chargé, fonctionne quinze à seize heures sans avoir besoin d'être rechargé.

La figure 89 montre le dessus du poêle, où l'on peut voir l'ouverture fermée par un couvercle qui sert à l'introduction du combustible, et qui peut être indistinctement du coke ou de la houille.

Souvent, dans la construction des poêles, les fumistes ne tiennent pas assez compte de la dilatation de la grille; aussi qu'arrive-t-il? Si la grille est plus solide que les parois du poêle (ceci s'applique surtout aux anciens poêles en fonte), en se dilatant elle occasionne la rupture de ces parois; si, au contraire, ces dernières sont plus résistantes que la grille, ce sont les barreaux de celle-ci qui sont tordus ou brisés.

Nous devons dire cependant que pour empêcher cette rupture bien des systèmes de grilles ont été imaginés. L'un des plus simples est de faire la grille en deux parties, et de laisser un intervalle entre les deux segments. La figure 90 représente la position de la grille à froid dans le poêle. Au contraire, lorsqu'elle

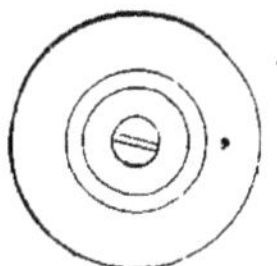

Fig. 89. — Dessus du poêle-calorifère Aubert. (Échelle de $0^m,02$ pour mètre.)

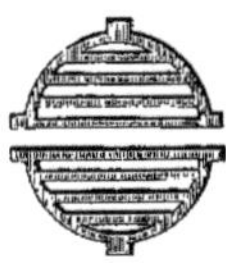

Fig. 90.— Grille de poêle en deux segments pour permettre la dilatation. (Échelle de $0^m,02$ pour mètre.)

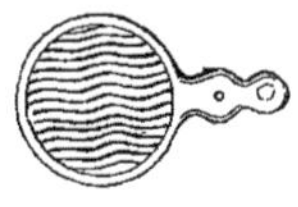

Fig. 91. — Grille du poêle-calorifère Aubert. (Échelle de $0^m,02$ pour mètre.)

est chauffée, les deux segments se rapprochent, ce qui réduit le diamètre de la grille et compense les effets de la dilatation.

Un autre système, qui mérite d'être signalé, est celui qui est représenté par notre figure 91 ; c'est une grille mobile, dont les barreaux sinueux permettent une dilatation et une contraction, sans avoir à craindre une rupture. Ce nouveau genre de grille, par un léger mouvement de rotation de gauche à droite ou de droite à gauche, secoue et tamise dans le cendrier les cendres produites. Il suffit d'exécuter ce mouvement deux ou trois fois par jour pour donner au feu une activité suffisante.

La queue de cette grille sort par la petite ouverture longitudinale qu'on aperçoit au-dessus du cendrier (fig. 88).

M. Aubert, inventeur du calorifère à enveloppe perforée, comprenant tous les désagréments qu'entraîne à sa suite la clef coupant en deux le vide des tuyaux de fumée, a imaginé un système de clef ayant la forme d'une portion de cylindre, ce qui permet son rabattement contre le tuyau de fumée.

La figure 92 montre le tuyau à l'extérieur et fait voir les divisions qui permettent de régler à volonté la position de la clef, c'est-à-dire le tirage de l'appareil. On comprend que plus on accroche bas le crochet de la clef, plus celle-ci se relève. Notre figure 93 montre le conduit ouvert, c'est-à-dire la clef accrochée au dernier trou inférieur, tandis que notre figure 94 montre l'opération contraire, c'est-à-dire le tuyau fermé.

Enfin le même fumiste a employé la tôle perforée pour des rideaux de foyers qui permettent de jouir de la vue du feu, comme avec le pare-étincelle en gaze

Fig. 92. — Tuyau de poêle muni de sa clef (syst. Aubert). (Échelle de 0m,10 pour mètre.)

Fig. 93. — Clef de tuyau de poêle ouverte. (Échelle de 0m,10 pour mèt.)

Fig. 94. — Clef de tuyau de poêle fermée. (Échelle de 0m,10 pour mètre.)

Fig. 95. — Rideau en tôle perforée.

métallique. Ce second rideau, comme le montre la figure 95, n'empêche pas le fonctionnement du rideau ordinaire qui sert à l'allumage du feu.

Une des grandes préoccupations des administrations, c'est le chauffage des écoles (nous parlerons plus loin de celles-ci); la ville de Paris, désirant posséder un bon calorifère pour les écoles, donna un programme à quelques constructeurs parisiens. Elle ouvrit pour ainsi dire un concours, et nous pourrions résumer son programme dans ces quelques mots : *Trouver un chauffage économique et salubre, à combustion longue, pouvant durer dix à douze heures sans surveillance, et ventilant les espaces habités par l'extraction continue de l'air vicié.*

Thermo-conservateur. — Le programme posé par la ville de Paris n'était pas facile à remplir; c'était, pour ainsi dire, l'idéal du chauffage; nous devons avouer cependant que MM. Geneste et Herscher frères s'en sont beaucoup rapproché par leur appareil, dit *thermo-conservateur*, qui a été adopté par la ville de Paris. Les architectes, nos anciens collègues à la ville, à qui nous avons demandé des renseignements sur ce calorifère, nous en ont fait le plus grand éloge et ont ajouté : « Les maîtres et maîtresses d'écoles se plaignent seulement de ce que l'allumage est un peu long, quand le temps est humide; mais c'est là un désagrément que ce calorifère partage avec tous les appareils en général; c'est une affaire de température contre laquelle nous ne pouvons absolument rien ».

Le thermo-conservateur (fig. 96) se compose d'une enveloppe en tôle à doubles parois, entre lesquelles on met de la terre réfractaire R comme isolement et réservoir de la chaleur; il va sans dire que cette double enveloppe peut être en faïence comme dans les poêles ordinaires. L'air vicié de la pièce chauffée arrive en E; une prise d'air neuf, M, passe en N, s'échauffe au contact des surfaces du foyer proprement dit F. Cet air chaud sort par les bouches P après s'être saturé de vapeur d'eau fournie par le vase de saturation A. Le combustible est entassé sur la grille G, et monte jusqu'au sommet du réservoir H. C'est cette disposition

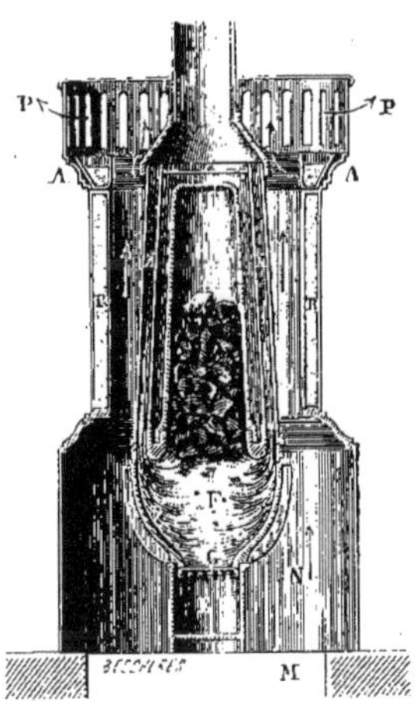

Fig. 96. — Coupe de l'appareil thermo-conservateur. — A, vase de saturation; E, air vicié; F, foyer; G, grille; H, réservoir du charbon; M, air neuf; N, air neuf s'échauffant; P, P, galerie de la chaleur; R, terre réfractaire.

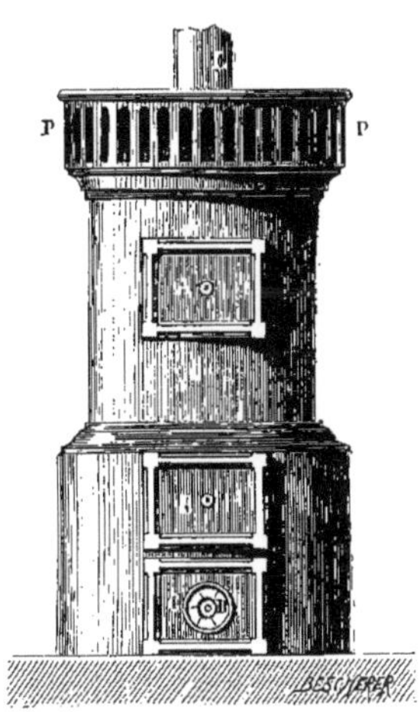

Fig. 97. — Élévation de l'appareil thermo-conservateur. — A, baie du chargement; B, porte du foyer; C, porte du cendrier; D, registre; P, galerie de la chaleur; L, tuyau de la fumée.

qui donne la combustion lente demandée, car le coke ne peut arriver sur la grille qu'au fur et à mesure de sa combustion; la fumée passe dans l'enveloppe K pour sortir par le tuyau L.

Notre figure 97 montre l'élévation de cet excellent appareil. A est la baie de chargement; B, celle du foyer; C, la porte du cendrier avec un registre D qui permet de régler le tirage; P, P sont les bouches ou plutôt la galerie de la chaleur; L, le tuyau de la fumée.

IV. — CHEMINÉES-POÊLES.

On désigne ainsi des appareils de plus en plus abandonnés, qu'on nomme aussi *cheminées à la prussienne;* nous ne savons pourquoi on leur donne cette dernière appellation, puisque c'est en Angleterre qu'on a inventé les premiers appareils de ce genre qui ne sont, en réalité, que de véritables poêles à parois métalliques, mais ayant une ouverture plus grande que les poêles ordinaires. Souvent le foyer de ces poêles est maçonné en briques réfractaires.

Ces cheminées, créées à leur origine dans le but d'offrir à la fois les avantages des poêles et des cheminées, n'en présentent presque que les inconvénients. Aussi nous ne décrirons pas ce mode de chauffage, qui pouvait présenter de légers avantages avant l'invention des nouveaux foyers que nous avons précédemment décrits, mais qui, aujourd'hui, tomberont en désuétude, car les foyers Joly, Mousseron, Cordier, etc , autrement utiles, donnent un chauffage plus sain.

V. — CALORIFÈRES A AIR CHAUD.

Nous avons étudié jusqu'ici les moyens de chauffer un local relativement restreint, une ou deux pièces au plus; mais, quand il s'agit de chauffer de vastes locaux, de grands cubes, des édifices entiers, les cheminées et les poêles seraient insuffisants ou, tout au moins, constitueraient une grande dépense au point de vue de l'allumage et de l'entretien de très-nombreux foyers; ils présenteraient, en outre, plus de dangers d'incendie, surtout pour les monuments publics. Aussi pour ces grands locaux il faut avoir recours à de grands appareils spéciaux qu'on nomme *calorifères.* Les plus simples et les plus répandus sont dits *calorifères à air chaud,* parce que l'air est employé comme véhicule de la chaleur.

Le premier calorifère à air chaud a été construit par l'Anglais Strutt en 1792 pour l'hôpital de Derby. Depuis cette époque, surtout dans ces derniers temps, il a été créé chaque année des centaines de modèles, ce qui fait qu'aujourd'hui il en existe quelques milliers, qui cependant peuvent être ramenés à deux types principaux.

Dans le premier type la fumée circule dans des tuyaux verticaux, et dans le second la circulation de la fumée s'effectue dans des conduits horizontaux. La première disposition est préférable à la seconde, parce que l'air extérieur introduit dans le calorifère est plus rapidement chauffé puisque l'air peut envelopper entièrement les tuyaux verticaux, tandis que dans le second le même air ne lèche que la moitié de la surface des tuyaux. Il est donc préférable d'adopter les tuyaux verticaux et de leur donner une surface de chauffe égale à cent soixante ou cent quatre-vingts fois la surface de la grille du foyer. Il faut aussi proportionner à la capacité des appareils les tuyaux de fumée. Pour des appareils ordinaires, on leur donne de $0^m,25$ à $0^m,30$ de diamètre, ce qui est suffisant pour que la vitesse soit assez grande et la température intérieure convenable.

Dans les locaux dans lesquels la ventilation est très-active, il faut donner aux calorifères, pour 1000 mètres cubes de capacité des salles, une moyenne de 18 mètres de surface de chauffe; quand ils sont abondamment ventilés, on devra élever cette proportion à 20 et 22 mètres.

Les calorifères à air chaud sont des chambres closes renfermant un foyer qui chauffe une quantité d'air prise extérieurement, et qui conduisent cet air dans des locaux plus ou moins éloignés. Celui-ci arrive directement du calorifère ou d'une chambre spéciale; car aujourd'hui on dispose près des calorifères à air chaud ou mieux au-dessus, si c'est possible, *une chambre de mélange* d'où partent les conduits de distribution de l'air chaud.

Cette chambre reçoit à la fois l'air chaud du calorifère et de l'air froid extérieur, qu'on introduit dans des proportions convenables, de manière à obtenir une température de 30° à 40° au plus. Suivant l'état de l'atmosphère, on règle à l'aide de registres les proportions d'air chaud et d'air frais pour atteindre ce résultat.

Les calorifères se composent : 1° d'un foyer; 2° de prises d'air; 3° de conduits de fumée serpentant plus ou moins suivant la surface de la grille du foyer (1); 4° d'une enveloppe de la chambre de chaleur; 5° d'une chambre de mélange; 6° des conduites d'air chaud aboutissant à des bouches, qu'on doit autant que possible disposer dans des parois verticales, pour qu'elles ne puissent être obstruées par les balayages.

Les calorifères à air chaud ne peuvent être employés que pour chauffer des locaux peu considérables; aussi pour un vaste édifice il faut en établir souvent un grand nombre, car il ne faut pas oublier qu'ils ne peuvent en général conduire l'air chaud qu'à une distance horizontale de 15 à 16 mètres, 18 à 20 mètres avec des moyens spéciaux.

Ces calorifères peuvent être en fonte, en tôle, ou construits en briques réfrac-

(1) Des expériences consignées dans les *Annales du Conservatoire* (6e vol., 1866) ont démontré qu'un calorifère à tuyaux horizontaux, où la surface de chauffe était égale à soixante-dix fois celle de la grille du foyer, n'utilisait que 63 degrés de la chaleur développée par le combustible, tandis que pour des calorifères à tuyaux verticaux, où la surface de chauffe était égale à deux cent vingt fois celle de la grille, le rendement calorifique s'est élevé à 81 degrés.

La proportion de la surface de chauffe des tuyaux à celle de la grille a aussi une grande importance. Dans un calorifère à tuyaux horizontaux, l'on a trouvé les résultats suivants :

Surface de chauffe égale à	25 fois celle de la grille	Rendement calorifique.	45°.
	70 fois —		63°.

cendrier munie d'une vis à modérateur pour permettre de régler le feu et lui donner plus ou moins d'activité.

Immédiatement au-dessus du cendrier, il y a un récipient pour l'eau; nous en parlerons plus loin à propos de la figure 111 ; puis le foyer proprement dit, surmonté d'une première pièce annulaire (fig. 104) avec une porte pour l'allumage du dit foyer. Une deuxième pièce annulaire, en tout semblable à la première, a une porte servant au chargement du combustible; enfin l'appareil est couronné par une coupole (fig. 105). Entre chaque pièce annulaire une bague ou ceinture moulurée dissimule les joints; notre figure 106 montre les bagues inférieures et notre figure 107 la bague supérieure. On a quelquefois reproché aux calorifères français de faire rompre par l'effet de la dilatation ces bagues; il

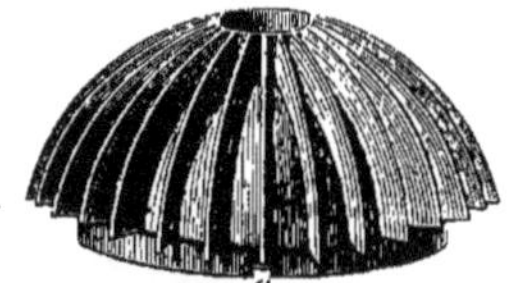

Fig. 105. — Coupole du calorifère français.

Fig. 108. — Pièce annulaire du calorifère français. — *a*, encoche; *b*, trou permettant le montage de l'appareil.

Fig. 106. — Bague ou ceinture du calorifère français.

Fig. 109. — Couronnement de la coupole.

Fig. 110. — Coupole du calorifère français. (Deuxième modèle.)

Fig. 107. — Bague supérieure du calorifère français.

n'en est rien, puisqu'elles peuvent se dilater à volonté; en tout cas, si l'une d'elles vient à se rompre par extraordinaire, il est toujours facile de la remplacer, mais nous devons dire que cet accident n'arrive que très-rarement.

Au-dessus de la deuxième partie annulaire on peut en placer une troisième et une quatrième pour augmenter la surface de chauffe; notre figure 108 montre un spécimen de cette partie supplémentaire.

Dans le calorifère français la fumée peut s'échapper par une buse placée dans le rang au-dessous de la coupole; dans ce cas celle-ci est bouchée par un tampon représenté par la figure 109, qui couronne très-bien l'appareil; ou bien on emploie une coupole ayant une plus large ouverture de couronnement (fig. 110) et sur laquelle on adapte le tuyau de fumée. Cette coupole sert également pour les appareils tubulaires dont nous parlerons bientôt.

On peut du reste, à volonté, faire partir directement la fumée, ou disposer la cheminée à fumée plongeante.

Le calorifère français présente des avantages considérables : son chauffage est sain, économique, le développement de ses nervures augmente d'une façon notable les surfaces de chauffe et la transmission du calorique. Ce qui fait que le chauffage par le calorifère français est très-sain, c'est que le socle de l'appareil, sur toute sa circonférence, est muni de larges ouvertures D (fig. 111) qui permettent à l'air froid de venir passer en grandes quantités en C, c'est-à-dire entre le vase d'eau et le foyer. Il se produit également un courant d'air chaud en B; la vapeur d'eau (qui se dégage proportionnellement au volume d'air et à sa température) se trouve ainsi emprisonnée entre deux courants d'air chaud et s'y mélange intimement.

Quand on veut non-seulement chauffer, mais encore ventiler, il faut prendre l'air froid à l'extérieur; on établit dans ce but une prise d'air en F, on bouche les orifices D par une bande de tôle placée à l'intérieur du socle; l'air froid est alors forcé de passer en E, puis en C, où il s'échauffe au contact du foyer, et avant de

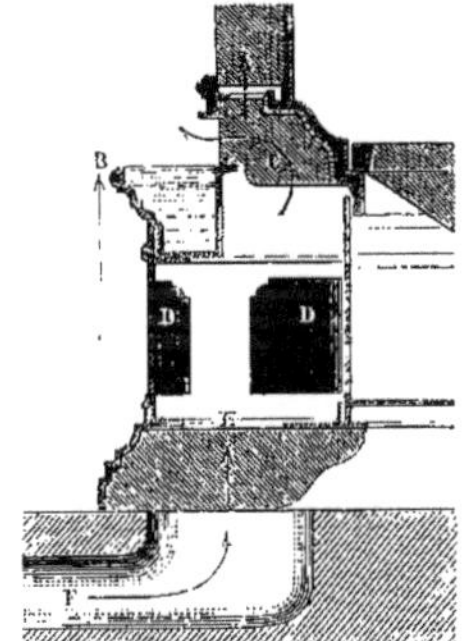

Fig. 111. — Socle du calorifère français. B, courant d'air chaud; C, air froid; D, ouvertures pour l'air froid; E, air froid; F, ventouse.

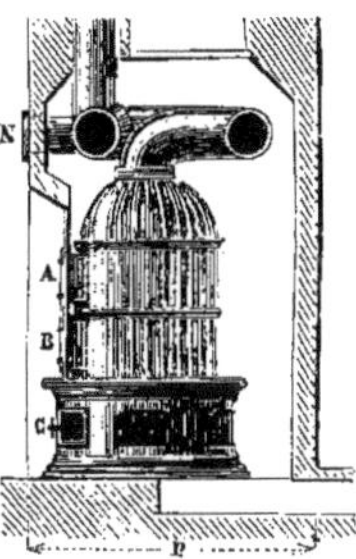

Fig. 112. — Coupe de l'appareil tubulaire. A, baie de chargement; B, porte d'allumage; C, cendrier; N, tampon de ramonage.

pénétrer dans le local à chauffer l'air s'est légèrement humidifié par son passage au-dessus du vase d'évaporation de l'eau.

Enfin, si nous ajoutons que le calorifère français peut être monté avec la plus grande facilité par le premier ouvrier venu, personne ne sera surpris qu'il se rencontre aujourd'hui partout, dans les grandes comme dans les plus petites villes.

Quand on veut augmenter l'utilisation du calorique, on peut adapter au calorifère français un appareil tubulaire dont notre figure 112 montre la coupe; A est la baie de chargement; B, la porte d'allumage; C, le cendrier; N, le tampon de ramonage. Suivant la nature du combustible, on peut employer l'appareil à un ou deux rangs; pour le coke, un rang (fig. 113) peut suffire; si l'on brûle au contraire du bois ou du charbon, il vaut mieux employer l'appareil à deux rangs

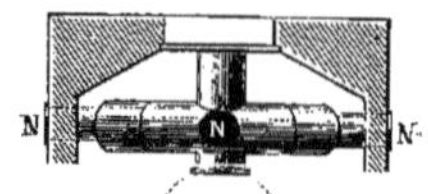

Fig. 113. — Élévation tubulaire à un rang. N, tampons de nettoyage.

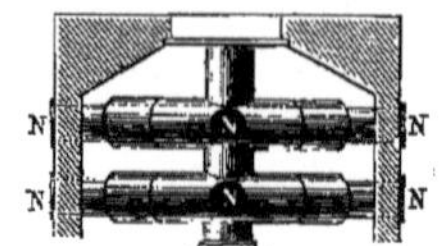

Fig. 114. — Élévation de l'appareil tubulaire à deux rangs.

(fig. 114). Chaque rang de l'appareil est muni de tampons de ramonage.

Notre figure 115 montre le plan de l'appareil tubulaire, tandis que la figure 116 montre la face du calorifère français encastré dans une maçonnerie de briques.

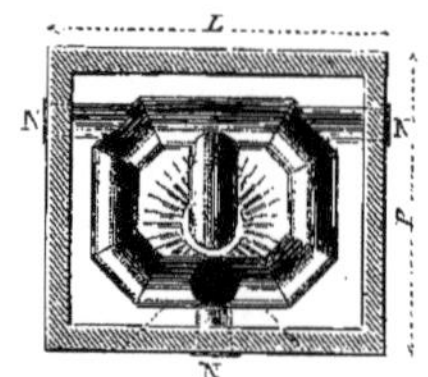

Fig. 115. — Plan de l'appareil tubulaire.

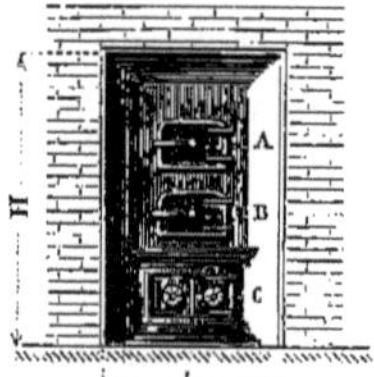

Fig. 116. — Vue de face du calorifère français. A, porte de chargement; B, d'allumage; C, du cendrier.

Les calorifères français sont fabriqués dans toutes les dimensions par MM. Geneste et Herscher frères, qui en sont les inventeurs.

Calorifère Laury. — M. Laury a imaginé également un calorifère en fonte qui donne d'assez bons résultats. Il se compose d'un foyer à nervures intérieures et extérieures, surmonté d'une boule dans laquelle se continue la combustion; celle-ci est surmontée elle-même de deux réservoirs de la fumée; le réservoir supérieur est divisé en deux parties par une cloison et communiquant, la partie antérieure, avec des tuyaux de fumée plongeurs placés en avant, et la partie postérieure avec des tuyaux postérieurs réascendants de la fumée. Tous ces tuyaux aboutissent à un fer à cheval ou récipient annulaire, recevant la fumée des tuyaux plongeurs et la rendant par les tuyaux réascendants postérieurs; enfin la fumée, après ces divers parcours, sort par un tuyau unique. Toutes les pièces qui composent cet appareil sont en fonte. Il n'y a de fer employé que pour des tirants qui assurent l'occlusion parfaite de tous les joints au moment de la dilatation. Le cendrier de l'appareil Laury forme cuvette à eau à l'intérieur, ce qui éteint les escarbilles, conserve la grille et fournit de la vapeur d'eau à la combustion.

Un récipient d'eau en fer à cheval entoure le cendrier et sert ainsi à vaporiser de l'eau pour la chambre de chaleur. Cet appareil est fort bon et assez économique, on ne peut lui reprocher que d'être un peu compliqué comme construction.

Fig. 117. — Calorifère en fonte (système Gurney).

Un autre constructeur de Paris, M. Duroselle, a fabriqué un calorifère à air chaud qui a quelque analogie avec celui de M. Laury; mais son appareil est plus simple que celui que nous venons de décrire.

Calorifères Gurney. — Il existe deux modèles de calorifères à air chaud (système Gurney).

Le premier, figure 117, est une grande cloche en fonte avec des nervures très-saillantes dont les pieds baignent dans un réservoir contenant de l'eau. Ce modèle se construit dans toutes les dimensions, de sorte qu'on peut utiliser le plus petit comme poêle. Le type représenté par notre figure 117 se place à même dans les locaux à chauffer et sans aucune enveloppe.

Le second type, figure 118, est employé comme calorifère de cave et se place dans une chambre en maçonnerie. L'appareil repose sur un socle en briques, les nervures, qui sont fort nombreuses, plongent dans un réservoir d'eau qui épouse

Fig. 118. — Calorifère en fonte (système Gurney) servant surtout pour sécheries.

la forme de l'appareil; on ne reproche aux appareils Gurney que de produire trop d'humidité, surtout quand le feu intérieur est très-actif. Ce dernier appareil sert surtout pour les sécheries.

Nous nous sommes occupé jusqu'ici des calorifères entièrement construits en fonte; nous allons étudier bientôt des calorifères en terre réfractaire, mais nous parlerons auparavant d'un calorifère de cave dont la construction mixte (fonte et brique) nous servira de transition.

Calorifère en fonte avec foyer en briques réfractaires. — Généralement tous les calorifères de caves ont le grand inconvénient de chauffer les caves. C'est d'abord une déperdition considérable de calorique, ensuite cette chaleur peut détériorer les vins qui se trouvent dans les caves voisines du calorifère. Pour parer à ce désagrément, on enferme les appareils dans de petites chambres.

Un des calorifères de caves qui utilise le plus la chaleur produite par le combustible est celui qui est représenté par nos figures 119 à 124.

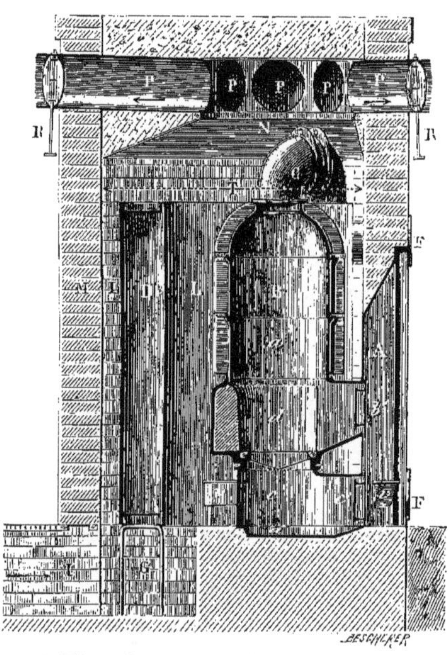

Fig. 119. — Coupe verticale sur 1-2 de la figure 121. — A, baie de chargement; B, foyer C, tuyau de la fumée; D, appareil hémicycloïdal; F, tampon de nettoyage; G, support en fer ou en briques de l'appareil hémicycloïdal; I, prise d'air; L, passage de l'air entre les surfaces de chauffage; M, paroi de la chambre de chaleur; N, départ central de la fumée; P, conduits de la chaleur; R, clefs à régulateur; *a*, capacité du foyer; *b*, porte du foyer; *c*, cendrier; *c'* porte du cendrier; *v*, vases de saturation.

Ce calorifère se compose (fig. 119) d'un foyer central *a* et d'un appareil hémicycloïdal D.

Le foyer proprement dit a de vastes proportions pour permettre aux produits de la combustion de se dégager librement, tout en se refroidissant dans une certaine mesure au contact des surfaces multiples de ce foyer, qui a deux parties principales, l'une basse, *c*, *c'*, qui comprend le cendrier avec sa cuvette à eau *v*, et la grille ; l'autre supérieure, formée de trois pièces annulaires qui s'assemblent en feuillure. Ces trois pièces sont surmontées d'une coupole au sommet de laquelle se trouve le départ de la fumée.

Fig. 120. — Coupe verticale sur 4-3 de la figure 121. — B, foyer ; D, appareil hémicycloidal ; E, échappement de la fumée ; G, support en fer ou en briques pour l'appareil hémicycloïdal ; I, prise d'air ; L, passage de l'air entre les surfaces de chauffe ; M, parois de la chambre ; P, conduits de chaleur ; R, clef à régulateur ; *a*, capacité du foyer ; *b*, foyer en briques réfractaires ; *c*, cendrier ; *v*, vase de saturation.

La réunion de ces diverses pièces forme le foyer proprement dit, lequel a dans le bas un garnissage de briques réfractaires.

La figure 120 montre la coupe verticale faite sur la ligne 4-3 de la figure 121.

Les figures 121, 122 et 123 montrent des coupes horizontales faites à diverses hauteurs de la figure 120.

Les légendes des figures, suffisamment explicatives, nous dispensent de donner de plus amples détails sur la construction de ce calorifère de caves, fabriqué par MM. Geneste et Herscher frères ; nous nous bornerons à étudier plus particulièrement trois parties essentielles ; ce sont : la prise d'air, la chambre de la chaleur, les conduits de chaleur et les bouches.

La prise d'air est pratiquée à l'intérieur des espaces à chauffer lorsqu'il s'agit de grands édifices, surtout de vastes locaux qui renferment un grand cube d'air. Dans des locaux plus restreints, au contraire, cette prise d'air est faite extérieure-

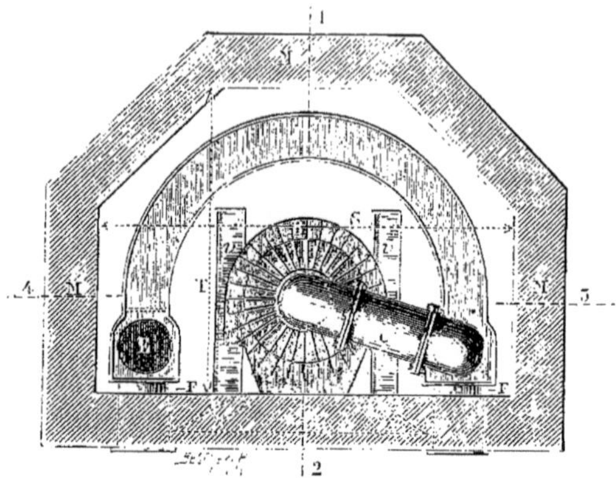

Fig. 121.— Coupe horizontale sur 6-5 de la figure 120.— B, calorifère, C, tuyau de la fumée; D, appareil hémicycloïdal; E, échappement de la fumée; F, tampon de nettoyage; M, murs de la chambre; r, vase de saturation.

ment afin de puiser de l'air pur, ce qui contribue au chauffage et à la ventilation.

Nous devons dire cependant que, lorsque les caves sont bien aérées, et par suite ne possèdent pas cette odeur d'humidité qui est très-désagréable, on peut

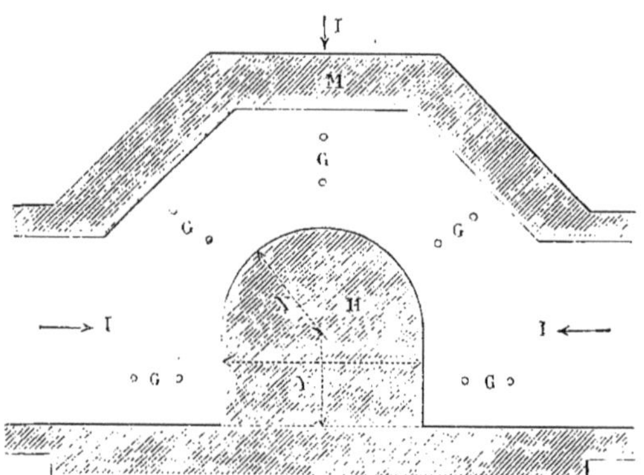

Fig. 122.— Coupe horizontale sur 8-7 de la figure 120.— G, support en fer ou en briques pour l'appareil hémicycloïdal; H, massif supportant le foyer; I, prise d'air; X, rayon de la partie circulaire.

se dispenser de faire un conduit spécial pour aller chercher l'air extérieur.

Quoi qu'il en soit dans les deux précédentes hypothèses, l'air froid est amené à la partie basse de la chambre de chaleur.

Celle-ci est formée par quatre murs en briques qui sont placés à une certaine distance de l'appareil, afin de permettre à l'air de circuler librement contre les

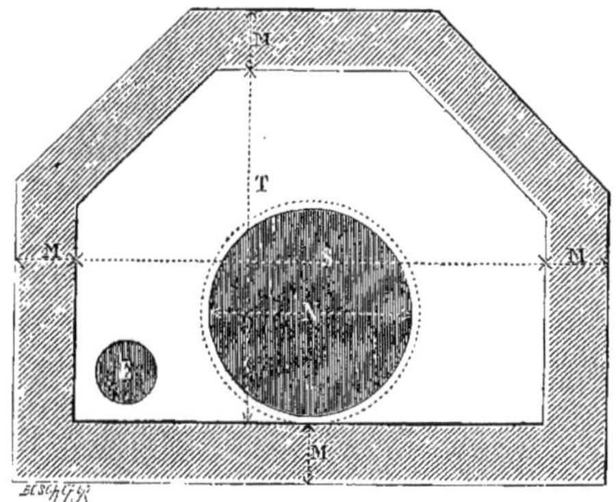

Fig. 123. — Coupe horizontale sur 10-9 de la figure 120. — E, échappement de la fumée; M, parois de la chambre de chaleur; N, départ central de l'air chaud; S, largeur intérieure de la chambre; T, profondeur intérieure de la chambre.

surfaces de chauffe. Au-dessus des murs en briques (la figure 120 fait comprendre cette disposition) il existe un plancher au centre duquel rayonne le départ cen-

Fig 124. — Élévation du calorifère de cave. — A, baie de chargement; E, échappement de fumée; F, tampon de nettoyage; P, conduits de la chaleur; R, clef à régulateur; a', porte du foyer avec contre-porte; c', porte de cendrier; v, vase de saturation.

tral de l'air chaud. C'est au-dessus de ce plancher que viennent se brancher tous les conduits de distribution.

De là on les dirige dans les locaux à chauffer.

Il est de la dernière importance de bien proportionner la section des conduits en raison du cube des pièces à desservir, et de tenir compte en même temps du plus ou moins grand refroidissement de ces mêmes pièces.

Suivant la dimension de l'appareil, le calorifère de cave Geneste peut chauffer des espaces variant entre 400 et 4000 mètres cubes en prenant encore l'air extérieur. Notre figure 124 montre l'élévation de ce calorifère de cave.

Calorifère en briques réfractaires creuses. — Comme beaucoup d'hygiénistes ont exagéré les inconvénients que présentent les calorifères où l'air s'échauffe au contact de tuyaux ou de surfaces métalliques, plusieurs constructeurs se sont occupé d'améliorer ce genre de chauffage.

MM. Gaillard et Haillot ont créé un type en briques réfractaires, dans lequel ils ont supprimé l'emploi de la fonte et du fer pour tous conduits ou passages dans lesquels circulent l'air et la fumée.

L'air destiné à entretenir la combustion arrive sous la grille A (fig. 125) par le cendrier. Il traverse le combustible, s'échauffe et s'élève, mélangé à la fumée, dans un premier conduit vertical A'. Ce dernier est très-large, il est entouré d'un massif de briques réfractaires jusqu'aux conduits supérieurs et horizontaux B, en nombre variable suivant la proportion de l'appareil, et entre lesquels il se partage.

Parvenue à l'extrémité des conduits supérieurs B, la fumée plonge en B', en B'', en B''', en B'''' et gagne par des passages verticaux le canal inférieur de la fumée C, qui la dirige vers la base de la cheminée. Les conduits de la fumée, B, B' etc., ne sont séparés dans le sens horizontal que par des languettes en briques réfractaires de $0^{m},004$ d'épaisseur.

A l'extrémité de chacun de ces conduits, des tampons de nettoyage D permettent, à l'aide d'un racloir recourbé, de débarrasser complétement tout l'intérieur de la suie qui s'y dépose.

Notre figure 126 montre le plan de ce calorifère, qui a été l'objet d'un rapport très-favorable de M. H. Tresca, ingénieur sous-directeur des arts et métiers; nous donnerons la fin de ce rapport, qui résume parfaitement les avantages du calorifère dont nous venons de donner la description :

« En résumé, dit M. Tresca, ces calorifères entièrement en briques, qui ne contiennent point de parties en fonte ou en fer exposées à rougir par l'action du feu, sont exempts des inconvénients que l'on reproche à la plupart des appareils de chauffage en métal et à l'air chaud.

» Leur rendement calorifique est égal à celui des meilleurs appareils connus.

» Le peu de conductibilité des matériaux qui entrent dans leur construction atténue beaucoup les irrégularités qui peuvent survenir dans le chauffage par suite des négligences dans le service.

Fig. 125. — Coupe longitudinale du calorifère en briques réfractaires creuses. — A, grille; A', premier conduit de fumée; B, B', B'', B''', B'''', conduits de la fumée; D, tampons de nettoyage; G, chambre de la fumée.

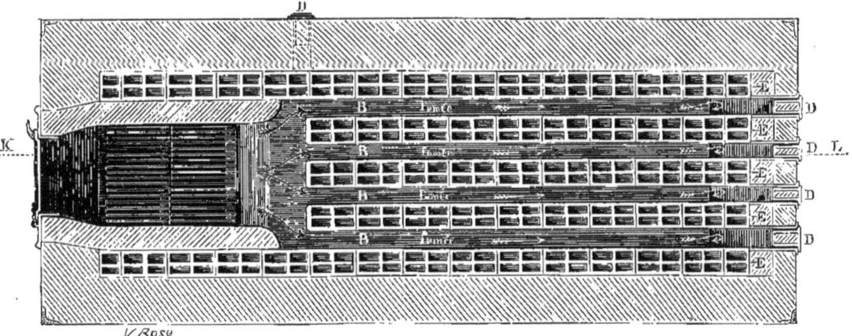

Fig. 126. — Plan du calorifère en briques réfractaires creuses. — B, conduits de la fumée; E, cloisons en briques creuses; D, tampons de nettoyage.

CALORIFÈRE EN BRIQUES RÉFRACTAIRES CREUSES.

» Leur construction est sujette à moins de réparations importantes que celles des calorifères en métal, dont les foyers et les cloches en fonte sont brûlés en quelques années et donnent lieu à de sérieux inconvénients. »

Nous ajouterons que le chauffage obtenu par un pareil calorifère est des plus sains, surtout lorsqu'on combine son action avec celle d'une ventilation suffisante.

Avant de terminer cette étude sur les calorifères à air chaud, nous dirons un mot sur la canalisation des conduits de la chaleur.

En général ceux-ci sont faits en poterie. Un bon modèle est celui marqué C. F. que montre notre figure 127; il est fait en terre demi-réfractaire ayant une épaisseur suffisante pour éviter toute déperdition de la chaleur; en outre les cannelures, tout en renforçant le conduit, lui donnent une légèreté relative et permettent le grippement du plâtre.

Car on doit toujours enduire au plâtre les conduits de la chaleur.

De même que lorsqu'on est obligé de faire passer ces mêmes conduits dans des terrains humides ou dans des endroits très-froids, il faut les enfermer dans

Fig. 127. — Conduit en poterie.

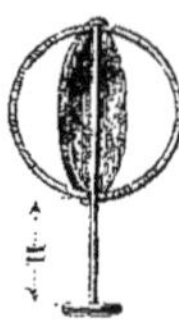
Fig. 128. — Clef ouverte à régulateur pour conduits de chaleur

Fig. 129. — Clef fermée à régulateur pour conduits de chaleur.

une double enveloppe en briques avec isolement d'air. On doit opérer de même, s'il s'agit de conduire la chaleur à de très-grandes distances.

On fera bien de placer sur chaque conduit une clef pour pouvoir distribuer l'air chaud à volonté, et au besoin intercepter le courant quand on veut ne chauffer qu'un nombre déterminé de bouches. On économise ainsi du calorique qu'on tient pour ainsi dire en réserve. Seulement il faut bien calculer ses manœuvres, car en restreignant le nombre de bouches, on peut déterminer sur certains points une élévation de température si considérable qu'elle peut occasionner des incendies.

Un bon modèle de clef à régulateur est celui représenté par nos figures 128 et 129. La première représente la clef ouverte, et la seconde fait voir la clef fermée aux trois quarts dans le conduit de chaleur.

VI. — CHAUFFAGE DE L'AIR PAR L'EAU CHAUDE A HAUTE ET BASSE PRESSIONS.

Nous avons vu précédemment que les calorifères à air chaud ne pouvaient conduire l'air chauffé qu'à des distances horizontales de 18 à 20 mètres; et pour atteindre ces limites extrêmes, faut-il encore employer des moyens spéciaux, tels que des conduits en poterie, en terre réfractaire, et les envelopper dans des canalisations.

Dans bien des cas, pour le chauffage de certains édifices, des hôpitaux, par exemple, il est nécessaire de diminuer le nombre des foyers pour faciliter le service et réduire les risques d'incendie; et cependant il faut porter au loin, d'une manière régulière et constante, de grandes quantités de chaleur. On est forcé alors d'employer l'eau chaude, qui est par excellence l'agent sain, économique et docile à un haut degré; mais l'eau chaude peut être employée à haute et basse pressions.

Chauffage par circulation d'eau chaude à haute pression. — Ce système est aussi connu sous le nom de *système Perkins*, parce qu'il a été proposé vers 1830 par un ingénieur anglais de ce nom.

Dans ce mode de chauffage la température de l'eau dépasse toujours 100° et peut atteindre 300° et 350°; la circulation a lieu dans des tubes ou tuyaux en fer étiré de $0^m,012$ de diamètre intérieur; ils sont hermétiquement fermés. Un foyer, maçonné dans un poêle en briques, renferme dans son intérieur un serpentin dont les extrémités reçoivent, l'une, le tuyau d'ascension, et l'autre le tuyau de retour. Ces tuyaux montent et circulent dans les pièces à chauffer, et leur petit diamètre permet de les dissimuler dans les moulures des plafonds, dans les plinthes, etc.

Comme le serpentin offre une surface de chauffe considérable, l'eau s'échauffe rapidement et circule avec une grande vitesse dans tout le système. Voilà pour les avantages de ce mode de chauffer; mais, comme rien n'est parfait, il a aussi ses inconvénients : ainsi, par suite de la haute température de l'eau, des conduits, passant dans les épaisseurs de planchers ou dans le voisinage de pièces de bois, peuvent non-seulement les altérer profondément, mais encore causer leur inflammation et amener des incendies; de plus, comme ces appareils sont hermétiquement fermés, si le serpentin est fortement chauffé il peut se produire de la vapeur et déterminer, dans certaines parties, des explosions. Ce sont ces inconvénients qui ont presque fait abandonner ce système, qui est moins efficace que le chauffage à la vapeur à basse pression, et qui présente presque autant de danger que ce dernier.

Nous devons dire cependant qu'un constructeur de Paris, M. Gallibour, a heureusement modifié ce système ; nous en parlerons plus loin au chauffage des serres.

Chauffage par circulation d'eau chaude à basse pression. — Ce système est de beaucoup préférable au précédent, car, sauf la section des tuyaux qui est plus considérable, il offre les mêmes avantages que le chauffage d'eau chaude à haute pression, sans pour cela présenter les mêmes dangers. Ce système de chauffage, qui est connu et appliqué de toute antiquité (1), donne une température douce et agréable, car l'air ainsi chauffé ne peut dépasser 40° à 45°, même avec des surfaces de chauffe très-considérables.

Ce mode ancien, que nous avons remis en usage, est fondé sur la différence de la pesanteur spécifique de l'eau en raison de sa température ; de là un mouvement ascendant et descendant mis en action par le calorique sur un point quelconque de la masse. Une figure fera mieux comprendre le mécanisme de ce mode de chauffage.

Théorie des thermo-siphons. — Supposons (fig. 130) un appareil *a, b, c, d,*

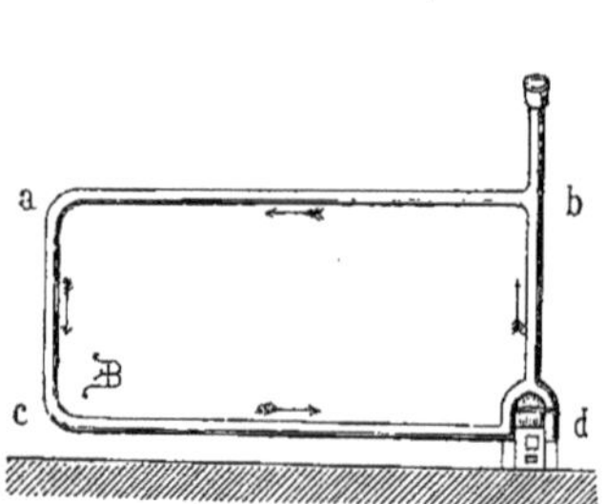

Fig. 130. — Théorie du chauffage à l'eau.

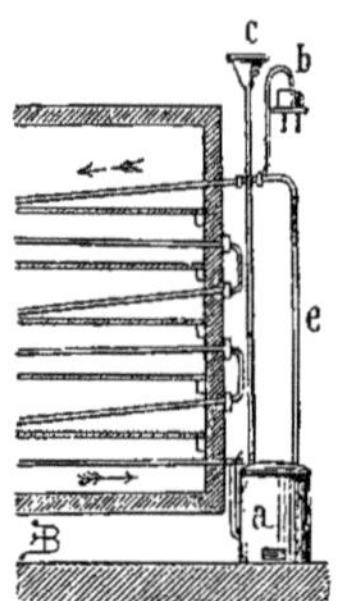

Fig. 131. — Couvoir de Bonnemain. *a*, chaudière ; *b*, vase d'expansion ; *c*, remplissage ; *e*, colonne montante.

rempli d'eau, et dans lequel il existe un foyer surmonté d'une chaudière au point *d*; l'eau restera en repos parce que les colonnes *a b*, *c d*, étant de même densité, s'équilibrent ; mais si l'on allume le foyer, l'équilibre est rompu parce qu'une partie de la colonne *b*, *d*, s'échauffant, deviendra plus légère ; par suite, une portion de l'eau contenue dans *c*, *d* prendra place dans *b*, *d*, et, s'échauffant à son tour, elle sera chassée, ce qui détermine le mouvement ascendant et descendant que nous avons signalé.

(1) Le *draco* des anciens était un appareil destiné à chauffer l'eau avec rapidité et une minime dépense de bois. C'était une chaudière (Senec., *Quæst. natur.*, III, 24) entourée de tuyaux en cuivre pareils aux replis du serpent (de là son nom de *draco*), de telle sorte que la quantité entière du liquide était exposée en même temps et par petites quantités à l'action du feu.

Telle est, dans toute sa simplicité, la théorie sur laquelle est basé le chauffage à l'eau chaude par circulation ou par *thermo-siphon*.

Ce système a été appliqué pour la première fois dans ces temps modernes par Evelyn, en Angleterre, en 1675, puis en France par Bonnemain, en 1777, qui l'utilisa pour l'incubation artificielle.

Son appareil se composait (fig. 131) d'une chaudière *a*, d'un tube ascenseur *e* qui s'élevait au-dessus de celle-ci, se courbait et prenait la direction de la flèche supérieure. Après avoir parcouru les divers étages du couvoir, ce tube revenait à la chaudière suivant la direction de la flèche inférieure; il était surmonté lui-même d'un deuxième tube *b*, qui déchargeait le trop plein de l'eau de l'appareil; enfin le tube *c*, terminé en entonnoir, servait à remplir la chaudière *d*.

Quelques années plus tard, en 1816 ou en 1820, M. de Chabannes emploie ce système en Angleterre pour chauffer à la fois des bains et des appartements, en se servant de la chaleur perdue des fourneaux de cuisine.

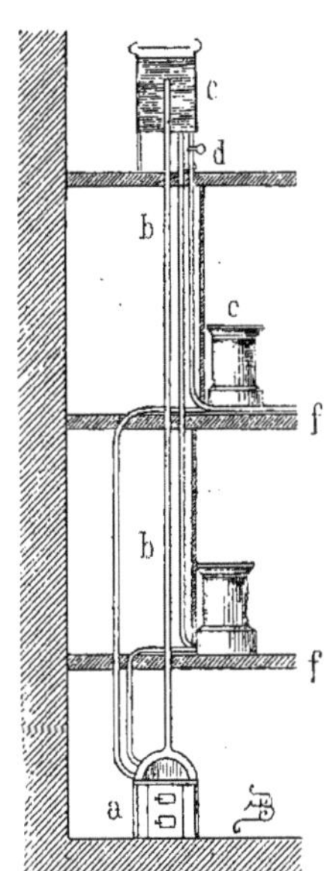

Fig. 132. — Chauffage avec poêle à eau. — *a*, chaudière; *b*, colonne montante; *c*, vase d'expansion; *d*, colonne descendante; *e*, poêle; *f*, retour.

Diverses manières d'installer les thermo-siphons. — Dans ces derniers temps, la question a été reprise, et sans qu'on ait touché au principe on a réalisé quelques progrès au point de vue des appareils et de l'installation de ce mode de chauffage, qu'on peut établir de plusieurs manières :

1° Un tube d'ascension partant de la chaudière monte directement dans un récipient placé dans les combles d'un bâtiment. Ce récipient, qu'on nomme vase d'expansion (1), alimente par une prise spéciale chaque étage du bâtiment, et le retour a lieu par des tuyaux séparés, ce qui rend chaque service indépendant. Ce dernier mode est employé dans beaucoup d'hôpitaux.

Notre figure 132 représente cette installation ; *a* est la chaudière; *b*, le tube ascendant; *c*, le vase d'expansion; *d*, les tubes de distribution; *e*, les poêles à eau ou surfaces de chauffe; *f*, les tuyaux de retour.

2° On peut placer horizontalement des tubes dans les pièces à chauffer et les faire pourtourner les

(1) Si la section des tuyaux et les pentes sont établies dans de bonnes proportions, les vases d'expansion deviennent inutiles.

Du reste, une faible distance verticale entre les tubes d'ascension et de retour suffit pour que la moindre différence de température détermine la circulation.

murs, ou bien canaliser ces tuyaux dans le sol, à rez-de-chaussée, ou dans les planchers aux autres étages. Dans ce cas, les conduites sont recouvertes de grilles ajourées plus ou moins décoratives, ou de plaques métalliques.

Un bon modèle de grille est celui qui est représenté par notre figure 133. Nous le recommandons de préférence à tout autre parce que, quoique très-solide, il ne présente qu'une section vide de 50 p. 100 environ.

3° On établit des gaînes verticales le long des murs ou dans leur épaisseur, si c'est possible, et on ménage des regards au droit de chaque joint pour surveiller les fuites qui pourraient se produire. Ce dispositif permet l'introduction de l'air neuf et l'évacuation de l'air vicié. Il permet aussi de rejeter les eaux de fuites. Ce

Fig. 133. — Grille pour canalisation de conduite de chauffage.

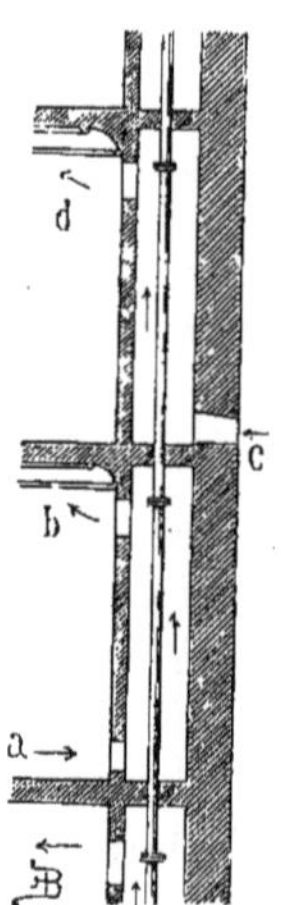

Fig. 134. — Conduite d'eau chaude dans une gaîne. — *a*, entrée de l'air intérieur ; *b*, sortie ; *c*, air extérieur ; *d*, son entrée dans la chambre.

procédé est très-usité en Angleterre ; M. d'Hamelincourt a fait en France de grands efforts pour le vulgariser.

Notre figure 134 montre ce dispositif établi de deux façons ; le tube d'eau chaude monte dans une gaîne et donne de l'air chaud en *b*, prend l'air de la pièce en *a*, et le rend mélangé à de l'air neuf en *b*.

La seconde disposition (même figure) prend de l'air extérieur en *c* ; celui-ci s'échauffe dans la gaîne et sort en *d*.

4° En sous-sol ou dans une cave, on peut placer des tuyaux ou des surfaces de transmission sur lesquelles on fait arriver de l'air neuf ; celui-ci s'échauffe au contact de ces surfaces, on le dirige ensuite par des bouches dans les locaux à chauffer, comme s'il s'agissait de simples calorifères à air chaud.

Nous venons de décrire les quatre dispositions principales qu'on a adoptées pour le chauffage à l'eau chaude par circulation; nous ajouterons encore que les appareils de chauffage sont des poêles remplis d'eau, ou simplement munis de serpentins à leur intérieur; du reste les appareils que nous décrirons bientôt comme récipients de la vapeur, peuvent également servir comme surface de chauffe pour l'eau chaude.

Pour obtenir 15 à 16 degrés de chaleur avec une température extérieure de — 4° ou 8°, il faut que les surfaces de chauffe soient calculées à raison de 25 à 27 mètres carrés pour 1000 mètres cubes; dans les hôpitaux ou dans les établissements analogues, il faudrait même élever la surface de chauffe jusqu'à 32 et 34 mètres carrés pour 1000 mètres cubes.

Quand on emploie pour ce système de chauffage la réunion de nombreux tuyaux pour chauffer sur un point donné, cela nécessite beaucoup de joints; pour diminuer le nombre de ceux-ci, on se servait anciennement de grandes caisses rectangulaires en fonte; elles avaient peu de profondeur, et leurs grandes faces étaient maintenues par des entretoises venues de fonte; notre figure 135

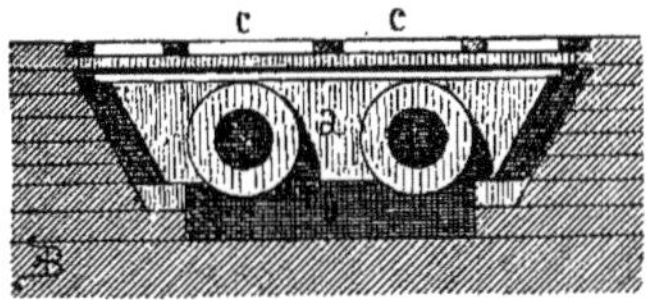

Fig. 135. — Caisse en fonte pour éviter les joints. *a*, caisse; *b*, chauffage de l'air; *c*, *c*, grille.

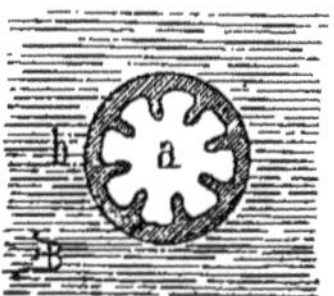

Fig. 137. — Tuyau à ailettes intérieures. *a*, air chaud; *b*, eau chaude.

Fig. 136. — Coupe de la caisse en fonte pour éviter les joints.

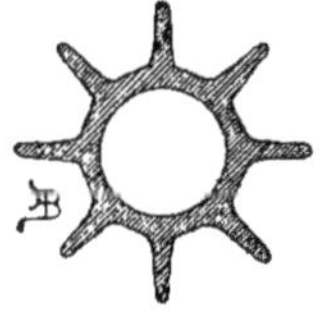
Fig. 138. — Tuyaux à ailettes extérieures.

fait voir de face la position de ces caisses dans une canalisation; *a* est la caisse, montrant les deux ouvertures faites pour recevoir les tuyaux d'eau; *b*, le conduit dans lequel l'air s'échauffe; on se sert de l'air du local, ou bien on le prend extérieurement; enfin *c* est la grille recouvrant la canalisation.

La figure 136 montre la coupe de cette caisse.

Pour profiter des avantages de ce mode de chauffage, et pour ne pas subir les désagréments des tuyaux dans les appartements, on établit dans les caves de grands réservoirs traversés par un grand nombre de tubes à nervures. L'eau chaude chauffe ces tubes, qui sont traversés par un courant d'air froid, et qui correspondent chacun à une bouche de chaleur desservant une pièce.

Notre figure 137 montre un de ces tubes *a* plongé dans l'eau du réservoir *b*.

Quelquefois les ailettes, au lieu d'être à l'intérieur du tube, sont placées sur sa face extérieure et ont beaucoup plus de longueur. Notre figure 138 montre cette disposition. On pourrait même fondre des tuyaux qui, au lieu de huit ailettes, pourraient en avoir un plus grand nombre.

Nous ne nous appesantirons pas plus longtemps sur le chauffage à l'eau chaude par circulation à haute et à basse pressions; nous en reparlons plus loin à propos du chauffage des serres, et dans la deuxième partie de notre traité à propos de la ventilation.

Nous donnerons même une installation complète du chauffage à l'eau établie dans les bureaux de la traction du chemin de fer d'Orléans par les soins de M. Forquenot, ingénieur en chef du service du matériel et de la traction.

VII. — CHAUFFAGE PAR LA VAPEUR.

Tout le monde connaît aujourd'hui la vapeur, mais on ne se rend pas encore bien compte de toutes ses admirables propriétés. C'est presque exclusivement à l'emploi de la vapeur que, depuis un demi-siècle, le commerce et l'industrie ont pris les immenses développements que chacun sait. C'est à la vapeur que nous sommes redevables des grands progrès accomplis, progrès qui ne marqueront qu'une étape bien modeste dans l'histoire de l'humanité, à côté de ceux que la vapeur réalisera dans l'avenir; nous ne pouvons que constater un fait : c'est que, à l'heure présente, la vapeur est l'âme et le nerf des grands progrès (1).

Nous n'avons pas à nous occuper ici de la vapeur comme force motrice, ni comme agent mécanique et chimique, mais seulement comme agent calorifique.

La vapeur d'eau, en se condensant, possède la propriété de dégager de la chaleur à une température qui ne dépasse pas celle de son point d'ébullition. Cette propriété rend la vapeur un moyen de chauffage très-sain et bien plus régulier que le feu nu; en outre, la vapeur transporte rapidement la chaleur à de grandes

(1) Actuellement il existe en France 123 000 établissements industriels qui emploient la force de 502 000 chevaux-vapeur, et occupent 800 000 ouvriers environ.

Le département de la Seine figure en première ligne pour un chiffre de production de 1 milliard 690 millions en chiffres ronds, et entre pour un cinquième dans la production totale.

Le Nord, qui vient immédiatement après, accuse une production manufacturière de 700 millions environ; le Rhône, 600 millions; la Seine-Inférieure, 440 millions; les Bouches-du-Rhône, 271 millions; la Loire, 224 millions.

La Corrèze et le Cantal sont les derniers départements sur la liste : le premier avec un chiffre de 5 millions et demi, le second avec 3 millions et demi.

distances, de sorte que nous ne craignons pas d'affirmer que, dans tous les établissements d'une certaine étendue, c'est sous tous les rapports le moyen de chauffage le plus sain, le plus économique, le plus avantageux.

On se demandera peut-être comment il se fait que possédant tous ces avantages, la vapeur ne soit pas plus connue et surtout plus répandue comme moyen de chauffage. Cela tient à des causes multiples que nous allons énumérer.

Au premier rang de ces causes, nous trouvons dame routine qui n'aime pas les innovations; c'est si désagréable d'user d'une chose à laquelle on n'est pas habitué, et la route de Sainte-Routine est rocailleuse, par conséquent le progrès ne peut rouler facilement sur sa voie.

La seconde cause, c'est que la vapeur est une force dangereuse qui peut causer de graves accidents et même la mort; ensuite que sa bonne installation est difficile et qu'on la croit dispendieuse, qu'elle nécessite la présence d'un chauffeur-mécanicien, et qu'enfin sa mise en train occasionne des claquements et une certaine trépidation désagréable.

Si nous examinons cette série de griefs formulés contre la vapeur comme chauffage, nous les trouvons faux dans certains cas et exagérés dans d'autres.

Pour ce qui est du danger, cette crainte est chimérique, car on peut employer aujourd'hui des générateurs à vapeur inexplosibles, comme nous allons le voir en parlant de l'installation de ce chauffage; or, ce sont les chaudières à vapeur qui, dans ce mode de chauffage, sont plus sujettes à faire explosion plutôt que les appareils de condensation.

Ensuite beaucoup de personnes confondent les accidents survenus par les thermo-siphons (appareils à eau chaude), et bien souvent, quand nous avons parlé du chauffage à la vapeur, même à des confrères, ils nous ont répondu : « Merci du procédé; avez-vous oublié l'épouvantable accident survenu à Saint-Sulpice, à Paris? »

Nous avouons que le désastre a été grand et que la vapeur a fait ici de nombreuses victimes; malheureusement ou plutôt heureusement, le chauffage à la vapeur ne peut être en cause dans cette affaire, puisque le mode de chauffage adopté à Saint-Sulpice était l'eau chaude; et nous constatons que celui-ci est autrement dangereux que la vapeur. En effet, si par une négligence ou un dérangement quelconque de l'appareil, une quantité d'eau vient à se vaporiser dans la chaudière du thermo-siphon, celle-ci, qui n'est pas en état de résister à la force expansive du fluide, est brisée, vole en éclats et peut faire de nombreuses victimes. Les appareils ou surfaces de chauffe sont dans les mêmes conditions. C'est par un de ces appareils qu'à Saint-Sulpice, le 7 janvier 1858, cinq personnes ont été tuées et d'autres dangereusement blessées.

Passons à cet autre grief : l'installation est difficile et dispendieuse.

Autrefois ce reproche pouvait avoir quelque fondement; aujourd'hui, nous avons des ingénieurs-constructeurs qui installent facilement le système; quant aux frais de premier établissement et d'entretien, il est incontestable que ce mode de chauffage coûte un tiers de moins que celui à l'air chaud et moitié moins que celui à l'eau chaude.

Le dernier grief paraît plus sérieux; en effet, le premier venu ne peut conduire une machine à vapeur. Il faut un certain temps d'apprentissage; mais enfin, la conduite d'un générateur à vapeur n'est pas tellement difficile qu'un ouvrier intelligent ne puisse, en quinze jours, être parfaitement au courant de cette manœuvre.

Pour ce qui est du claquement de la mise en train, ce bruit ne dure que quelques minutes; il est même presque nul si les tuyaux de condensation sont bien établis et avec des pentes convenables.

Avantages du chauffage par la vapeur. — Comme on peut le voir, tous les reproches formulés contre le chauffage à la vapeur s'évanouissent en les analysant, et il ne reste plus qu'à résumer les avantages de ce système; ils sont nombreux :

1° Il permet de conduire la chaleur à de très-grandes distances, sans déperdition trop sensible, et de placer des surfaces de chauffage partout où le réclament les besoins du service et les exigences de la construction.

2° Les conduites de vapeur sont d'un très-petit diamètre et peuvent être établies en tous lieux sans nécessiter de travaux spéciaux toujours coûteux.

3° Ce chauffage remplit toutes les conditions de salubrité et d'hygiène; il ne calcine pas les molécules d'air pur et ne les désoxygène pas. On peut, en outre, le régler à volonté suivant la température extérieure en faisant varier l'ouverture des robinets qui commandent les conduites.

4° Il est très-économique comme installation première, entretien des appareils et consommation du combustible; avec un seul foyer on peut chauffer un local d'une superficie telle, qu'en employant l'air chaud il faudrait trois, quatre et même un plus grand nombre de calorifères.

Si nous avions besoin de preuves pour étayer nos affirmations, nous les trouverions dans Péclet; voici ce qu'il dit dans son *Traité de la chaleur*, page 128 de son troisième volume : « Le chauffage de la Bourse a été très-bien entendu et très-bien exécuté, et il a produit tous les résultats qu'on en attendait... Il y a quelques années, cet appareil a éprouvé un léger accident : les compensateurs en fonte des tuyaux n'ayant pas été graissés et soignés convenablement, les surfaces métalliques en contact se sont rouillées et ont pris une adhérence telle qu'elles n'ont pu glisser l'une sur l'autre, et que les parois des caisses de fonte ont été brisées. On a alors remplacé ces compensateurs en fonte par deux autres plus petits en cuivre, placés l'un à la partie supérieure, l'autre à la partie inférieure des deux tuyaux qui doivent être réunis. Le premier sert au passage de la vapeur, le second à celui de l'eau. On a éloigné ainsi toute chance d'accident.

» Le chauffage de la Bourse fonctionne depuis plus de trente ans d'une manière satisfaisante, sans avoir subi d'autre modification que celle dont nous venons de parler et le remplacement des chaudières.

» Les résultats obtenus ont prouvé que le chauffage à la vapeur est moins dangereux que le chauffage à l'eau chaude, n'exige pas plus de soins de la part du chauffeur, et est moins coûteux de premier établissement, parce que les surfaces de chauffe sont à une température plus élevée. En outre, les frais de chauffage sont plus faibles, par la raison qu'il y a moins d'eau à échauffer chaque fois et moins de déperdition pendant la nuit. »

L'opinion de Péclet confirme donc en tout point ce que nous avons annoncé sur le chauffage que nous préconisons, et nous pouvons ajouter que l'édition du livre que nous venons de citer a été écrite en 1858 ou 1859, c'est-à-dire il y a seize ou dix-sept ans; or, comme le même chauffage à la vapeur fonctionne toujours à la Bourse (à part quelques modifications apportées par les perfectionnements modernes), ce n'est pas depuis plus de trente ans qu'il faut lire, mais depuis plus de quarante-sept ans que ce chauffage fonctionne d'une manière satisfaisante, car il a été établi en 1828 ou vers la fin de 1827.

Ce n'est pas seulement à Paris, mais même en province que, dès cette époque, les avantages de ce mode de chauffage étaient connus et utilisés; nous voyons en effet que notre homonyme, Bosc d'Antic, dans un mémoire lu par lui le 20 mars 1828 à la Société d'agriculture et arts de Besançon, s'exprimait ainsi : « Avant de clore ce mémoire, je dirai un mot des calorifères à circulation d'eau chaude et à la vapeur. L'un et l'autre ont des applications utiles et sont économiques; celui de Bonnemain, dont je vais parler, a servi avec avantage à faire éclore des poulets (notre figure 131, page 97, montre le couvoir artificiel de Bonnemain). Il peut être employé dans les serres et pour chauffer l'eau des bains à un degré constant, fondre les suifs, etc. » Bosc donne ensuite la description de l'appareil, qui ressemble entièrement à nos thermosiphons. Enfin, un peu plus loin, en parlant du chauffage à la vapeur, il entre dans des détails et fournit des explications qui présentent un grand intérêt et qu'à ce titre nous allons rapporter : « L'usage, dit-il, de chauffer les maisons à l'eau de vapeur est maintenant très-répandu en France et en Angleterre. Ce chauffage est très-sain et très-économique : il met à l'abri des dangers de l'incendie, et sous ce rapport il convient principalement pour les bibliothèques, les hôpitaux, les églises, mais surtout pour les filatures de coton, parce qu'une chaleur sèche fait casser les fils. La nouvelle Bourse de Paris est chauffée à la vapeur et l'on se loue d'en avoir adopté l'usage. Il est probable que de longtemps on n'emploiera cet appareil au chauffage domestique; je me bornerai à en donner une idée très-succincte. Cet appareil n'est pas compliqué, puisqu'il ne se compose que d'une chaudière fermée et de tubes de conduites destinés à porter la chaleur dans les différents étages que l'on veut chauffer... Ces tuyaux de conduite sont ordinairement en fonte de fer, parce qu'ils sont moins chers et transmettent bien la vapeur. »

Nous pourrions citer d'autres auteurs; nous ne le ferons pas, dans la crainte de fatiguer notre lecteur. Cependant nous allons analyser brièvement ce que dit, dès 1825 (1), un auteur anglais, Tredgold (2), sur le chauffage à la vapeur; ce sera notre dernière citation.

Tredgold, après avoir indiqué les constructions nécessaires à ce genre de chauffage ainsi que l'économie qui n'est pas le seul avantage du procédé, ajoute que la santé des ouvriers occupés dans diverses fabriques est meilleure, et que la comparaison faite avec d'autres systèmes prouve que ce nouveau mode est encore utile à l'humanité. On remarque surtout trois chapitres fort intéressants; dans le premier il traite du chauffage des bâtiments publics, tels que théâtres, écoles, amphithéâtres; dans le second, du chauffage des hôpitaux, hospices, infirmeries et prisons; enfin, dans le troisième, il donne beaucoup de détails sur le chauffage des serres, et en général sur tous les établissements qui ont pour objet d'acclimater les plantes.

L'ouvrage de Tredgold n'est pas seulement basé sur des calculs et des théories, mais sur l'expérience qui a justifié tout ce qu'il a décrit.

Comme on peut le voir, nous n'avons pas avancé d'autres faits que ceux signalés par les auteurs que nous venons de citer.

Installation du chauffage à la vapeur. — Étudions maintenant la construction et l'établissement de ce mode de chauffage.

L'installation du chauffage à la vapeur comprend trois parties distinctes :

Les chaudières ou générateurs de la vapeur ;

Les conduites de vapeur qui servent à la distribution (tuyaux de condensation et de retour).

Les surfaces de chauffe, où la vapeur, en se condensant, cède son calorique à l'air à échauffer.

Chaudières ou générateurs de la vapeur. — Les chaudières à vapeur peuvent être en fonte, en cuivre laminé ou en tôle de fer. Cette dernière est presque exclusivement employée aujourd'hui pour cette fabrication, à cause de sa plus grande ténacité et de son prix peu élevé.

(1) Dès 1826 on faisait déjà la cuisine à la vapeur, puisqu'un nommé Lemare avait inventé un caléfacteur de cuisine à la vapeur. Cet appareil, qui avait été breveté, fit accorder une médaille d'argent à son inventeur, qui avait exposé son appareil à l'exposition industrielle de 1827.

(2) *The Principles of warming and ventilatings buildings*, by Th. Tredgold, 1 vol. in-8°, London, 1re édit., 1825; 2e édit., 1836.

La forme des chaudières est très-variable, mais on peut les ramener à deux genres principaux : les chaudières verticales et les chaudières horizontales; les premières, étant en général inexplosibles, présentent plus de sécurité.

Mais quelle que soit la forme des chaudières, elles doivent être munies de tous les appareils de sûreté en usage : flotteurs, soupape de sûreté, sifflet d'alarme, niveau d'eau, manomètre et trous d'homme pour permettre leur nettoyage.

En outre, on doit avoir près du générateur et à un niveau supérieur, si le local le permet, une bâche en tôle destinée à recevoir l'eau condensée dans les surfaces de chauffe et les tuyaux de retour; cette eau sert à l'alimentation des chaudières.

Quand le local est trop bas pour permettre de placer la bâche au-dessus des générateurs, on l'établit sur le sol ou à une certaine hauteur au-dessus du sol, et une petite pompe mue par un quart de cheval-vapeur sert de temps en temps à remonter l'eau de la bâche dans le générateur. Celui-ci doit en outre être pourvu d'une bouteille d'alimentation munie d'un flotteur qui permet à un réservoir, avec lequel la bouteille communique, le remplacement de l'eau dépensée.

Il sera toujours utile, quand le local à chauffer aura d'assez vastes proportions, d'avoir au moins deux générateurs, parce que si l'un d'eux se dérange ou nécessite une réparation, le fonctionnement de l'autre empêchera l'interruption du service.

On doit installer sur chacune des chaudières une prise de vapeur de façon à pouvoir se servir à volonté de chaque chaudière séparément; mais les deux prises de vapeur doivent être réunies dans une seule conduite, à moins qu'on ne veuille affecter chaque générateur au chauffage de deux locaux distincts; et dans ce cas, il est encore utile que chaque générateur possède une double prise, de façon à pouvoir, en cas de réparation à l'un d'eux, fournir de la vapeur aux deux locaux à chauffer.

L'épaisseur à donner aux parois des chaudières varie avec leur forme, leur dimension, la ténacité du métal employé et la *pression effective* de la vapeur (1).

Ce qu'il faut surtout s'efforcer d'obtenir dans la construction d'une chaudière pour lui faire rendre un maximum de production avec un minimum de dépense de combustible, *c'est une grande étendue de surface en contact avec les produits de la combustion du combustible chargé sur la grille.* Plus la surface de chauffe sera grande par rapport à la quantité du combustible placé sur la grille, plus sera sensible et efficace l'effet utile de celui-ci.

Pour satisfaire à ce principe, on a créé une quantité innombrable de formes pour les chaudières. Nous nous bornerons à les énumérer; car l'étude de leur

(1) On nomme ainsi l'excès de la pression intérieure de la vapeur sur la pression atmosphérique extérieure.

construction est du ressort du chaudronnier et non du fumiste. Ce sont les chaudières *de Watt* ou *à tombeau*, *à cylindre*, *à bouilleur*, *à tubes*, *à réchauffeurs*, etc.

Quelques soins que l'on apporte dans la construction, l'entretien et la conduite des générateurs, il peut arriver des accidents par la rupture de ceux-ci; c'est pourquoi nous avons recommandé d'employer de préférence les générateurs inexplosibles. Quelquefois aussi les plaques de tôle se fendent et projettent dans la direction des déchirures des masses d'eau bouillante, souvent aussi dangereuses que les fragments des chaudières qui font explosion.

Les causes qui peuvent amener des explosions sont souvent difficiles à déterminer; du reste nous n'avons pas à les étudier ici; seulement nous renvoyons ceux de nos lecteurs, qui voudraient connaître les moyens les plus utiles de les empêcher, aux ouvrages spéciaux. Nous dirons cependant les causes principales qui déterminent ces explosions; elles sont au nombre de cinq : 1° excès de pression ; 2° mauvais état des chaudières ; 3° chauffage des parties de chaudières non garanties par l'eau; 4° abaissement de l'eau et état sphéroïdal de celle-ci; 5° injection de l'eau dans les générateurs chauffés au rouge.

Tuyaux de conduite. — Les tuyaux destinés à conduire la vapeur des chaudières aux appareils de condensation placés aux différents points à chauffer, doivent être en cuivre rouge et disposés de manière à n'occasionner eux-mêmes qu'une faible condensation. On agira sagement en les recouvrant (comme les générateurs, quand ils ne sont point enveloppés de maçonnerie) de certains enduits ou matières qui empêchent la transmission de la chaleur.

On a proposé à cet effet plusieurs mastics. L'un des meilleurs et des plus efficaces est l'enduit de Pimont, dit *calorifuge plastique*. Il se compose de terre argileuse, de poils d'animaux ou bourre, de farine de colza et de plâtre.

D'après un rapport des ingénieurs de la marine, le calorifuge plastique de Pimont adhère parfaitement aux corps sur lesquels on l'applique. Sa surface est lisse et polie et peut recevoir une couche de peinture ou de vernis gras. Une épaisseur de $0^m,06$ suffit pour arrêter presque complètement le rayonnement de la chaleur.

Pour appliquer le calorifuge sur la surface à recouvrir, rien n'est plus simple. Il suffit de le mouiller pour lui donner la consistance du mortier, après quoi on l'applique d'abord par couches très-légères, ensuite plus épaisses jusqu'à $0^m,06$.

On interpose quelquefois dans la masse de petites lattes en bois de $0^m,006$ à $0^m,008$ d'épaisseur; c'est inutile et quelquefois mauvais, car le bois en se desséchant par la chaleur se contracte et peut faire fendiller l'enduit.

On emploie aussi un feutre très-léger et très-épais, spécialement fabriqué pour cet usage; la paille, le chanvre tressé en cordes peu serrées, les lisières de drap, des bandes de papier, peuvent être employés aussi. Mais il ne faut pas croire que toutes ces substances soient efficaces au même degré; les bandes de papier, collées en grand nombre les unes sur les autres, donnent d'excellents résultats, surtout si on arrive à former une couche de plus de 0m,01 d'épaisseur.

Nous recommandons d'employer surtout ces procédés pour les tuyaux ; en effet, comme ils sont de petit diamètre, ils constituent de vrais appareils de déperdition de la chaleur. Aussi chaque fois qu'on pourra placer les tuyaux dans des caisses ou coffres renfermant une matière peu conductrice (du poussier de charbon, de la tannée, de la sciure de bois par exemple), on devra le faire, car c'est le moyen qui nous paraît le plus efficace.

Nous ne donnerons pas d'autres enduits, car ils changent de nom mais pas de composition ; aussi, qu'ils s'appellent Alexander, Hamilton, etc., c'est toujours la bourre, le chanvre, la laine, le plâtre, la farine, qui en sont la base.

Si nous poursuivons notre étude sur les tuyaux de conduite de la vapeur, nous dirons qu'il faut éviter avec le plus grand soin de leur donner, sur une partie quelconque de leur parcours, la forme d'un siphon renversé, parce que l'eau condensée sur ce point pourrait y produire, au moment de la mise en train, une pression suffisante pour déterminer sur ce point une explosion.

Reniflard ou soupape à air. — Dans l'installation du chauffage à la vapeur on doit étudier tous les moyens pour éviter cet inconvénient ; et si par impossible on est obligé d'établir un siphon renversé, il faut ajouter au point inférieur un *reniflard purgeur* ou *soupape à air*, afin de pouvoir purger le tuyau de l'eau qu'il contient en ce point. Nous devons dire que c'est une très-grande sujétion, car il faut avoir soin de vider les reniflards avant de lâcher la vapeur.

Ces derniers ont leur extrémité fermée par un tampon à vis. D'autres reniflards, au contraire, qui sont destinés à laisser entrer l'air quand les tuyaux n'ont plus de vapeur, ont leur extrémité fermée par une soupape s'ouvrant du dehors au dedans du tuyau. On comprend que si la vapeur est dans le tuyau, elle force sur la soupape du dedans au dehors et elle ne peut s'ouvrir, tandis que si le vide se produit dans le tuyau par suite d'une condensation totale de la vapeur, l'air extérieur force sur la soupape, l'ouvre et pénètre dans l'intérieur du tuyau.

On a adopté cette disposition pour empêcher l'écrasement des tuyaux de cuivre sous une pression quelconque, parce que le métal a peu d'épaisseur et par conséquent peu de résistance ; aussi une condensation subite, ou toute autre cause imprévue, pourrait occasionner cet écrasement.

Purgeur automatique. — Pour ne pas avoir à s'occuper de l'ouverture et de la fermeture de ces reniflards, MM. Geneste et Herscher frères ont imaginé un *purgeur automatique* assez ingénieux et qui présente des avantages sérieux à différents points de vue ; aussi nous croyons utile d'en donner une description.

Cet engin, qui purge automatiquement les conduites des appareils à vapeur, est basé sur le principe de la balance hydrostatique, qui nous apprend que tout corps, plongé dans un liquide, y perd une partie de son poids égale au liquide déplacé.

Le purgeur automatique se compose (fig. 139 et 140) de deux cylindres (E, D) de même poids, mais de densité différente. Ils sont disposés aux deux extrémités d'une tige sur un arbre perpendiculaire pouvant osciller sur son axe. Cet arbre porte un pignon qui actionne une crémaillère, à l'extrémité de laquelle est fixé un tiroir (E) qui démasque un orifice de sortie (B).

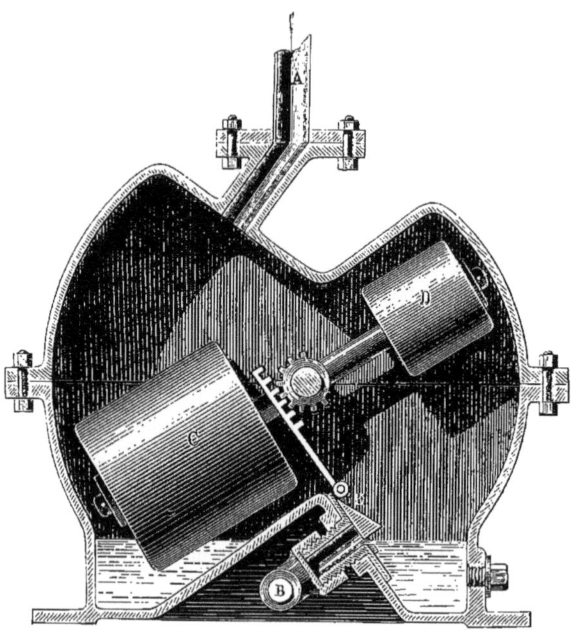

Fig. 139. — Coupe du purgeur automatique pour conduites de vapeur.

On raccorde l'appareil à la conduite de vapeur qu'il est destiné à purger au moyen de la tubulure A, qui reçoit l'eau et la vapeur.

Comme nous l'avons dit déjà, les deux cylindres sont de même poids et en équilibre, mais comme leurs densités sont différentes, leurs volumes sont inversement proportionnels à leur densité. Il en résulte que l'eau condensée à la partie inférieure du récipient viendra baigner l'un des deux cylindres ou tous les deux à la fois; les volumes d'eau déplacée étant différents, l'équilibre sera rompu, et l'oscillation qui en résultera faisant fonctionner la cremaillère, amènera l'ouverture du tiroir E; l'eau s'écoulera par B. L'on conçoit que l'ouverture du tiroir se réglera d'elle-même proportionnellement à la quantité d'eau à purger.

Nous ajouterons que le bon fonctionnement du purgeur est indépendant de la pression de la vapeur, qui agit d'une manière presque insignifiante sur le tiroir. Or il faut un effort assez considérable pour ouvrir le tiroir, en raison du bras de levier sur lequel agit le centre de gravité du flotteur C, D, et même avec un petit appareil cet effort atteint plusieurs kilogrammes. Par exemple, si l'on emploie un cylindre en pierre de Tonnerre équilibré par un cylindre d'un alliage de plomb et de zinc, les densités respectives de ces deux corps étant 2 et 10, leurs

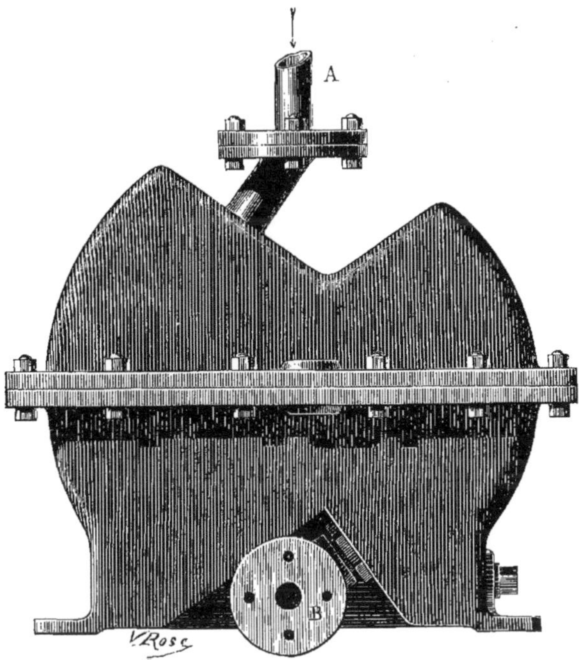

Fig. 110. — Purgeur automatique pour conduites de vapeur.

volumes seront en proportion inverse des densités, c'est-à-dire que si la pierre a un volume d'un litre le cylindre en métal ne devra avoir que 20 centilitres. Au moment de l'immersion dans l'eau condensée, le cylindre en pierre pèsera en réalité 2 kilogrammes moins 1 d'eau déplacée, soit 1 kilogramme; tandis que le cylindre en métal pèsera 2 kilogrammes moins 200 grammes d'eau déplacée, soit 1 kilog. 800.

La différence entre ces deux poids sera donc dans ce cas de 800 grammes, poids qui, multiplié par 5, est porté à 4 kilogrammes en raison du bras de levier à l'extrémité duquel il agit sur le tiroir. Or ce tiroir n'a pour surface que l'orifice du tube qu'il est destiné à obstruer, c'est-à-dire 3 centimètres carrés pour un appareil débitant 200 litres à l'heure; d'où l'on peut conclure que la vapeur n'agit sur le tiroir que dans de très-faibles limites. La figure 140 montre de profil le purgeur automatique.

Souffleurs. — Nous venons de voir que les soupapes, reniflards ou purgeurs permettent l'introduction de l'air; mais lors de l'arrivée de la vapeur, il est nécessaire d'expulser celui-ci, sans quoi l'air comprimé, qui est une force très-considérable, pourrait amener des accidents nombreux. On emploie, pour chasser l'air, des souffleurs. Ce sont de petits tubes pourvus de robinets (fig. 141).

On les place aux extrémités de grandes lignes et à la partie supérieure des tuyaux. Dans les petits appareils, les souffleurs sont remplacés par de simples vis fixées sur le haut d'une des faces du vase de condensation. On doit ouvrir les souffleurs au commencement du chauffage, et les fermer dès qu'on suppose que la vapeur a complétement chassé l'air des appareils. Dans les grandes installations, on laisse toujours ouvert un souffleur sur le tuyau de retour des eaux de condensation et le plus près de la chaudière.

Nous avons dit précédemment que les tuyaux de condensation et de retour de la vapeur étaient en cuivre, mais lorsqu'on emploie des tuyaux d'un fort diamètre, on utilise aussi la fonte.

Il faut éviter d'employer des tuyaux de trop grand ou de trop petit diamètre.

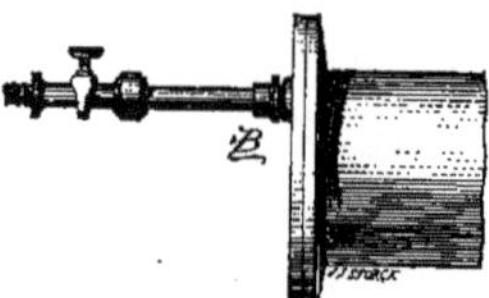

Fig. 141. — Souffleur pour conduite de vapeur.

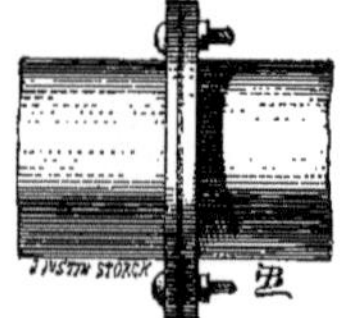

Fig. 142. — Joint boulonné de deux tuyaux pour conduites de vapeur.

Les grands tuyaux ont $0^m,25$ de diamètre intérieur sur $0^m,02$ d'épaisseur; quant à leur longueur elle est de 2 mètres à $2^m,50$.

Ces tuyaux sont ordinairement terminés par des ailettes plates qu'on nomme *brides*. Ils sont percés de trois trous équidistants destinés à recevoir des boulons.

Notre figure 142 montre un joint boulonné de deux tuyaux pour conduites de vapeur.

Il ne faut pas employer de plomb pour jointoyer les tuyaux, car leur température est assez élevée pour les faire fuir assez promptement.

Mais on peut interposer entre les ailettes des rondelles de substances plus ou moins compressibles et que l'on serre fortement avec des boulons; on emploie aussi des rondelles de plomb striées et enduites de mastic rouge, qui est un mélange de céruse, d'huile de lin et de minium.

On employait autrefois des tuyaux en fonte terminés par un renflement dans lequel on insérait l'extrémité du tuyau suivant. Ce système, dit à emboîtement, exigeait un mastiquage qui avait l'inconvénient de donner des odeurs désagréables et de faire éclater le tuyau enveloppant, par la grande dilatation qu'éprouve le mastic en durcissant.

Les tuyaux en zinc et en plomb ne valent absolument rien, car outre leur prix élevé ils ne pourraient résister à une pression suffisante.

Quels que soient le diamètre et le métal employé pour les tuyaux de conduite et de condensation, les variations de température qu'ils éprouvent occasionnent leur allongement ou leur retrait, de sorte qu'il faut les disposer de telle façon que ces mouvements puissent s'opérer facilement.

Aussi, on ne peut fixer les tuyaux d'une manière rigide, car les métaux en se dilatant possèdent une si grande force, que les tuyaux renverseraient les obstacles qui s'opposeraient à leurs mouvements, ou s'ils ne pouvaient les renverser, ils se briseraient eux-mêmes.

Les tuyaux chauffés à 100° s'allongent d'une manière très-sensible, car le coefficient de la fonte étant de 0,0011, il s'ensuit que 100 mètres de tuyaux s'allongent par l'effet de la dilatation de $0^m,11$, sous une température de 100°.

Compensateurs. — Pour annihiler les fâcheux effets que pourrait occasionner la dilatation des tuyaux, on emploie des *compensateurs*.

Le plus anciennement connu est celui qui a été appliqué au chauffage de la Bourse de Paris. Un des tuyaux (fig. 143) est alésé sur une de ses extrémités, qui pénètre à travers une boîte à étoupe dans un renflement existant à l'extrémité d'un autre tuyau. Au moment où on lâche la vapeur, les tuyaux qui sont froids sont en retrait; notre figure 143 les représente à cette période; mais après avoir

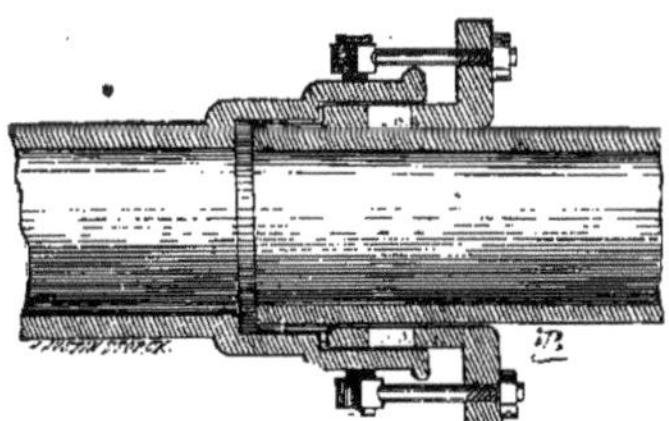

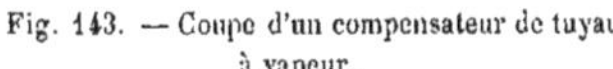

Fig. 143. — Coupe d'un compensateur de tuyau à vapeur.

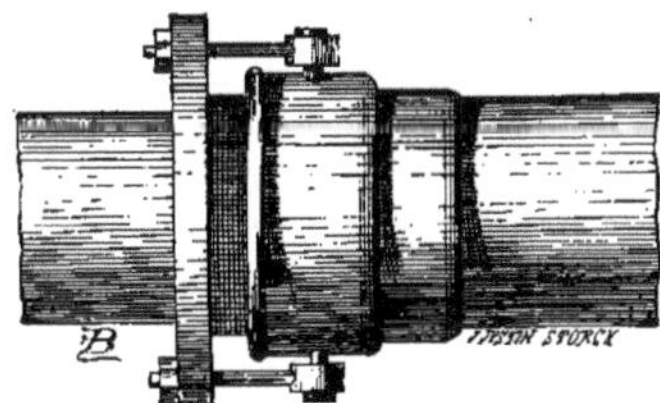

Fig. 144. — Face d'un compensateur de tuyau à vapeur.

été chauffés, ils s'allongent en glissant dans la boîte à étoupe, et l'extrémité du tuyau intérieur vient toucher la fin du renflement de celui qui le coiffe.

La figure 144 montre le joint vu de face, dans la même position que le montre la coupe (fig. 143).

Ce système de compensateur a le désagrément de ne pas bien fonctionner si la boîte à étoupe n'est pas graissée avec soin, car les tuyaux s'oxydant, la rouille empêche leur fonctionnement; c'est ce qui a fait abandonner ce système, auquel on a substitué le compensateur à tubes de cuivre représenté par notre figure 145. Quand les tuyaux s'allongent par l'effet de la dilatation, les tubes *a* pénètrent dans

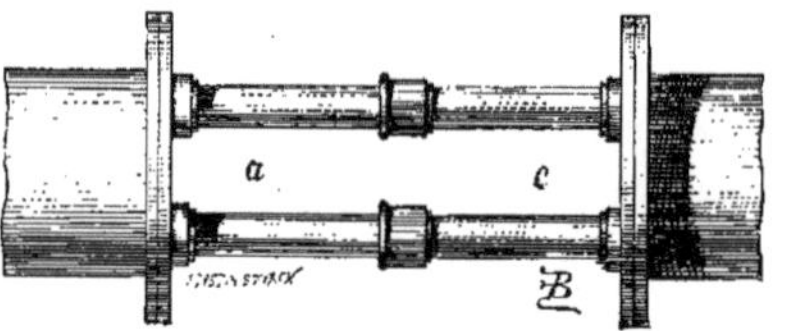

Fig. 145. — Compensateur à tubes de cuivre.

les tubes *c*; quand ils se retirent par suite du refroidissement, la manœuvre contraire a lieu.

Péclet a conseillé pour compensateur l'emploi de petits appareils en cuivre mince embouti, « qui, dit-il, dans quelques cas exceptionnels, pourraient servir comme compensateurs. Ils sont formés (fig. 146) d'une série de troncs de cônes égaux réunis alternativement par leurs petites et leurs grandes bases; ils sont très-flexibles, et leur longueur peut varier du simple au double (1) ».

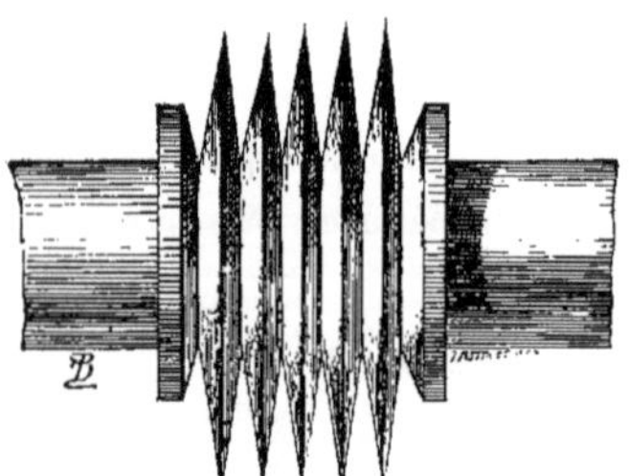

Fig. 146. — Compensateur en cuivre embouti.

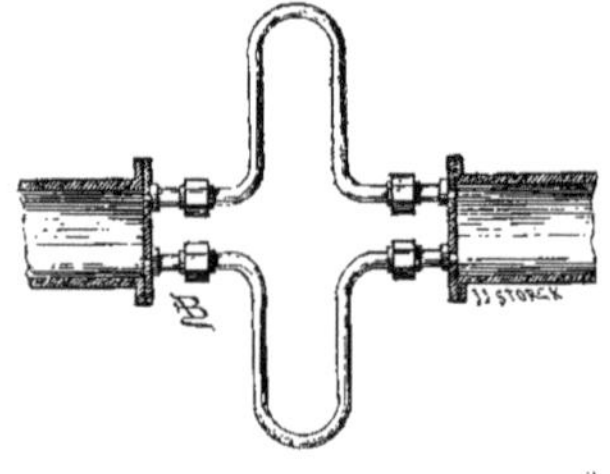

Fig. 147. — Compensateur en cuivre en double U.

Malgré l'autorité de cet auteur, nous ne craignons pas de dire que ce compensateur serait très-fragile et nécessiterait de constantes réparations; du reste, nous n'en connaissons aucune application, malgré la présentation faite par Péclet.

Au contraire, le compensateur représenté par notre figure 147 est fort en usage; nous l'avons employé nous-même dans diverses constructions où nous avons installé le chauffage à la vapeur; il est même connu depuis longtemps puisque Péclet le décrit ainsi : « Les compensateurs de cuivre ont toujours un

(1) *Op. cit.*, t. II, p. 383.

petit diamètre, et ils sont pliés de manière que leur longueur soit quatre à cinq fois plus grande que la plus courte distance de leurs extrémités. Si, par exemple, un tuyau de conduite vertical devait distribuer simultanément de la vapeur dans des tuyaux de chauffage placés à différents étages, on fixerait le tuyau vertical à sa partie inférieure, l'autre extrémité serait libre ; les tuyaux de chauffage seraient fermés à chaque extrémité, et la vapeur serait admise dans chacun d'eux au moyen d'un tube de cuivre de petit diamètre qui, partant du tuyau vertical, s'élèverait à une certaine hauteur et descendrait ensuite pour communiquer avec le tube condensateur. Si les deux extrémités d'une série horizontale de tuyaux étaient fixées aux murailles d'un bâtiment, il faudrait interrompre la conduite dans une certaine étendue, fermer les bouts des tuyaux en regard (fig. 147), et faire communiquer leurs parties supérieures par un tube recourbé et leurs parties inférieures par un tube de même forme ; le premier serait destiné à faire passer la vapeur, le second l'eau de condensation de la première partie du tuyau dans la seconde. Si l'on ne plaçait que le tuyau supérieur, il faudrait faire écouler par un tube particulier l'eau de condensation de l'une des parties (1) ».

Nous donnons, figure 148, un détail du compensateur en cuivre en double U. Nous l'avons dessiné à une échelle double de l'ensemble.

Il ne faut pas croire que le diamètre des tuyaux de condensation soit arbitraire ; il est nécessaire en effet d'expulser l'air des tuyaux le plus rapidement et le

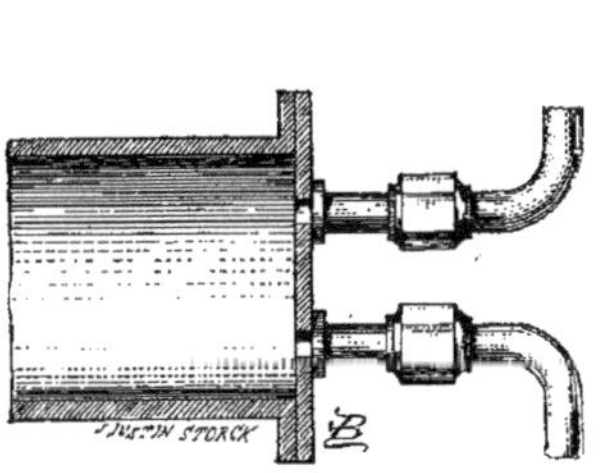

Fig. 148. — Détail du compensateur en cuivre en double U.

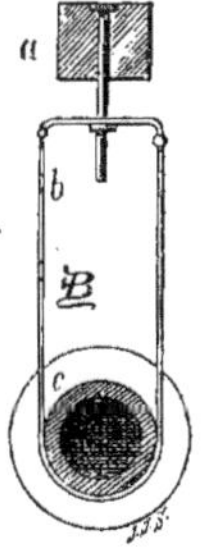

Fig. 149. — Tuyau de conduite suspendu au plafond. — *a*, poutrelle ; *b*, fil de fer ; *c*, tuyau.

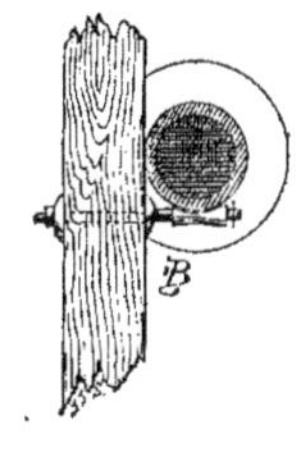

Fig. 150. — Tuyau de conduite supporté par un poteau.

plus complètement possible, car la plus petite quantité d'air mêlée à la vapeur suffit pour ralentir considérablement la condensation.

On doit éviter d'employer des tuyaux de trop petit diamètre, car dans ceux-ci la condensation ne s'effectue pas assez promptement ; si au contraire on dépasse un certain diamètre, il faudrait une quantité considérable de vapeur pour arriver

(1) *Op. cit.*, t. II, p. 381.

à chauffer à de grandes distances; donc le mieux est d'employer des tuyaux moyens. Nous donnerons deux bonnes dimensions dans le paragraphe suivant.

De la disposition des conduites. Tuyaux circulant à découvert. — On peut disposer de deux manières les conduites de vapeur; dans les ateliers et dans les usines, où l'on utilise la vapeur du générateur, on emploie de petits tubes en fer étiré ou en fonte. On se contente de les suspendre aux plafonds à l'aide de gros fils de fer, comme le montre notre figure 149. *a* est une poutrelle dans laquelle un boulon à écrou permet de raccourcir ou d'allonger la suspension; *b* est le gros fil de fer; *c*, le tuyau de conduite de la vapeur.

Souvent aussi, dans les grands ateliers industriels, il se trouve des poteaux très-rapprochés; dans ce cas, on dispose les tuyaux comme l'indique notre figure 150, dans laquelle on voit sous le tuyau une bobine en fer qui peut tourner quand, par le fait de la dilatation, le tuyau s'allonge et marche en avant ou en arrière.

Tuyaux circulant dans des caniveaux. — Dans d'autres locaux au contraire, où des tuyaux suspendus choqueraient la vue d'une façon désagréable, et pourraient même devenir embarrassants, on canalise les tuyaux soit à rez-de-chaussée, soit en sous-sol.

La figure 151 montre une canalisation dans le sol. Le diamètre du tuyau de vapeur est très-considérable : il mesure $0^m,25$ de diamètre intérieur, parce qu'il est employé comme surface de chauffe; de l'air frais arrive dans cette canalisa-

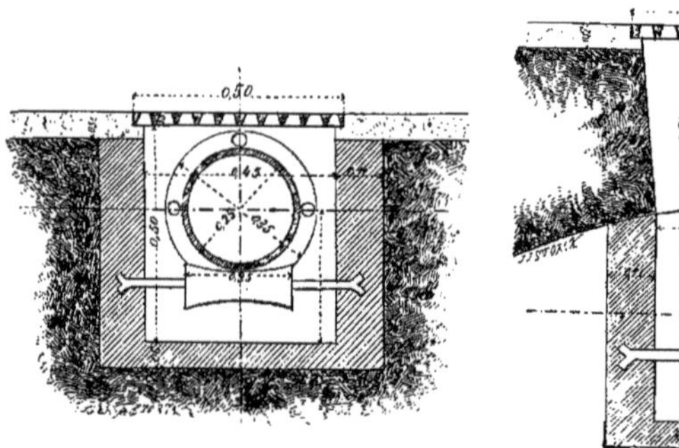

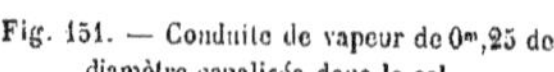

Fig. 151. — Conduite de vapeur de $0^m,25$ de diamètre canalisée dans le sol.

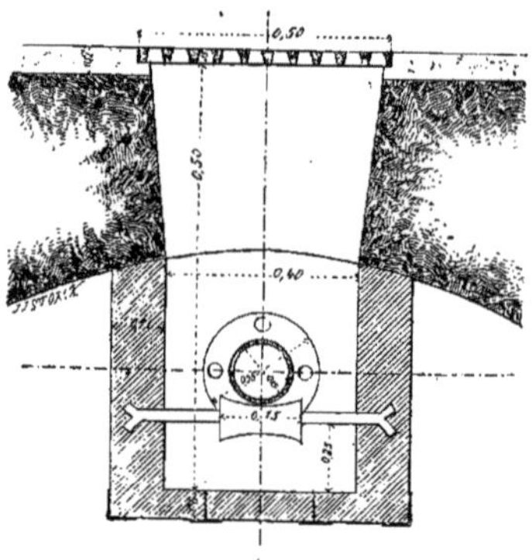

Fig. 152. — Conduite de vapeur de $0^m,25$ de diamètre canalisée en sous-sol.

tion, s'échauffe au contact de la conduite, et s'élève dans le local à chauffer. Audessus du tuyau on voit une bobine qui tourne suivant que le tuyau s'allonge. Le diamètre de ce tuyau est le plus fort qu'on puisse employer actuellement pour le chauffage à la vapeur.

Tuyaux enfermés dans des coffres. — Quand on ne peut, pour un motif quelconque, canaliser dans le sol, on établit en sous-sol un coffre en briques, qu'on soutient avec de légers fers cornières qu'on place aux angles inférieurs, puis le tuyau de vapeur est posé comme à l'ordinaire dans le coffre. Seulement, comme on ne peut couper une clef de voûte dans toute sa longueur, on établit de distance en distance, à tous les $3^m,50$ ou 4 mètres, des bouches de chaleur. Notre figure 152 montre l'installation que nous venons de décrire.

Quand les locaux à chauffer ne sont pas très-considérables, on peut employer des tuyaux de moindre diamètre.

Notre figure 153 montre une canalisation dans le sol avec un tuyau de $0^m,15$ de

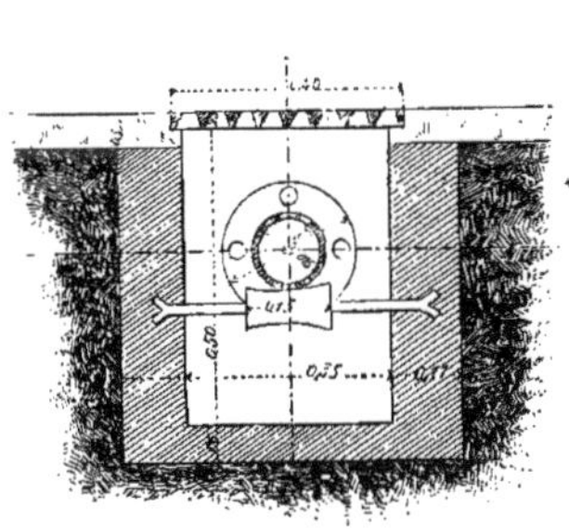

Fig. 153. — Conduite de vapeur de $0^m,15$ de diamètre canalisée dans le sol.

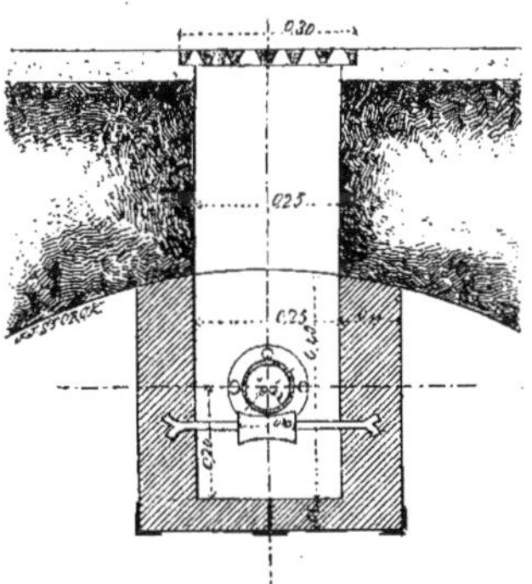

Fig. 154. — Conduite de vapeur de $0^m,15$ de diamètre dans un coffre en sous-sol.

diamètre intérieur, tandis que notre figure 154 montre un tuyau de même diamètre dans un coffre en sous-sol.

Les figures 151, 152, 153 et 154 sont dessinées à grande échelle et cotées, afin de permettre leur construction. Toutes ces canalisations ou bouches de chaleur sont recouvertes de grilles, plutôt que de plaques en fer striées, parce que les grilles laissent passer plus facilement le calorique.

Nous venons de décrire un mode de chauffage à la vapeur où les surfaces de chauffe sont des tuyaux; nous devons ajouter que ce mode est moins économique, non-seulement comme frais de premier établissement, mais surtout comme rendement calorifique. Il vaut beaucoup mieux, quand on le peut, adopter des appareils spéciaux que nous allons bientôt décrire.

Chauffage à la vapeur par l'air de ventilation. — On pourrait aussi, à côté des chaudières à vapeur, avoir une chambre de chaleur sur les murs de laquelle se développerait un vaste serpentin. De l'air frais arrivant dans cette chambre serait dirigé dans les locaux à chauffer par des bouches de chaleur, comme on le fait pour le chauffage à l'air chaud.

On pourrait de même, dans une petite cour de ventilation, placer une cheminée ou plutôt une tourelle, qui s'élèverait jusqu'à la hauteur du plancher du dernier étage de l'édifice à chauffer.

Dans cette tour, dont les planchers correspondraient aux étages du bâtiment, on aurait un immense serpentin qui chaufferait les chambres de chaleur de la tour. Celles-ci auraient une prise d'air pour chauffer par l'air de ventilation, ou on pourrait brancher pour chaque étage des conduites de vapeur à une colonne montante; le retour des eaux de condensation à la chaudière se ferait par une colonne descendante située aussi dans la tourelle.

Nous livrons ce mode de chauffage aux praticiens, car nous ne pensons pas qu'il ait jamais été employé.

On pourrait utiliser la chaleur de cette tourelle pour amener un fort tirage dans une petite cour de ventilation, qui recevrait ainsi par appel l'air vicié de chaque étage du bâtiment.

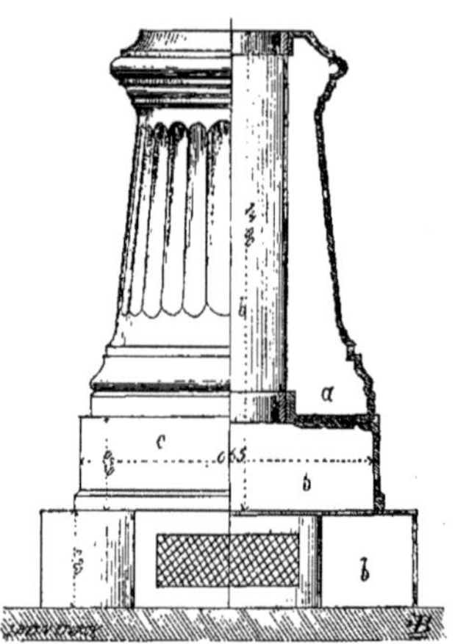

Fig. 155. — Poêle à vapeur en fonte (margelle du puits de Pompéi).

Appareils de chauffage à la vapeur. — Ces appareils affectent différentes formes, mais en général ce sont des récipients en fonte ou poêles éprouvés à 12 ou 15 atmosphères, tandis que la vapeur qu'ils reçoivent n'est qu'à 3 ou 4 atmosphères. Ils ont la forme de gaînes pour les antichambres ou bibliothèques, et on peut les utiliser pour supporter des bustes; dans les salles à manger on leur donne la forme de poêles en faïence, qui renferment à leur intérieur un système de tuyaux formant serpentin; enfin, on leur donne la forme de poêles ornés. Un modèle assez répandu représente la margelle *défigurée* d'un puits de Pompéi; notre figure 155 montre ce poêle; *a* sert de récipient à la vapeur; *b*, *b*, de récipient à l'air qui s'échauffe au contact des surfaces intérieures de chauffe; l'air entre et sort par des grilles ménagées dans le socle de ce poêle.

On emploie aussi comme appareil de chauffage à la vapeur un jeu de tuyaux ainsi composé : deux tuyaux horizontaux de $1^m,10$ de longueur sont séparés par un écartement de $1^m,40$, et ils sont réunis par cinq à six tuyaux verticaux. Tout cet ensemble forme une sorte de gril dans lequel la vapeur arrive par la partie supérieure et s'écoule par la partie inférieure. Aussi le dernier tuyau, placé horizontalement, a une légère pente qui facilite le prompt écoulement des eaux de condensation.

Tous ces tuyaux sont cachés dans une enveloppe en fonte, en tôle, ou mieux en faïence vernissée.

Cet appareil, qui donne beaucoup de chaleur, a cependant le défaut de fuir et d'exiger de fréquentes réparations à cause de la multiplicité des joints; car s'il est composé de huit tuyaux, six verticaux et deux horizontaux, il ne possède pas moins de seize joints; aussi quand on a peu de terrain à disposer dans un couloir ou tout autre passage étroit, au lieu d'employer l'appareil que nous venons de décrire, nous préférons recommander l'emploi de celui qui est représenté par nos figures 156 et 157.

Cet appareil peut n'avoir que $0^m,30$ à $0^m,35$ de saillie; il est tout en fonte. La vapeur arrive dans un récipient par un tuyau *a* et les eaux de condensation s'écoulent par un tuyau *b* (fig. 156); au-dessus de l'appareil une petite chambre

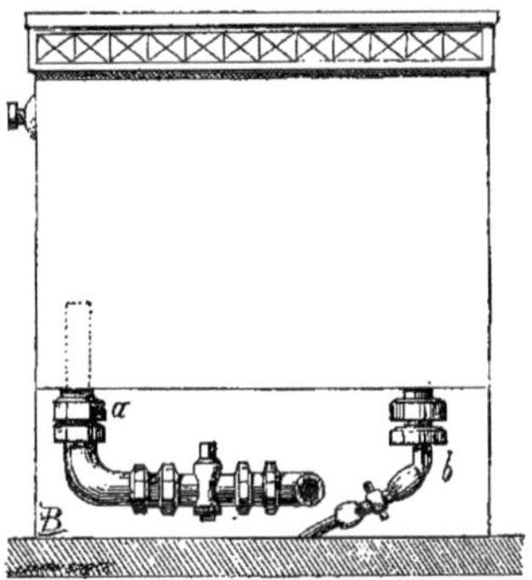

Fig. 156. — Poêle à vapeur pour passage étroit. — *a*, arrivée de la vapeur; *b*, départ des eaux de condensation.

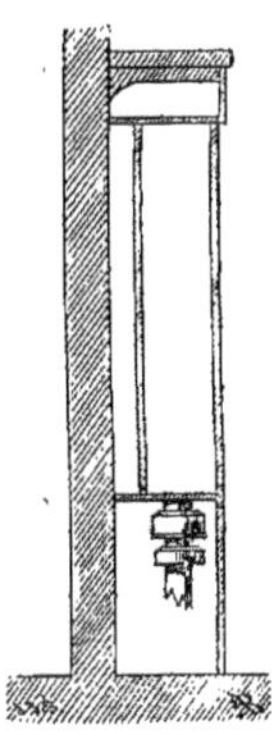

Fig. 157. — Coupe d'un poêle à vapeur pour passage étroit.

grillagée permet l'arrivée de l'air chaud; à gauche de l'appareil une vis sert de souffleur.

La figure 157 montre la coupe de ce poêle à vapeur. En le mettant à cheval sur une cloison il peut chauffer deux pièces.

On fait aussi des poêles renfermant des serpentins qui ont huit, dix et dix-huit tours, suivant le plus ou moins de puissance calorifique qu'on veut obtenir de ces appareils.

Nous dirons que, quelle que soit la forme adoptée pour les appareils de chauffage à la vapeur, il faut observer une chose importante, c'est que la surface de chauffe soit en proportion avec le cube à chauffer.

Ainsi, avec une surface de chauffe de 18 mètres carrés, on peut obtenir facilement 15 à 16° pour 1000 mètres de capacité des locaux à chauffer, et cela avec une température extérieure de — 8° à — 10°; si l'on voulait obtenir 18° ou 20°

pour le même cube, il faudrait augmenter les surfaces de chauffe et les porter à 20 mètres carrés.

Les détails de construction varient suivant le mode de chauffage adopté; or ceux-ci, comme nous venons de le voir, sont de trois sortes : 1° tuyaux circulant à découvert dans des enceintes ou dans des canalisations; 2° vapeur chauffant l'air de ventilation; 3° vapeur amenée dans des récipients et chauffant comme des poêles ordinaires.

De tous ces systèmes, le dernier est le meilleur, parce qu'il est le plus économique et le plus facile à régler.

Par ce qui précède, on peut voir que le chauffage à la vapeur n'est pas plus compliqué qu'un autre système, qu'il est moins dispendieux à tous les points de vue, plus sain que le chauffage à air chaud par les calorifères en céramique, et surtout que ceux en fonte; nous pouvons dire en outre que c'est le chauffage scientifique par excellence, car à l'aide de quelques robinets on peut obtenir tous les résultats désirables : chaleur plus intense sur un point, arrêt complet sur un autre, eau chaude à volonté dans les cabinets de toilette, cuisines, salles de bain, etc.

Il est donc permis d'espérer que ce mode de chauffage connu depuis si longtemps, se propageant de plus en plus, finira par s'acclimater parmi nous. Du reste, à Paris, il est déjà largement employé dans beaucoup d'établissements publics; mais c'est surtout dans les maisons particulières qu'il est appelé à rendre prochainement de grands services.

VIII. — CHAUFFAGE PAR L'EAU ET LA VAPEUR COMBINÉES.

Nous avons vu précédemment que le chauffage à l'eau par circulation nécessite pour 1000 mètres cubes une surface de chauffe de 28 mètres carrés en moyenne, tandis que la vapeur, pour la même capacité et pour obtenir le même degré de chaleur dans des conditions égales, n'exigeait en moyenne que 18 mètres carrés de surface de chauffe. Il existait entre ces deux modes de chauffage un écart considérable qui pouvait être neutralisé en créant un système mixte de chauffage; c'est ce qu'a fait un ingénieur, constructeur d'appareils de chauffage, M. P. Grouvelle.

Ce procédé était déjà connu et employé depuis fort longtemps dans les manufactures de toiles peintes, dans les blanchisseries et les teintureries, mais M. Grouvelle a été le premier à l'appliquer au chauffage des édifices. Il en a fait un premier essai à la prison de Mazas, à Paris, ou dans un pavillon de l'hôpital de Vincennes.

Quoique ce système possède certains avantages qu'on a exagérés, nous avouons ne pas en être grand partisan, parce qu'il revient fort cher comme frais de premier établissement et surtout comme frais d'entretien. Il présente en effet presque tous les inconvénients des deux systèmes de chauffage qu'il réunit, c'est-à-dire fuites dans les appareils à eau, fuites dans les joints des tuyaux à vapeur, rupture, etc.

Cependant dans un traité de chauffage nous devions le mentionner; mais après avoir avoué que nous n'étions pas partisan de ce mode de chauffage, le lecteur pouvant suspecter notre partialité, nous ne pouvons le décrire nous-même. Nous nous bornerons donc à en donner un aperçu d'après un savant dont personne ne peut nier la compétence. Or voici ce que dit M. le général Morin dans son *Manuel pratique du chauffage*, page 21 : « M. Grouvelle, habile ingénieur civil, a proposé et exécuté pour plusieurs hôpitaux un dispositif dans lequel la vapeur, au lieu d'échauffer directement les poêles placés dans les salles, transmet à travers les parois des tuyaux, dans lesquels elle circule, une partie de sa chaleur à de l'eau contenue dans ces poêles. Ce système, par suite de la grande densité de l'eau et de son peu de conductibilité de la chaleur, évite l'inconvénient du refroidissement trop rapide des poêles, quand la circulation de vapeur se ralentit ou cesse.

» Ces poêles ont, vers leur sommet, une petite ouverture qui empêche la température de l'eau de dépasser 100°, et les tuyaux qui les traversent, pour fournir un passage à l'air affluant de l'extérieur, ne permettent pas à la température de cet air d'excéder 40° à 45°.

» Des dispositions particulières donnent d'ailleurs la facilité de faire passer la vapeur par les poêles ou par des conduits extérieurs, de manière à modérer la température des salles en ne chauffant qu'une partie de leurs poêles.

» Mais si l'on obtient par ce dispositif plus de régularité dans le chauffage, l'on n'évite pas les défauts des condensations dans les conduits qui traversent les planchers, ni les fuites, toujours difficiles à trouver et à prévenir.

» Quelques accidents survenus à l'hôpital Lariboisière ont montré que ce système n'était pas tout à fait à l'abri des ruptures brusques.

» On pourrait conserver les avantages du chauffage à la vapeur, et éviter ses principaux inconvénients, en disposant les tuyaux de circulation de la vapeur verticalement, dans des gaînes ménagées dans l'épaisseur des murs ou construites exprès, comme on l'a fait en quelques endroits du pavillon de l'hôpital de Vincennes, ou comme l'a fait M. d'Hamelincourt pour la circulation de l'eau au bâtiment d'administration du chemin de fer du Nord.

» Quelques-uns de ces tuyaux pourraient rester apparents sous forme de colonnes et servir de poêles pour se chauffer les mains ou les pieds, ainsi que cela se pratique dans plusieurs établissements d'Allemagne et de Suisse..... Mais il restera toujours à faire au chauffage à la vapeur, même ainsi modifié, le reproche d'être trop sensible aux inégalités du feu, et surtout aux négligences des chauffeurs, parfois prolongées pendant la nuit. »

Avec ces renseignements les constructeurs pourront juger en connaissance de cause ce mode de chauffage, et savoir ensuite s'ils doivent l'appliquer dans leurs constructions.

IX. — CHAUFFAGE AU GAZ.

Historique. — Le premier essai d'éclairage au gaz a été fait à Paris en 1816, dans le passage des Panoramas, par un Allemand du nom de Winsor qui avait puisé les principes de son système en Angleterre; mais ce ne fut que quelques années plus tard, après des essais faits en grand au Palais-Royal, au Luxembourg et aux abords de l'Odéon, qu'une société sérieuse (Pauwels et Cie) se constitua en 1820, et créa une usine dans le haut du faubourg Poissonnière. On établit dans cette usine un grand gazomètre de 8,000 mètres cubes, monstre énorme pour l'époque, qui attira de très-vives critiques à son inventeur, Pauwel, qui, à cause de cet appareil, fut traité de fou par des marchands d'huile et des gaziers en déconfiture.

Aujourd'hui, les ingénieurs les plus raisonnables construisent des gazomètres de 30,000 mètres cubes, et ne sont point pour cela envoyés aux Petites-Maisons.

L'honneur de la découverte du gaz d'éclairage revient à un ingénieur français, Philippe Lebon; mais les Anglais revendiquent cette grande inventionpour un de leurs compatriotes, Murdoch. Ce qui est positif, c'est que ce dernier fit des applications industrielles importantes, nous le voulons bien, mais il ne commença ses expériences qu'en 1790 ou 1791, c'est-à-dire quatre à cinq ans plus tard que Lebon qui, dès 1786, avait fait paraître son thermo-lampe (1).

(1) Ph. Lebon, dans un prospectus daté de 1801, décrit tous les avantages du gaz et prédit tous les progrès réalisés seulement depuis quelques années. Il écrivait : « Ce principe aériforme peut voyager à froid dans une cheminée d'un pouce carré, dans l'épaisseur des plafonds ou des murs, même dans du taffetas gommé, pourvu que l'extrémité du tuyau soit en métal. En un clin d'œil, vous faites passer la flamme d'une pièce dans une autre, ce que vous ne pouvez faire avec les cheminées ordinaires. Pas d'étincelles, de cendres ou de la suie; point de magasin de combustible lourd à monter. Le jour, la nuit, lumière et chaleur sont là sous la main, sans domestiques. La chaleur peut prendre la forme de palmettes, de fleurs ou de festons : toute position lui est bonne; elle ira, si vous le voulez, cuire vos mets, elle les réchauffera même sur vos tables, séchera votre linge, chauffera l'eau de vos bains. Vous pouvez la diriger, lui commander, la faire paraître et disparaître, elle vous obéira comme ne le fera jamais le domestique le plus docile. » Il était bien difficile de prédire plus juste. Aujourd'hui, tous les faits avancés sur le prospectus de 1801 se sont réalisés.

Malheureusement les travaux de notre compatriote furent brusquement arrêtés, car Lebon fut lâchement assassiné, et jamais on n'a pu connaître les auteurs de ce crime ni la cause qui l'avait motivé.

Le premier essai de chauffage au gaz date de 1837; il est consigné dans le *Traité d'éclairage au gaz*, par Merle.

L'appareil d'alors était une sorte de fourneau affectant la forme d'un petit meuble à compartiments hermétiquement fermés, et chacun de ces compartiments était pourvu d'un bec de gaz qui correspondait à une cheminée commune; malgré celle-ci, la flamme, dit Merle, est bleue, ce qui indique une chaleur incomplète du gaz, et par conséquent une certaine somme de chaleur perdue. Ce fourneau était trop nouveau et trop imparfait, du reste, pour être adopté par le public. Aussi cette tentative avorta-t-elle complétement.

Il nous faut arriver à 1846 pour trouver un nouvel essai, cette fois satisfaisant.

Ainsi donc, il n'a pas fallu moins de trente années, de 1816 à 1846, pour arriver à utiliser le gaz d'éclairage au chauffage, et nous pouvons même ajouter que ce n'est guère que depuis une quinzaine d'années que ce genre de chauffage est réellement acclimaté parmi nous. L'essai de 1846 a été fait par un Alsacien du nom de Charles Hugueniz qui, le 10 août de l'année 1847, prit un brevet d'invention pour l'application du gaz hydrogène à tous les usages du chauffage et même du chauffage et de l'éclairage simultanément. Deux ans plus tard, Hugueniz obtenait une mention honorable à l'exposition des arts et de l'industrie de 1849 pour ses appareils de chauffage.

Enfin, à l'exposition de 1855 Laury obtient une médaille d'or pour un appareil de chauffage au gaz perfectionné. Dès cette époque les brevets d'Hugueniz, tombés dans le domaine public, sont exploités par les compagnies gazières. Mais nous devons dire que c'est Hugueniz qui, dès 1846, a tenté une application pratique par plusieurs moyens :

1° Par voie directe au moyen de réchauds;

2° Par l'addition ou l'intervention de buissons métalliques dans les foyers ordinaires;

3° Par l'air échauffé à la flamme du gaz et reçu dans des coffres fermés formant réservoirs de la chaleur, sorte de fours dans lesquels la température pouvait s'élever jusqu'à 300°, c'est-à-dire à un point suffisant pour cuire le pain, la pâtisserie et d'autres aliments;

4° Par des poêles et des cheminées ordinaires;

5° Enfin par le ralentissement du courant de gaz au moyen de chapiteaux fumivores placés à la partie supérieure des verres. Ce système donne 25 p. 100 d'économie pour l'éclairage et sert encore au chauffage.

Avantages du chauffage au gaz. — Il est inutile d'ajouter que ces nouveaux essais, venus trop prématurément encore, furent incompris, trouvés absurdes et ridicules ; ce qui depuis n'a pas empêché toutefois l'idée de faire son chemin et de rentrer dans le domaine de la pratique. Nous dirons même que si en France le prix du gaz n'était pas exorbitant (35 centimes en moyenne le mètre cube), ce serait le système de chauffage le plus répandu, parce qu'il offre des avantages aujourd'hui incontestés pour les logements et les petits appartements des garçons et des pauvres gens, en un mot pour cette classe si nombreuse qui n'emploie qu'un chauffage intermittent, parce que la nature de ses occupations l'oblige à ne faire du feu qu'à certaines heures de la journée. Dans ces conditions, le chauffage au gaz est vraiment économique ; en outre, il ne nécessite pas d'emplacement pour loger des provisions de combustible. Il supprime donc la rentrée en cave de celui-ci, ainsi que le montage dans les appartements.

Mais là ne se bornent point les avantages de ce système ; il supprime aussi le temps nécessaire à préparer du feu.

Que de célibataires et d'étudiants, à Paris et dans les grandes villes, après avoir perdu leur temps pour se préparer du feu, l'allument, et au moment de le voir briller, une occupation les appelle au dehors ; de sorte qu'après avoir perdu leur temps pour faire du feu, ils se voient condamnés à perdre leur feu pour ne point perdre leur temps.

C'est là un cercle vicieux, par lequel nous avons plus ou moins passé les uns ou les autres. Avec le gaz, rien de tel ; on ouvre un robinet, et avec une allumette on peut immédiatement se chauffer, et si un ami ou une affaire vous oblige à sortir inopinément, vous fermez votre robinet et vous arrêtez les frais.

A part l'éclairage et le chauffage, le gaz sert encore à la cuisson du pain et des aliments, à la torréfaction du café, et dans certaines industries, par exemple, à souder le fer, à brûler les vieilles peintures ; enfin dans les laboratoires de chimie, où il est d'un usage si agréable et si commode qu'il serait remplacé difficilement par tout autre combustible.

Avec tous ces avantages, il est surprenant que ce mode de chauffage ne soit pas plus répandu. Nous allons examiner les causes qui ont jusqu'ici empêché la généralisation de son emploi.

Reproches adressés au chauffage au gaz. — Nous avons déjà signalé la première, le prix élevé du gaz ; la seconde cause consiste dans le danger des explosions ; la troisième dans le maniement des appareils ; enfin, il faut bien le dire, dame Routine, que nous rencontrons toujours sur notre chemin.

Voyons si ces causes sont bien fondées, et si elles ne sont pas pour la plupart plus spécieuses que réelles.

Le prix élevé du gaz est un fait indéniable ; mais le jour où cessera le monopole, le jour où chacun trouvera avantage à fabriquer chez soi de l'hydrogène pur comme nous allons le voir bientôt, ce jour-là le gaz ne reviendra qu'à

10 ou 15 centimes le mètre cube ; les compagnies pourraient à ce taux y trouver un prix très-rémunérateur.

Mais même à 30 centimes, le gaz n'est pas plus cher qu'un autre combustible, voici pourquoi : 1 kilogramme de gaz d'éclairage produit par sa combustion 1300 calories, et au prix de 30 centimes le mètre cube, le prix de revient de 1000 calories est de 3 centimes, tandis que celui de 1000 calories obtenues par la combustion du charbon de bois est de 0,0266 ; comme on le voit, la différence est très-faible, et se trouve certainement plus que compensée par la perte de chaleur qui a lieu pendant l'allumage du charbon et lors de l'extinction du foyer, perte qui est totalement supprimée par l'emploi du gaz, puisque l'allumage et l'extinction se font instantanément ; ensuite le jour où le gaz serait vendu à 15 centimes, son prix normal, ce n'est plus 3 centimes que coûteraient 1000 calories, mais 0,0150 millimes, c'est-à-dire près de 50 p. 100 de moins que 1000 calories obtenues par la combustion du charbon de bois.

Passons aux dangers des explosions ; c'est une crainte chimérique, nous pouvons dire un mythe ; puisque nous avons déjà le gaz pour nous éclairer, nous pouvons bien aussi l'employer au chauffage. Cet emploi ne doublera pas le danger, au contraire, il familiarisera des personnes inexpérimentées à se servir du gaz, et les quelques rares explosions qui surviennent encore à de longs intervalles seront considérablement diminuées par l'usage quotidien qu'on fera du nouveau combustible.

La troisième cause tient à un préjugé qui fait supposer que le maniement des appareils est difficile ; or, comme ils n'ont rien de compliqué, l'expérience de

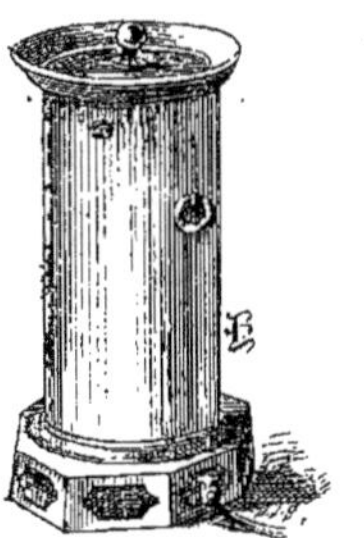

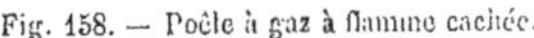

Fig. 158. — Poêle à gaz à flamme cachée.

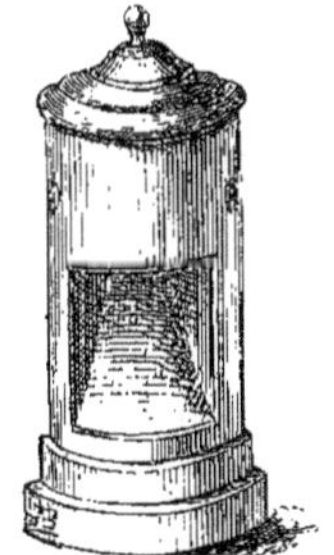

Fig. 159. — Poêle à gaz avec réflecteur.

se servir des ustensiles à gaz sera bientôt acquise, même par les personnes les moins intelligentes. Évidemment, ici comme en toute chose, l'intelligence donnera de meilleurs résultats que l'ineptie, et saura mieux régler et utiliser un chauffage tellement perfectionné, que nous ne craignons pas de l'appeler le chauffage mathématique et scientifique par excellence.

Aujourd'hui, grâce aux efforts de la compagnie parisienne, on commence à brûler du gaz pour le chauffage, mais seulement dans des locaux où l'on ne peut faire autrement; dans des bureaux ou magasins dans lesquels on ne peut établir de tuyaux de cheminée; on emploie pour cet usage des poêles en tôle dans lesquels brûle une couronne de gaz. Notre figure 158 montre un de ces appareils. Ou bien le gaz rayonne sur un réflecteur; le poêle affecte alors la forme représentée par notre figure 159, on fait aussi de petites cheminées à réflecteurs.

Nous n'insisterons pas davantage sur le chauffage au gaz d'éclairage, mais un peu plus loin nous parlerons des fourneaux en usage pour la cuisine au gaz.

Nous allons aborder immédiatement la grosse question du chauffage à l'hydrogène pur, et à l'hydrogène des laboratoires de chimie.

Chauffage à l'hydrogène pur. — M. Simonin, dans une conférence faite au Cercle agricole de Paris, appelle le soleil le combustible de l'avenir, et il arrive, pardonnez-nous l'expression, à dire une énormité inqualifiable; nous en faisons juge notre lecteur : « Il faut donc chercher, dit-il, dans un combustible spécial, le combustible de l'avenir... il faut se servir du soleil comme combustible, il faut, laissez-moi dire le mot, mettre le soleil en bouteilles... Comment y arrivera-t-on?... Je l'ignore... ce sera, je pense, au moyen de substances assez réfractaires pour que la chaleur les pénètre sans les fondre, que l'on emmagasinera les rayons solaires (1). » Autant de mots, autant d'utopies; le soleil supplée depuis longtemps aux combustibles pour le chauffage des serres et pour les séchoirs; mais rêver de mettre ses rayons en bouteilles, c'est là une idée qui ne pouvait germer que dans un cerveau, disons bien, excentrique.

Nous pensons que l'un des véritables combustibles de l'avenir, nous ne dirons pas le seul, c'est l'EAU. Elle nous fournit déjà bien des agréments, cependant nous pensons que dans un jour peu éloigné de nous, elle nous fournira encore très-certainement un excellent combustible. En effet, comme il a été établi par des expériences très-précises, l'eau est un composé d'hydrogène et d'oxygène : de 2 volumes d'hydrogène pour 1 d'oxygène, et en poids de 1 d'hydrogène pour 8 d'oxygène.

Or, l'hydrogène est un combustible, l'oxygène un comburant qui facilite éminemment la combustion; donc pour obtenir un nouveau mode de chauffage, il faut décomposer l'eau. Or, cette décomposition peut s'opérer par plusieurs moyens.

Un des plus simples et des plus connus, que chacun a expérimenté étant bien jeune, alors qu'il commençait à étudier la chimie, consiste à mettre de la limaille ou de la grenaille de zinc dans de l'eau et de verser sur le tout de

(1) *Revue des cours scientifiques*, 4e année, n° 13, pag. 199. Paris, Germer-Baillière.

l'acide sulfurique; l'eau est décomposée. L'oxygène se porte sur le métal pour former un oxyde qui se combine avec l'acide en donnant un sel, tandis que l'hydrogène, mis en liberté, se dégage. Seulement par ce mode de production l'hydrogène coûterait trop cher pour une production industrielle.

Un deuxième procédé consiste à placer de la tournure de fer, dans des vases contenant de l'eau, dans laquelle on fait arriver de l'acide sulfurique par petites proportions. Ce mode de préparation plus économique que le précédent ne fournit pas, à beaucoup près, d'aussi bons résultats, le sulfate de fer produit formant à la surface du métal une sorte de vernis qui le préserve du contact de l'acide.

On peut obtenir l'hydrogène par un troisième procédé : c'est de faire traverser de la vapeur d'eau dans des tubes de terre contenant ou de la tournure de fer chauffée au rouge, ou du charbon grossièrement concassé; mais cette dernière préparation produit de l'hydrogène mêlé à des quantités d'oxyde de carbone, ce qui le rend dangereux au point de vue hygiénique.

Enfin le dernier moyen consiste à décomposer l'eau à l'aide de l'électricité, seulement aujourd'hui nous ne produisons pas encore l'électricité d'une manière économique; il faudrait pouvoir emmagasiner l'électricité contenue dans l'air ou pouvoir utiliser les quantités énormes d'électricité que nous perdons pour la télégraphie et les sonneries électriques. Nous ne doutons pas que là se trouve le vrai problème, plus facile à poser qu'à résoudre, de fabriquer à vil prix l'hydrogène pur pour le chauffage.

Si l'on parvient à trouver un procédé économique et pratique, nous ne doutons pas qu'un jour chaque maison, quelle que soit son importance, aura son gazomètre dans sa cave pour fabriquer le gaz nécessaire à sa consommation.

L'idée que nous venons d'émettre peut paraître hasardée, bizarre même, nous l'accordons, toutes les innovations sont ainsi traitées à leur apparition. Que de grandes questions, dont le simple énoncé nous étonne tout d'abord, et qui deviennent ensuite les choses les plus simples du monde lorsqu'elles sont pratiquées tous les jours sous nos yeux !

Actuellement, la décomposition de l'eau, par le fer et l'acide sulfurique, donne un produit dont le prix de revient dépasserait à peine le prix de vente du gaz, mais nous devons ajouter que le pouvoir calorifique de l'hydrogène pur est au gaz d'éclairage dans le rapport de 3 à 24, c'est-à-dire huit fois plus considérable; c'est ce qui nous permet de dire que l'eau recèle en elle le combustible de l'avenir.

C'est un fait qui deviendra de plus en plus évident, car, vu l'augmentation toujours croissante des combustibles, le génie de l'homme trouvera bien un mode de fabriquer plus économiquement encore l'hydrogène.

Que dira-t-on le jour, qui n'est certainement pas éloigné, où l'on arrivera à dépenser moins que par le passé pour se chauffer plus confortablement et plus sainement? Car nous ajouterons que contrairement aux autres combustibles l'hydrogène en brûlant ne produit que de la vapeur d'eau qui n'est point délétère comme l'oxyde de carbone, pas même impropre à la respiration comme l'acide carbonique.

Ainsi donc il y aurait tout intérêt à introduire dans nos habitudes ce mode de chauffage, car il est aujourd'hui reconnu par tous les hygiénistes qu'il est de toute nécessité que l'air chauffé que nous respirons renferme une assez forte proportion d'eau.

Il ne serait donc pas nécessaire de se débarrasser des produits de la combustion en brûlant l'hydrogène, et en outre on pourrait employer des appareils à foyers découverts qui permettraient ainsi d'utiliser toute la chaleur produite. Par suite de la condensation de cette vapeur d'eau il est nécessaire d'introduire une nouvelle quantité d'air dans l'appartement pour entretenir la combustion, mais cette quantité n'a pas besoin d'être exagérée, comme cela a lieu pour les cheminées ordinaires, devant lesquelles on grille par devant, tandis que l'on gèle par le dos. Le seul inconvénient que l'on puisse reprocher au chauffage à l'hydrogène pur, c'est que s'il se déclare des fuites, comme ce gaz ne possède pas d'odeur, il devient difficile de s'assurer de leur présence. Mais ce défaut est bien racheté, puisqu'on peut le respirer impunément et sans danger. Ensuite rien ne s'opposerait à faire entrer dans sa composition une substance odorante qui informerait des fuites, et qui cependant ne serait pas nuisible à la respiration.

Pour nous, ce combustible est plus économique et de beaucoup préférable aux huiles minérales qu'on cherche à utiliser en ce moment pour les usages culinaires, l'éclairage et le chauffage (1); nous le croyons surtout préférable à ce rayon de soleil mis en bouteille, qui n'a été entrevu qu'à travers des nuages encore fort épais.

(1) Dans ce moment un industriel fabrique des appareils qui permettent à chacun de faire du gaz chez soi; il distille dans ce but des huiles minérales. Un négociant de Bercy, quai de la Râpée, a toute une installation chez lui, où nous l'avons vue fonctionner. Seulement le mètre cube de gaz revient encore à 40 centimes.

CHAPITRE V

DU CHAUFFAGE DES DIVERSES PARTIES DE L'HABITATION.

Les auteurs qui avant nous ont écrit sur le chauffage, ne se sont pas assez préoccupés de la disposition des localités à chauffer; ils se sont bornés le plus souvent à donner la description des appareils. Ils ont analysé ou critiqué les divers systèmes en usage, en ont conseillé un de préférence à un autre, ce qui n'est pas suffisant. En effet, suivant les conditions qu'on a à remplir, il faut employer tel ou tel autre mode, ou recourir à plusieurs, ou bien enfin créer des systèmes mixtes.

Le docteur A. Tardieu a le premier attiré l'attention sur cette importante question.

« Dans les habitations particulières, a-t-il dit, il est facile d'utiliser de la manière la plus convenable chacun de ces modes de chauffage; c'est celle que l'usage a consacrée. Les poêles dans les antichambres, où sera ainsi chauffé l'air qui doit être appelé par les cheminées des pièces plus éloignées avec des bouches de chaleur à section suffisamment large; les cheminées dans les chambres à coucher et les salons de réception, avec une section des orifices supérieur et inférieur proportionnée aux dimensions des pièces et au nombre des personnes qu'elles doivent contenir, et des voies suffisantes pour l'air appelé (1). »

Voilà, certes, d'excellentes recommandations suffisantes peut-être pour un dictionnaire, mais trop générales pour un traité de chauffage; aussi, sans entrer dans de trop longs développements, nous devons aborder plus largement cette question. Nous la diviserons en deux parties essentielles : *l'habitation de l'homme*, qui fera l'objet du présent chapitre, et *le chauffage des édifices publics* qui sera étudié dans le chapitre suivant.

(1) *Dictionnaire d'hygiène publique et de salubrité*, par A. Tardieu, t. II, page 390, art. CHAUFFAGE. 2e édition, Paris, J.-B. Baillière et fils.

Pour plus de clarté nous subdiviserons la première partie en huit groupes :

I. — Chauffage général de la maison;
II. — Chambres de garçons;
III. — Logements d'ouvriers;
IV. — Magasins et boutiques;
V. — Appartements;
VI. — Hôtels;
VII. — Jardins d'hiver, serres froides, tempérées, chaudes;
VIII. — Logements des animaux.

Nous traiterons brièvement cette dernière classification.

I. — CHAUFFAGE GÉNÉRAL DE LA MAISON.

Une maison a ordinairement plus d'un étage, mais même celles qui n'ont qu'un seul étage (un rez-de-chaussée élevé sur un sous-sol) peuvent être chauffées par des moyens identiques.

Si l'on désire chauffer l'ensemble d'une maison, plusieurs moyens sont en

Fig. 160. — Calorifère placé dans un vestibule d'entrée.

présence. On peut établir un calorifère en sous-sol ou dans la cave, ou le poser dans le vestibule qui renferme un escalier de dix à douze marches qui surélèvent le rez-de-chaussée au-dessus du sol.

Notre figure 160 montre un calorifère placé dans le vestibule. Le tuyau de fumée peut être apparent ou caché. Dans ce dernier cas on le fait passer sous le sol.

Souvent aussi dans un vestibule étroit on manque d'espace, ou bien on veut dissimuler la présence du calorifère; on doit alors le placer dans une chambre de chaleur. Il suffit pour cela de construire une simple enveloppe en briques fermée par un petit plafond; on met cette chambre en communication avec le vestibule, la cage d'escalier ou autres locaux, au moyen de deux ouvertures pratiquées l'une à la partie supérieure de la chambre, l'autre à la partie inférieure.

Tout l'air froid des cubes qu'il s'agit de chauffer passe au fur et à mesure

Fig. 161. — Calorifère placé dans une chambre de chaleur à niveau du sol.

par l'ouverture D (fig. 161). Cet air s'échauffe au contact du calorifère A, et devenant plus léger sort par la bouche de chaleur E, pour se répandre partout et y maintenir une douce température.

Dans notre figure 161, B est la porte de chargement; C, l'appareil tubulaire (calorifère français); F, le plafond de la chambre de chaleur.

En employant de très-grands modèles de calorifères en fonte on peut chauffer de vastes locaux.

Notre figure 161 montre qu'on peut parfaitement dissimuler le calorifère, et que pour cela il faut peu d'espace. On peut comprendre aussi quelle importance il faut attacher au chauffage d'un vestibule d'entrée et à l'escalier d'une maison, car si l'on fait du feu dans les appartements les cheminées font un appel considérable de l'air de la cage d'escalier, surtout quand on ouvre ou qu'on ferme les portes d'entrée de l'appartement, et si l'escalier n'est pas chauffé, c'est de l'air froid qu'il émet, c'est-à-dire qu'il paralyse en partie le calorique dégagé par les cheminées des appartements; aussi conseillons-nous d'établir toujours des calorifères dans les caves, en sous-sol ou à rez-de-chaussée pour le chauffage des vestibules et des escaliers.

Si cependant on habite une maison qui ne possède pas cette installation, il est indispensable d'établir dans l'antichambre de l'appartement ou dans la pièce la plus centrale un calorifère qui permette de chauffer tout l'appartement en laissant ouverte la porte de la pièce qu'on occupe.

II. — CHAMBRES DE GARÇON.

Nous englobons sous cette dénomination les logements occupés généralement par des personnes de diverses professions, et qui sont composés d'une antichambre et d'une ou deux pièces, ou d'une seule chambre, et toujours sans cuisine.

Dans de pareilles conditions le chauffage du logement doit être intermittent, puisque l'habitant du lieu mène une vie très-irrégulière et passe la moitié de son temps loin du logis; c'est ici le cas d'appliquer le chauffage au gaz, car c'est le plus économique dans cette occurrence, et le plus commode; il supprime les pertes de temps pour aller chercher du combustible, ainsi qu'un local pour l'emmagasiner. Ensuite pas de feu à préparer : on tourne un robinet et avec une allumette on allume son feu, qu'on peut éteindre instantanément quand on veut sortir.

III. — LOGEMENTS D'OUVRIERS.

Sous ce titre nous voulons désigner des logements composés d'une ou plusieurs pièces habitées par un ouvrier et sa famille. Il y faudrait une cuisine, ou tout au moins une cheminée pour y préparer les aliments; et cependant que de logements d'ouvriers sont dépourvus de cheminées, et n'ont pour toute ouverture que des tabatières et une porte au fond d'un couloir sans air! Il n'y a rien d'étonnant que, vivant dans un pareil milieu, l'ouvrier des grandes villes soit maigre, étiolé, chétif, phthisique.

Nous devons avouer que nous sommes bien embarrassé pour conseiller un mode de chauffage, car il faudrait trouver un système à la fois hygiénique et économique. Or la cherté du combustible force le malheureux ouvrier à installer dans son logement un poêle ou un fourneau en fonte qui lui sert à la fois à se chauffer et à cuire ses aliments.

Il nous est bien difficile dans un traité de chauffage d'étudier les moyens d'améliorer la position de cette classe si intéressante de la société, qui fait une grande partie de la fortune publique. Il nous faudrait sortir du cadre de notre livre et entrer dans des considérations d'économie sociale que nous ne pouvons même effleurer. Nous ne pouvons cependant ne pas dire que la société doit à la classe des travailleurs certains égards en échange des services incontestés que celle-ci lui rend.

Car enfin la question d'humanité mise de côté, il reste la question industrielle et économique, et il est bien facile de comprendre qu'un ouvrier malingre et chétif, traînant une existence pénible, ne peut pas fournir beaucoup de travail et l'effectuer avec goût et amour.

L'ouvrier anglais est le premier ouvrier du monde parce qu'il gagne gros, se nourrit et se loge bien. Aussi, pour améliorer le logement des ouvriers nous voudrions que dans les grandes villes et dans les villes manufacturières les propriétaires fussent contraints à établir des cheminées dans toutes les chambres. Un arrêté préfectoral qui obtiendrait ce *desideratum*, fournirait déjà de l'air pur à l'ouvrier, et améliorerait sensiblement sa constitution. Que d'épidémies ou de fièvres typhoïdes, qui moissonnent cette population, seraient écartées!

Déjà Mercier, en 1783, « déplorait qu'un grand nombre de citoyens fussent réduits à se loger dans des recoins obscurs où il n'y avait pas de cheminées (1) ».

Depuis cette époque, le conseil de salubrité de la préfecture de la Seine a formulé mais en vain, à plusieurs reprises, de nouvelles plaintes.

Ensuite il faudrait engager les ouvriers à renouveler deux ou trois fois par jour l'air de leurs logements; à éviter d'employer autant que possible du charbon de bois ou de la braise ; à ne faire usage que de poêles de faïence; et que s'ils persistent à employer des poêles et des fourneaux en fonte, ils ne doivent pas employer ceux qui sont à foyer découvert, c'est-à-dire qui ont un couvercle horizontal, et leur recommander ensuite de ne jamais fermer la clef des poêles.

IV. — MAGASINS ET BOUTIQUES.

Les grands magasins demandent, suivant les marchandises qui s'y vendent, d'employer un mode de chauffage de préférence à un autre. Ceux qui débitent des marchandises qui pourraient être détériorées par un air sec et chaud, doivent employer la vapeur ou l'eau chaude. Du reste les grands magasins peuvent être assimilés à certains édifices publics, et ils peuvent être chauffés comme les églises ou les bibliothèques; nous renvoyons donc au chapitre suivant ceux de nos lec-

(1) *Tableau de Paris*, par Mercier. Amsterdam, 1783.

teurs qui voudraient étudier un bon mode de chauffage pour ces établissements. Nous nous occuperons ici plus spécialement des plus petits magasins, des boutiques.

Celles-ci occupent ordinairement le rez-de-chaussée des maisons, et souvent le commerçant a son logement dans une arrière-boutique ou à l'entre-sol. Quand la boutique est assez grande, on peut établir un calorifère dans la cave; quand elle a de petites proportions, on emploie certains poêles à flamme renversée, qui ont l'aspect d'une cheminée. Quelquefois même les poêles sont dissimulés par un comptoir ou toute autre disposition.

Dans la journée, ces poêles chauffent suffisamment; le soir venu, on les éteint, car le gaz qui éclaire la devanture et la boutique donne une très-grande chaleur. Aussi on établit une ventilation plus considérable que dans la journée, et pour cela, à part les ventilateurs dits *insensibles* qui sont placés à certains endroits dans les carreaux des fenêtres ou des devantures, il serait utile d'établir des vasistas ou appareils analogues, des ventilateurs de Sherringham par exemple, afin de ventiler très-largement.

V. — APPARTEMENTS.

Un appartement se compose d'une ou plusieurs antichambres, de couloirs, de chambres à coucher, de cabinets de toilette et de travail, de salles à manger, de grands et petits salons et de cuisines.

Un appartement peut occuper un ou deux étages dans une maison, ou simplement une portion d'étage.

Comme nous l'avons dit précédemment, un poêle ou un calorifère doit opérer le chauffage général au moyen de bouches de chaleur, tandis que le chauffage particulier est obtenu par des cheminées; on doit, bien entendu, préférer les meilleurs systèmes (voir leur description page 51 et suiv.), surtout ceux qui prenant l'air extérieur le versent une fois chauffé dans les pièces de l'appartement.

Les chambres à coucher, les grands et petits salons, doivent avoir des cheminées. Pour les cabinets de travail et les cabinets de toilette, si l'on ne peut poser des cheminées, de simples bouches de chaleur peuvent suffire.

Un bec de gaz dans les cabinets de toilette peut rendre quelquefois service pour chauffer de l'eau, si les cabinets de toilette n'en reçoivent pas directement des fourneaux de cuisine.

Les cabinets de travail peuvent être chauffés par des bouches de chaleur, par le gaz, ou par des cheminées pouvant brûler toutes sortes de combustibles.

Les salles à manger peuvent avoir des bouches de chaleur du calorifère de l'appartement, mais posséder en outre un poêle en faïence, avec une étuve pour chauffe-assiettes.

Les grands et petits salons auront également des bouches de chaleur et des cheminées en proportion de leur capacité.

Pour les cuisines, nous n'avons pas à nous occuper de les chauffer, car il y fait toujours trop chaud; nous nous occuperons de celles-ci dans la deuxième partie de notre livre, pour donner les moyens les plus efficaces de les ventiler, et surtout d'empêcher les odeurs de se répandre dans l'appartement.

Nous ne pouvons cependant ne pas décrire quelques appareils et fourneaux de cuisine.

Cuisine au gaz. — Nous recommanderons en premier lieu d'employer pour les petits ménages le gaz, car ce mode présente des avantages considérables. Avec des appareils bien compris la dépense de gaz est toujours complètement utilisée. On peut la gouverner facilement et la limiter rigoureusement aux besoins du chauffage et de la cuisson.

Les aliments, une fois portés au degré de cuisson voulue, peuvent y être maintenus avec une très-minime dépense. S'il faut une certaine somme de gaz pour arriver à l'ébullition, il suffit, pour la maintenir, d'une consommation cinq fois

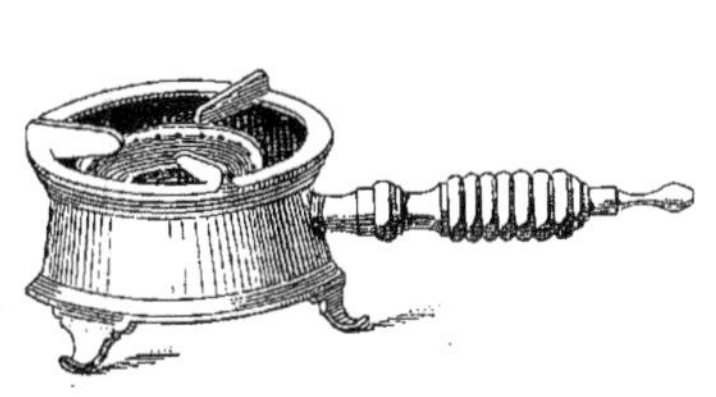

Fig. 162. — Réchaud rond à une couronne.

Fig. 163. — Réchaud rond à deux couronnes.

moindre. On ne peut obtenir ce résultat avec le chauffage au bois et au charbon, car on ne peut le régler aussi méthodiquement. Avec le gaz on n'a plus d'allumage difficile ou donnant de la fumée dans l'appartement. Tous ces avantages réunis font que la cuisine au gaz est très-commode pour les petits ménages, qui n'ont pas besoin de fourneaux brûlant tout le jour, mais seulement quelques heures.

On fait aujourd'hui des appareils à très-bas prix. Une maison à Paris, qui fait cette spécialité (1), établit des réchauds ronds à partir de 2 fr. 50. Notre figure 162 montre ce réchaud, mais il ne possède qu'une seule couronne, ou, comme on dit en style de gazier, *un seul feu;* au contraire, si l'on désire un réchaud donnant beaucoup plus de chaleur pour faire bouillir rapidement de l'eau, par exemple,

(1) C'est la maison Vielliard (ancienne maison Jacquet).

on peut employer un réchaud à deux feux ou à double couronne, tel que celui représenté figure 163.

On fait aussi des fourneaux à deux bouches et à rondelles; notre figure 164

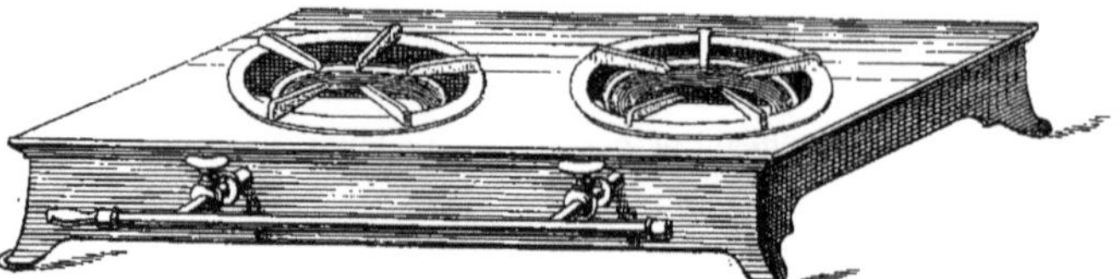

Fig. 164. — Fourneau à deux bouches et à rondelles.

Fig. 165. — Fourneau à deux bouches et à lamelles.

montre un type de ces derniers. D'autres possèdent trois, quatre et cinq bouches et même un plus grand nombre; mais nous devons dire que les fourneaux à rondelles sont moins commodes que ceux à lamelles, parce que sur les premiers les cuisiniers sont constamment occupés à mettre leurs plats en équilibre. Aussi en Angleterre on fait des modèles à lamelles qui sont très-répandus. Notre figure 165 montre un fourneau de ce genre à deux bouches.

Fig. 166. — Grilloir avec feu dessus.

Dans les petits appartements, quand on fait griller de la viande et du poisson, les sucs que rendent ces mets, dégouttant sur le feu, donnent une odeur et une fumée qui se répandent dans toutes les pièces, à moins que les cuisines ne possèdent une ventilation exceptionnelle. Aussi pour supprimer ces odeurs on fait des grilloirs avec le feu dessus. Notre figure 166 montre un modèle de cet appareil qui est muni de deux robinets; l'un sert pour le réchaud et l'autre pour le grilloir. Enfin, on fait aussi de grands fourneaux de cuisine au gaz (fig. 167) qui possèdent à leur sommet trois feux, au-dessous un four à patisserie, et un grilloir avec rôtissoire.

Nous avons donné ce modèle à grande échelle afin d'en faire comprendre toute l'économie sans explication.

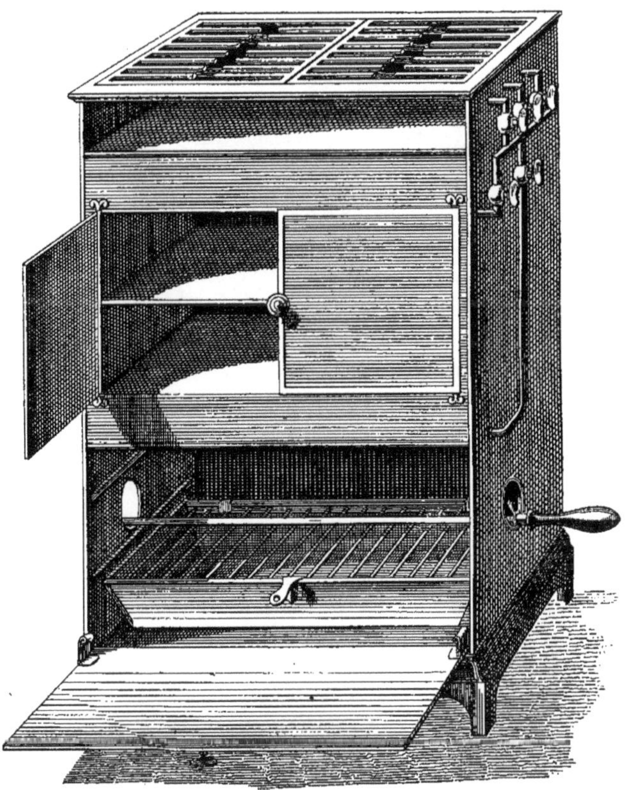

Fig. 197. — Fourneau de cuisine avec rôtissoire, grilloir, four à patisserie et trois feux. (Échelle de $0^m,10$ pour mètre.)

Fourneaux de cuisine au charbon. — Nous ne pouvons décrire les appareils de ce genre car ils sont innombrables; nous nous bornerons donc à indiquer deux types de fourneaux, et dans la deuxième partie de notre ouvrage nous donnerons un modèle qui supprime la hotte.

La figure 168 montre un fourneau au charbon pour une maison bourgeoise. Il possède une rôtisserie à air libre avec un foyer dont la capacité se réduit par un levier qui remonte la grille.

Ce fourneau possède en outre un double four à ventilateur, une étuve, un réservoir d'eau, et à gauche un appareil fumivore pour les fritures et les grillades, ce qui empêche la fumée et l'odeur de se répandre dans la cuisine et par suite dans l'appartement.

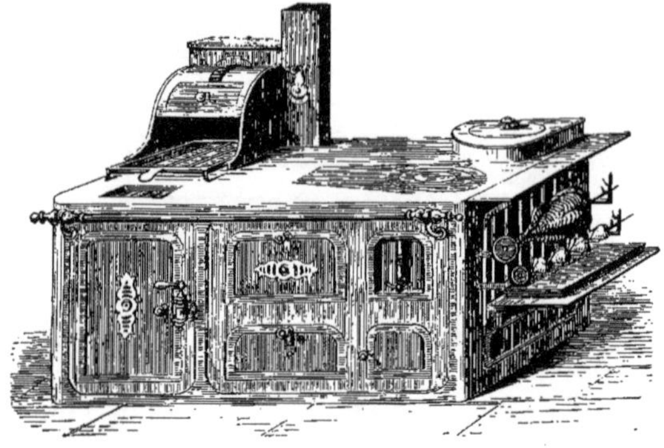

Fig. 168. — Fourneau pour maison bourgeoise.

La figure 169 fait voir un grand fourneau pour hôtels, hospices, lycées, etc. Cet appareil permet de préparer des aliments pour trois cents personnes, et avec quelques modifications il peut en fournir pour douze ou quinze cents. Son foyer est à grille mobile à remontoir; les marmites sont en fonte polie, et le bouilleur

Fig. 169. — Fourneau pour établissements publics (hospices, lycées, restaurants, etc.).

contient 1 200 litres. De grands robinets permettent de donner de l'eau chaude et de l'eau froide dans les marmites. Ce fourneau est pourvu aussi de doubles fours superposés, à ventilateurs et à registres modérateurs, qui permettent de ne se servir que d'un seul compartiment à la fois.

Rôtisserie à ventilateur. — Notre figure 170 fait voir un nouveau système de rôtisserie à ventilateur avec un foyer divisé, à grille mobile, et pouvant éteindre très-rapidement le feu quand il devient inutile.

Cette rôtisserie possède un moteur à hélice à air dilaté qui fonctionne par les produits de la combustion et qui fait tourner les broches.

Pour utiliser toute la chaleur du combustible, il existe derrière l'âtre un bouilleur qui peut chauffer 1000 litres d'eau par heure à 70°. On peut utiliser cette eau pour bains, laverie et autres usages; enfin un rideau réflecteur à contrepoids, se manœuvrant comme un bureau à cylindre, donne un grand tirage au conduit de la fumée et enlève toutes les odeurs de graisse, qui sans cela se répandraient dans la cuisine.

Fig. 170. — Rôtisserie-ventilateur de A. Baudon.

Cette rôtisserie, ainsi que les deux fourneaux précédents, sont fabriqués par

M. A. Baudon fils. Nous avons donné ces spécimens parce qu'ils présentent des qualités réelles et des avantages incontestables. Du reste, on peut les voir fonctionner aujourd'hui dans toutes les grandes administrations de France et de l'étranger.

VI. — HÔTELS.

Sous cette dénomination, nous comprenons les maisons luxueuses habitées par une seule famille. Le mode de chauffage à adopter est des plus faciles. On peut, dans les caves ou le sous-sol, placer des calorifères à air chaud ou à l'eau chaude, et de là distribuer la chaleur dans les différentes chambres de l'hôtel. Si le système de chauffage employé est le calorifère à air chaud, on peut fermer et ouvrir à volonté les bouches de chaleur suivant qu'on désire ou non chauffer une ou plusieurs parties de l'hôtel. Il est bien évident qu'on doit avoir aussi des cheminées dans les pièces principales, mais toutes sans exception doivent avoir des bouches venant directement de la chambre de chaleur, afin de pouvoir ventiler en été ces mêmes locaux, car la chambre de chaleur doit être disposée à cet effet.

VII. — JARDINS D'HIVER, SERRES FROIDES ET CHAUDES.

Les végétaux, de même que les animaux, ne peuvent vivre que dans un certain milieu où la température ne s'abaissera pas de beaucoup au-dessous de zéro. A certaines plantes, une température plus élevée sera même indispensable; de là il résulte une classification pour ainsi dire thermométrique, qui divise les locaux affectés aux plantes en trois catégories :

1° *Jardins d'hiver ou serres froides;*
2° *Serres tempérées;*
3° *Serres chaudes.*

1° Jardins d'hiver ou serres froides.

Ce genre de serre est celui qu'on retrouve le plus fréquemment auprès de l'habitation. En effet, il ne réclame point de chauffage à haute température, car les jardins d'hiver ne renferment que des arbustes verts (camélias, rhododendrons, azalées et conifères) qui sont satisfaits, si le thermomètre ne s'abaisse pas au-dessous de 2° ou 3°.

On chauffe les jardins d'hiver ou serres froides avec quelques bouches de calorifères, et dans les plus grands froids on couvre les surfaces vitrées avec des paillassons. On allume une cheminée ou un poêle en fonte dans l'intérieur de la serre, si elle a de grandes proportions, ou l'on peut se contenter d'apporter quelques braseros renfermant des charbons bien allumés.

2° Serres tempérées.

Dans les serres tempérées on peut déjà cultiver des cactées, des mimosées, des plantes bulbeuses et certaines fougères. Ces végétaux peuvent vivre, prospérer et fleurir dans l'atmosphère de ces sortes de serres; mais il ne faut pas oublier les lavages, les bassinages et les arrosements fréquents, car plus la température est élevée dans une serre, plus on doit donner de l'humidité.

Dans les serres de cette catégorie il faut déjà plus de chaleur; la température ne doit pas s'abaisser au-dessous de + 10° à + 12°; car les plantes qu'elles renferment pourraient périr si une température au-dessous persistait un assez long temps. On peut employer pour le chauffage de celles-ci des calorifères à air chaud ou mieux des thermo-siphons (appareils à eau chaude); enfin le chauffage à la vapeur, si la serre est près d'une habitation, d'un hôtel ou d'une usine qui possèdent un générateur à vapeur.

3° Serres chaudes.

Dans les serres chaudes la température doit être la plus constante possible, car on est obligé de créer des climats artificiels aux plantes qui les peuplent, on est obligé également d'intervertir les saisons. On devra tenir les plantes qui vivent dans ces enceintes closes à 16° et 18°.

Nous ajouterons que les serres chaudes doivent être basses, en contre-bas même de quelques marches du sol environnant. En effet, plus il faut de chaleur plus le local doit être bas.

Le jardin d'hiver ou serre froide peut avoir 10 et 12 mètres d'élévation, la serre tempérée 4 à 5 mètres, la serre chaude 2^{m},50 à 3 mètres au plus. Dans des serres chaudes bien établies, on peut élever des ananas, des fougères, mousses, des orchidées, en un mot toute cette belle et brillante végétation des tropiques.

Aujourd'hui l'horticulture a été poussée à un si haut degré d'avancement que c'est un art véritable. Que d'horticulteurs modestes, que de grands savants qui seraient arrivés à de belles positions et à la gloire, s'ils avaient consacré la moitié du temps qu'ils passent dans leur serre à étudier ou l'art, ou l'administration, ou la politique! Mais, chercheurs modestes, ils sont plus utiles à l'humanité en étudiant les lois de la nature.

On ne peut chauffer les serres chaudes qu'avec l'aide des thermo-siphons ou de la vapeur; on doit en outre tenir très-humide l'atmosphère de celles-ci c'est une des conditions sans laquelle les végétaux ne peuvent prospérer.

Comme on le voit par ce qui précède les chauffages des serres, à quelque catégorie qu'elles appartiennent, se ressemblent beaucoup. Ce n'est que le plus ou moins de chaleur à leur distribuer qui établit une différence entre elles; aussi allons-nous parler du chauffage général des serres.

Du chauffage général des serres. — C'est vers le milieu du XVIIe siècle que la culture forcée et les serres ont été introduites en Europe. Avant cette époque les jardiniers, pour activer la végétation, n'employaient dans leur culture que les couches chaudes obtenues par le fumier en fermentation.

Mais vers la fin du XVIIe siècle les serres se sont répandues dans les pays du Nord; et c'est depuis qu'on a étudié les différents moyens de les chauffer.

Fig. 171. — Premier mode de chauffage des serres. — *a*, foyer; *b*, cendrier; *c*, canalisation de la fumée; *d*, chambre de la chaleur.

Le premier mode de chauffage employé a été l'hypocauste des Romains. Notre figure 171 montre en effet le chauffage par le sol. En *a* se trouvait le foyer; *b*, le cendrier; *c*, la canalisation des produits de la combustion passant sous la serre et sous la banquette, enfin la fumée se dissipait par la cheminée; *d* servait de chambre pour conserver la chaleur, si le feu, par négligence ou toute autre cause, venait à s'éteindre (1).

(1) On peut voir la description des poêles et fours employés pour le chauffage des serres

Un peu plus tard, au lieu de faire passer la fumée sous terre, on la fait circuler sur les murs des serres dans des tuyaux en terre cuite formant de nombreuses sinuosités.

En 1816 ou 1818, de Chabannes applique au chauffage des serres des poêles qui possédaient des tuyaux fort longs, dans lesquels passaient les produits de la combustion avant de sortir par le conduit de fumée.

On a aussi employé l'eau chaude, canalisée d'abord à découvert ensuite dans des tuyaux fermés; nous sommes arrivés alors au thermo-siphon, qui est le seul appareil de chauffage vraiment indispensable pour le chauffage des serres. En Angleterre on a employé pendant fort longtemps un système qui n'est pas encore complétement abandonné, nous voulons parler du *Tank system*, qui consiste à faire circuler l'eau dans des canalisations ouvertes formées par des tuyaux séparés en deux dans leur longueur, ce qui donne une très-grande humidité dans la serre, aussi le *Tank system* n'est-il employé que dans les serres à orchidées. Aujourd'hui, même en France, pour les mêmes serres chauffées à l'eau chaude à basse pression, on interrompt de distance en distance les tuyaux de circulation,

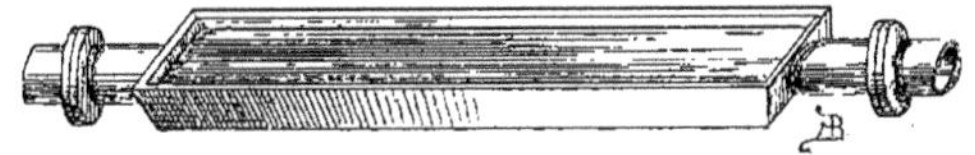

Fig. 172. — Appareil d'évaporation pour serres.

et on intercale entre ceux-ci un appareil d'évaporation représenté par notre figure 172. En France, dès 1815, on a fait au Jardin des plantes des expériences pour chauffer au moyen de l'eau chaude des serres, ainsi que le constate Bosc dans l'*Encyclopédie méthodique* à l'article Serre; mais cet auteur nous apprend que ce système a été abandonné *parce qu'il ne donne pas une chaleur suffisante* (1). Ce n'est guère que vers 1832 que des appareils à eau chaude sont adoptés pour les serres et potager de Versailles.

Étudions maintenant les meilleurs appareils en usage pour le chauffage des serres.

dans le *Traité des serres et orangeries*, par le Berryais, 1 vol. in-8°, 1788; et dans l'ouvrage anglais *Collection of various forms of stoves*, by W. Robertson, London, 1 vol. in-4°, 1798.

(1) Bosc nous apprend aussi, page 403, *Encyclopédie méthodique*, volume de physique, à propos du chauffage à la vapeur, que « depuis longtemps les Suédois avaient imaginé de chauffer leurs serres chaudes avec de la vapeur d'eau; ils pratiquaient plusieurs conduits faiblement inclinés sous le sol des serres. Ces conduits communiquaient d'une part à une grande chaudière remplie d'eau et parfaitement fermée d'ailleurs; l'eau vaporisée se répandait dans les tuyaux, et après y avoir parcouru un long espace, ce qui restait de vapeur qui ne s'était pas condensé s'échappait par un conduit qui communiquait à l'extérieur. Neil Snodgrass appliqua en 1798, à la filature de coton de Darnoch, le procédé pratiqué depuis longtemps par les Suédois. »

Pour les petites serres, nous avons vu qu'on employait des cheminées ou des poêles. Notre figure 173 montre un foyer bien approprié pour les serres qui nous occupent. Ce foyer comprend, en A, un appel d'air froid; en B, le passage de l'air chaud; ce dernier se sature d'humidité en passant sur le réservoir R, auquel on donne plus ou moins de surface d'évaporation suivant les plantes cultivées dans la terre et suivant le plus ou moins d'humidité du climat sous lequel on se trouve. L'air pour la combustion entre par le cendrier F et se dirige vers le conduit de la fumée H; enfin G est le foyer proprement dit.

Pour les mêmes serres on utilise aussi des poêles possédant un réservoir d'eau.

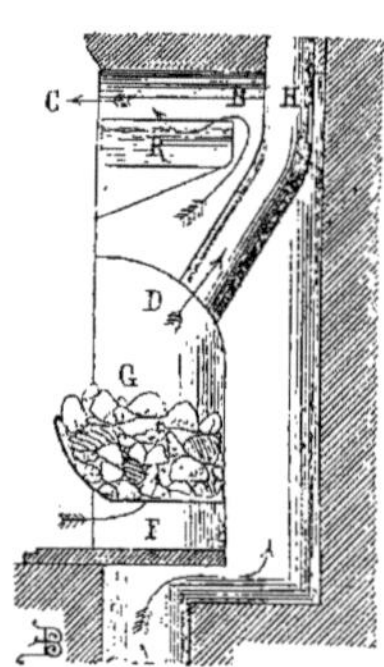

Fig. 173. — Foyer pour serre. — A, appel d'air froid; B, passage de l'air chaud; F, cendrier; H, conduit de la fumée; G, foyer; R, réservoir.

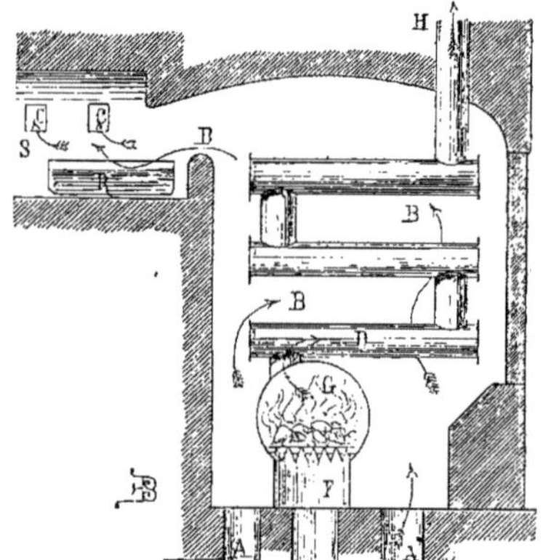

Fig. 174. — Calorifère pour serres. — A, appel de l'air froid; B, passage de l'air chaud; C, bouches de chaleur; D, passage de l'air pour la combustion; F, cendrier; G, foyer; H, conduit de la fumée; R, réservoir.

Pour de plus grandes serres, pour des serres moyennes, on emploie des calorifères dans le genre de celui représenté par notre figure 174.

On y voit, en A, l'appel de l'air froid qui s'échauffe au contact des tuyaux de fumée; en B, le passage de l'air chaud qui s'humidifie, en passant par le réservoir d'eau R, avant de sortir par les bouches ou conduits de la chaleur C. Ceux-ci sont plus ou moins nombreux suivant la force du calorifère, et leur départ est situé autour de la chambre de chaleur S. En D passe l'air pour la combustion; en F se trouve le cendrier; en G, le foyer; en H, le conduit de fumée.

Thermo-siphon à haute pression. — Nous avons vu que le chauffage par l'eau à haute pression avait été abandonné par suite des inconvénients et des dangers que ce système présentait. Nous trouvons qu'on a fortement exagéré les désagréments de ce mode de chauffage qui, bien construit, n'est pas plus dangereux que celui qui utilise l'eau à basse pression mal installé. Au contraire, tout compte fait, l'eau à haute pression offre moins de désagréments. Ce dernier mode de chauffage permet l'emploi de petits tuyaux faciles à dissimuler dans les corniches et dans les plinthes des locaux à chauffer. MM. Gallibour et Ch. Gandillot ont même rendu un grand service en perfectionnant le système de Perkins que nous avons décrit précédemment (1). Le système de ces constructeurs consiste en un tuyau en fer forgé et soudé à chaud, dont le diamètre extérieur n'a que $0^{m},027$ tandis que celui de l'intérieur ne mesure que $0^{m},015$, ce qui donne $0^{m},006$ de force aux parois du tuyau. Celui-ci, roulé en spirale ou en serpentin, est disposé dans un fourneau en briques; il sert donc de générateur de la vapeur. Or, comme il offre une très-grande surface de chauffe, l'eau s'y échauffe très-rapidement avec un minimum de dépense en combustible.

La branche supérieure du serpentin s'élève jusqu'au plan de chauffe, et l'eau, après avoir parcouru le local à chauffer, rentre au fourneau par la branche inférieure. L'appareil complétement rempli d'eau est fermé hermétiquement, et comme celle-ci en s'échauffant se dilate, l'appareil est pourvu à son sommet d'un vase d'expansion fermé qui reçoit l'excédant du volume de l'eau. Notre figure 175, fait parfaitement comprendre avec sa légende le mécanisme de ce

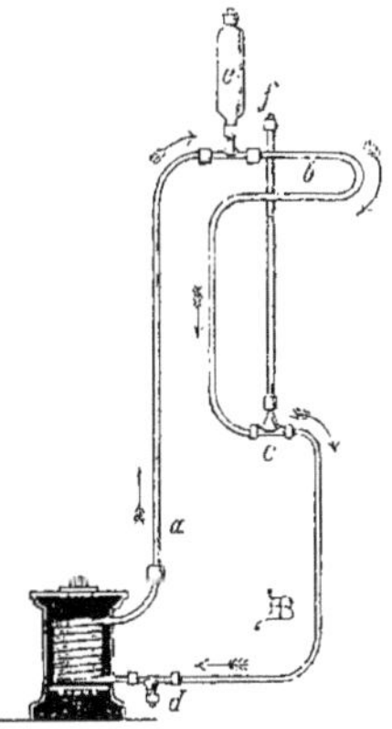

Fig. 175. — Thermo-siphon a haute pression. — *a*, colonne montante; *b*, colonne descendante; *f*, tube de remplissage; *e*, expansion; *d*, raccord ou vidange à volonté.

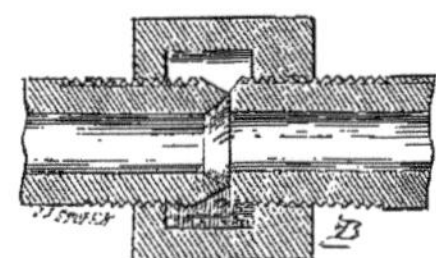

Fig. 176. — Coupe d'un raccord de tuyau pour chauffage d'eau à haute pression.

Fig. 177. — Raccord pour tuyau.

système, qui peut être appliqué au chauffage des appartements; dans ce cas, on place le fourneau soit dans la cuisine, soit au sous-sol.

Ce qu'il faut soigner dans la construction des calorifères à eau chaude à haute

(1) La prison militaire de la rue du Cherche-Midi, à Paris, est chauffée par l'appareil Gallibour, qui fonctionne dans cet établissement depuis 1851; un colonel du génie, qui s'occupe beaucoup de la question du chauffage, nous a fait un grand éloge de cet appareil.

pression, c'est le raccord des tuyaux, car c'est par là que les fuites se déclarent le plus souvent.

Nos figures 176 et 177 représentent un raccord des plus solides; les deux extrémités des tuyaux sont taraudées et réunies par un écrou taraudé à droite dans un bout, et à gauche dans l'autre. En serrant cet écrou, comme les tuyaux ne peuvent tourner, ils se rapprhenent, et comme l'un deux est taillé en biseau et l'autre plat, ils se pénètrent et forment un joint très-ajusté.

Batteries Gurney. Batterie à vapeur. Steam Battery. — La compagnie anglaise de chauffage fabrique aussi un appareil très-répandu en Angleterre pour le chauffage en général (1), mais plus spécialement pour celui des grandes serres. Nous voudrions voir plus généralisé en France cet appareil (fig. 178), qui se prête à tous les modes de chauffage. En effet, il sert comme récipient de la vapeur pour chauffer l'air par rayonnement; plongé entièrement dans l'eau froide et traversé par de la vapeur, il échauffe l'eau; plongé dans l'eau chaude et traversé par une prise d'air froid, il rend celui-ci à la température de l'eau chaude; enfin, recevant de l'air chaud, il chauffe par rayonnement comme un poêle; mais pour ce dernier mode de chauffage on comprend que pour élever la température d'une masse de fonte aussi considérable, il faut que le courant

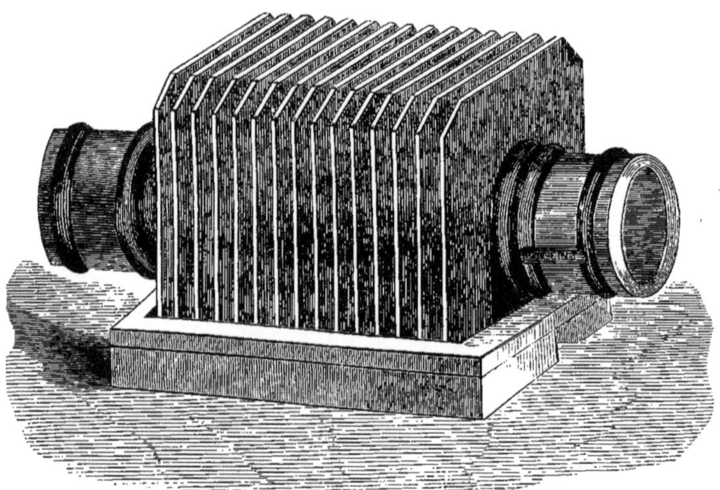

Fig. 178. — Batteries Gurney (*steam battery*) pouvant servir au chauffage à l'eau, à la vapeur et à l'air chaud.

(1) Les Chambres du parlement à Londres, sont chauffées par les batteries Gurney, et ce mode de chauffage n'a été adopté qu'après un sérieux examen d'un comité qui a fonctionné plusieurs mois.

qui traverse l'appareil soit d'une puissance calorifique très-considérable, aussi ce mode n'est employé que dans certaines usines qui fournissent de la fumée ou de la vapeur à des températures très-élevées.

On établit quatre ou cinq appareils à côté les uns des autres dans une chambre de chaleur, et de là, à l'aide de quelques bouches de chaleur, on peut chauffer un local de peu d'étendue.

Pour le chauffage des serres on établit des batteries baignant dans un récipient d'eau froide. Ces batteries sont traversées par de la vapeur qui chauffe l'eau des thermo-siphons, ou bien une batterie plonge dans l'eau chaude et rend l'air qui traverse cette batterie à une température de 38° à 40 et 45°.

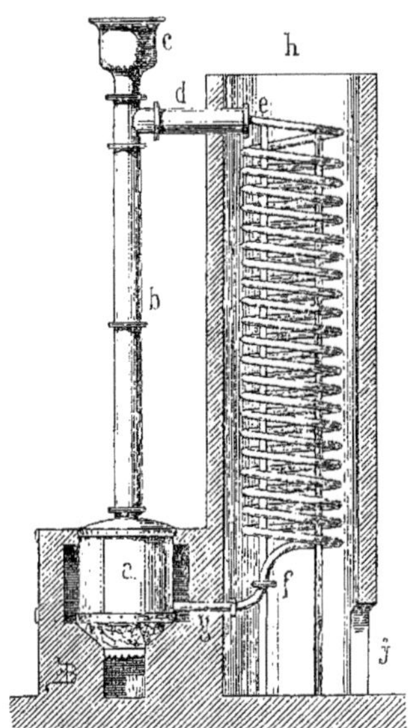

Fig. 170.— Thermo-siphon à basse pression. — *a*, chaudière; *b*, colonne ascendante; *c*, vase d'expansion; *d*, raccord avec le serpentin; *e*, *f*, *g*, retour; *h*, gaîne; *j*, prise d'air.

Enfin on emploie pour le chauffage des serres des thermo-siphons à basse pression; nous donnons, figure 179, un appareil fort simple, qui se compose d'une chaudière et d'un serpentin; c'est un ancien modèle, mais qui peut encore être fort utile pour le chauffage des serres. L'air entre par l'ouverture J, s'échauffe au contact du serpentin et sort par le haut de la gaîne *h*.

Avant de terminer ce que nous avons à dire sur le chauffage des serres, nous ajouterons que les thermo-siphons peuvent être chauffés au gaz d'éclairage, mais ce combustible revient fort cher. Cependant quelques particuliers, pour n'avoir pas à emmagasiner du combustible et surtout pour éviter aux plantes les inconvénients qu'entraînent avec elles la fumée et la poussière du charbon; quelques particuliers, disons-nous, ont employé le gaz, mais pour de petites serres; pour de grandes, au contraire, nous n'en connaissons qu'une chauffée par un thermo-siphon par le gaz d'éclairage : elle fait partie du fleuriste de la ville de Paris.

VIII. — LOGEMENTS DES ANIMAUX DOMESTIQUES.

Ce n'est que dans des cas exceptionnels qu'on chauffe le logement des animaux, car les étables et les écuries où l'on enferme les bœufs, vaches et chevaux sont en général fort basses et ont une chaleur suffisante. Cependant aujourd'hui, pour les chevaux de luxe, les chevaux de course ou de chasse (*hunters*), on construit des écuries spacieuses et largement ventilées, qui nécessitent dans les pays septentrionaux un chauffage pendant la saison rigoureuse; quand l'écurie n'a pas une grande importance on peut diriger souterrainement des conduites de chaleur de l'habitation, si elle n'est pas éloignée.

Si au contraire l'écurie est isolée, on doit établir en sous-sol un petit thermosiphon.

Quand l'écurie est considérable, elle possède presque toujours une buanderie; on peut employer dans ce cas un chauffage à l'eau à haute ou à basse pression qui fournit en même temps de l'eau chaude et peut remplacer la buanderie.

Pour les poulaillers, faisanderies, volières et autres locaux pour la gent volatile, le seul système applicable est aussi le chauffage à l'eau chaude.

Pour les magnaneries nous ne parlerons pas ici de leur chauffage, car il est indispensable de le combiner avec un bon système de ventilation; c'est donc dans la deuxième partie de cet ouvrage que le lecteur trouvera des renseignements concernant le chauffage du vers à soie, cet insecte si productif.

CHAPITRE VI

CHAUFFAGE DES ÉDIFICES PUBLICS.

Dans tout ce qui précède, nous avons pu nous occuper du chauffage des locaux sans nous préoccuper spécialement de leur ventilation, car les appareils de chauffage, à l'aide de quelques prises d'air, chauffaient et ventilaient à la fois ces locaux vu leur peu de capacité.

Il n'en est pas de même pour les édifices. En effet, le chauffage et la ventilation sont ici intimement liés, nous pouvons même ajouter que la question de ventilation prime celle du chauffage dans les édifices que nous allons étudier. Aussi nous devons informer le lecteur qu'en ce moment nous traiterons brièvement du chauffage des grands bâtiments, parce que nous serons forcé d'y revenir quand nous parlerons de leur ventilation.

Nous allons donc passer en revue :

I. — Les écoles;
II. — Les lycées ou collèges;
III. — Les hospices, les hôpitaux;
IV. — Les ambulances;
V. — Les églises;
VI. — Les magasins.

Nous terminerons ce chapitre par le *chauffage des wagons.*

I. — ÉCOLES.

Quand un jardinier veut obtenir de beaux plants, il met ses semis, ses boutures, en un mot ses élèves, dans un milieu qui leur soit favorable. Il recherche un bon terrain bien abrité, à une bonne exposition, il y place ses plants, il les arrose, il sarcle autour d'eux, il les soigne enfin avec zèle, afin d'obtenir un jour des arbres vigoureux. Ce que le jardinier fait pour le végétal, l'homme ne le fait pas pour ses propres enfants.

Dans beaucoup de villages, de villes même, s'il y a des écoles elles sont en nombre insuffisant (1), ensuite elles laissent toujours à désirer; elles sont mal chauffées, mal aérées, mal ventilées et toujours les cabinets d'aisances donnent des odeurs infectes. Puis l'on s'étonne de l'étiolement de la population; ce serait le résultat contraire qui nous surprendrait, puisqu'on ne fait rien pour la rendre vigoureuse et robuste; et cependant il y a longtemps que l'on sait que l'esprit n'est sain que dans un corps sain.

Cultivons donc l'enfance, si nous voulons avoir des hommes, et commençons par lui donner des écoles et des lycées bien ventilés, bien chauffés, bien éclairés, car il faut que la lumière et l'air pénètrent à profusion dans les écoles; il y faut aussi de l'eau en abondance afin d'y établir de nombreux lavabos, ce qui donne de bonne heure aux enfants des habitudes de propreté. L'eau est aussi indispensable pour les urinoirs et les *water-closet*. Enfin, il faut que les cours et préaux soient bien sablés et que les préaux couverts soient bitumés ou planchéiés. Un gymnase est aujourd'hui indispensable dans toutes les écoles (2).

Nous savons bien que tout cela nécessite de grandes dépenses pour le budget d'un État, mais nous affirmons qu'il vaut mieux créer coûte que coûte de bonnes écoles, que de dépenser des fonds pour bâtir des hospices et des hôpitaux. Et qu'on ne s'y trompe pas, plus on soignera l'enfance, moins on aura à entretenir des malheureux dans les asiles de la misère. Il serait temps que vers la fin du XIXe siècle on comprît des faits aussi palpables.

Revenons à notre sujet. Les écoles qui se composent d'une ou deux classes peuvent être chauffées par un appareil en fonte ou en tôle, tel que le *thermo-conservateur* que nous avons décrit précédemment, ou par un *appareil Gurney*, ou par le *calorifère français petit modèle;* mais quel que soit le type adopté, voici dans quelles conditions on l'installe. On pose le calorifère dans l'axe de la classe à chauffer, mais dans un des bouts. Le tuyau de la fumée traverse la classe et débouche dans une gaîne de $0^m,90$ de largeur sur $0^m,45$ de profondeur; cette gaîne est séparée en deux ou trois compartiments : celui du milieu reçoit

(1) Un rapport en date du 1er septembre 1871, rapport de M. Gréard, inspecteur général de l'instruction publique, directeur de l'enseignement primaire, constate qu'à Paris même 87 000 enfants, faute d'écoles, ne peuvent recevoir l'instruction primaire.

(2) On parle souvent des écoles anglaises et américaines qu'on nous cite comme modèles. Évidemment dans ces pays les écoles sont bien comprises et bien tenues; mais, mon Dieu! il n'est pas nécessaire d'aller si loin; en Suisse, par exemple, l'éducation de l'enfant est fort bien faite. Pour le premier âge il y a des *jardins d'enfants*, c'est-à-dire que les enfants prennent l'air toute la journée quand le temps le permet et ils font leurs exercices en plein air; ensuite l'*école des cadets* où les jeunes gens, tout en étudiant le français, l'allemand et l'anglais, font beaucoup de gymnastique; enfin, lorsque le jeune homme est bien formé, il fréquente les académies, et tout en étudiant les sciences, il ne délaisse jamais le gymnase. Aussi les Suisses sont-ils très-robustes.

la fumée et les deux autres possèdent dans le bas des grilles de ventilation. Comme cette gaîne s'élève jusqu'au-dessus du toit, la fumée fait appel et l'air vicié est extrait par les grilles de ventilation. Souvent aussi la gaîne n'a pas de division, et c'est le tuyau de la fumée qui monte jusqu'au-dessus du toit dans l'axe de la gaîne. On obtient ainsi le même résultat. Du reste nous donnerons des modèles ainsi établis dans la seconde partie de notre livre, de même que nous y étudierons la ventilation des classes du soir.

II. — LYCÉES, COLLÉGES.

Le chauffage d'un lycée est autrement compliqué que celui d'une école, parce qu'ici les locaux à chauffer sont plus nombreux et les élèves ne séjournent pas également dans tous. Ils sont en classe deux heures le matin et deux heures le soir, tandis que dans les salles d'études ils y passent une grande partie de leur temps; au réfectoire au contraire ils n'y séjournent qu'une demi-heure pour le déjeuner et autant pour le dîner; on conçoit dès lors que le changement de place complique le service du chauffage. Aussi nous trouvons que le meilleur mode à adopter pour les lycées c'est le chauffage à la vapeur, qui permet de n'avoir qu'un seul calorifère. De plus, avec ce mode, en ouvrant ou en fermant quelques robinets, on peut chauffer un local, supprimer le chauffage dans un autre, obtenir enfin une chaleur intermittente suivant les besoins; enfin quand la journée est terminée, on ferme toutes les bouches de chaleur et on ouvre celles du dortoir; et quand le climat ou le froid n'est pas très-rigoureux, on peut éteindre les foyers pendant la nuit, pour ne les rallumer que le matin et diriger plus particulièrement la chaleur dans les pièces servant de lavabos, auxquelles devraient être joints quelques appareils pour permettre aux lycéens de prendre des douches froides à tour de rôle.

III. — HOSPICES ET HÔPITAUX.

Les hospices et les hôpitaux peuvent être chauffés d'une manière analogue aux lycées; seulement il faudra employer des appareils plus puissants, car la température doit être plus élevée dans les premiers établissements que dans les derniers. On devra aussi avoir des poêles-calorifères de formes spéciales afin de permettre aux convalescents très-frileux de se chauffer; du reste ces mêmes poêles servent à tenir chaudes les tisanes, ce qui évite souvent de longs trajets, par suite une perte de temps pour arriver aux tisaneries.

On peut encore chauffer les hospices et les hôpitaux au moyen de calorifères à eau chaude. Aujourd'hui on emploie aussi beaucoup le système mixte de l'eau chaude et de la vapeur; mais nous pensons que ce mode de chauffage n'est pas encore assez étudié; il a besoin d'être simplifié, car son prix de premier établissement est très-considérable et l'entretien ruineux. Du reste, ce chauffage ne peut être installé que par quelques spécialistes, ce qui fait que dans beaucoup de pays on ne peut l'utiliser, ensuite nous érigeons en principe (et les administrations s'en trouveront bien), de ne jamais adopter un système qui ne peut être installé ou entretenu par le premier fumiste venu. Il est toujours fort incommode et désagréable d'avoir à recourir à un seul pour faire ses affaires.

IV. — AMBULANCES.

L'invasion prussienne en France vient de démontrer qu'à l'avenir la guerre entre les peuples *civilisés* sera faite par la nation toute entière, et non entre des armées plus ou moins nombreuses représentant réciproquement leur pays.

Dans de pareilles conditions, les combattants ne se compteront plus par centaines de mille mais par millions, ce qui amènera forcément de promptes et terribles solutions.

Ces énormes masses, s'entrechoquant sur un territoire restreint, et armées de puissants engins de destruction, laisseront en quelques jours sur les champs de bataille, à part les morts, un nombre si considérable de blessés et de malades, qu'il faudra immédiatement construire des ambulances volantes. Il est bien évident que ces sortes d'hôpitaux temporaires feront nécessairement partie du matériel de guerre.

Il est donc urgent de se préoccuper de leur construction; nous ne pouvons en parler ici, mais nous décrirons le mode de chauffage qu'on devra employer.

Les baraquements servant aux ambulances seront faits dans les places de guerre en planches, et en rase campagne, loin des villes, en toile. On se figure trop souvent qu'on ne peut chauffer une tente, c'est difficile mais non impossible.

Voici le moyen employé.

Une ambulance de campagne se compose de la réunion de plusieurs tentes ajoutées les unes aux autres, ce qui permet de la faire de toute sorte de longueur. On doit disposer l'appareil de chauffage en dehors de l'ambulance, de manière que son service n'incommode point les malades et les blessés. On creuse à cet effet une fosse de $1^{m},50$ carré dans laquelle on installe un poêle en fonte, et dans l'axe longitudinal de la tente on creuse une tranchée en pente; le point le plus bas se trouve du côté du poêle, et le point culminant à l'opposé, où se trouve le tuyau de la fumée passant dans une gaîne; celle-ci possède dans le bas un fourneau d'appel; cette gaîne sert à extraire l'air vicié de la tente. Nous ne parlerons pas de tous ces détails de construction, parce que plus loin nous donnerons des exemples de ce chauffage et de cette ventilation à propos des écoles.

Cette disposition permet d'utiliser sous le plancher de l'ambulance toute la chaleur du poêle et de la fumée, car c'est une sorte d'hypocauste qui chauffe le sol au-dessous de la tente, de sorte que la chaleur s'étend en nappe d'abord sous les lits, puis elle s'élève graduellement jusqu'au sommet de la tente. Avec une pareille installation et des tambours en toile aux portes, on peut maintenir 12° à 14° dans les ambulances volantes, surtout si en hiver on met des doubles toiles (1).

Évidemment les ambulances dont nous venons de donner la description peuvent laisser à désirer, mais ainsi comprises elles peuvent rendre de grands services, car il ne faut pas oublier que dans les grandes agglomérations de troupes il faut pouvoir organiser de prompts secours; on évite ainsi le choléra, le typhus et les autres maladies, qui font à elles seules plus de victimes que les armes à feu.

Les Américains, lors de la guerre de sécession, prévoyant sans doute qu'elle serait de longue durée, créèrent des ambulances si bien installées, qu'un Européen ne pourrait s'en faire une juste idée (2).

(1) Pendant le siége de Paris (à part notre service dans les batteries de l'École polytechnique), comme nous étions attaché à la direction des travaux de Paris en qualité d'architecte, nous avons eu à nous occuper de la construction des ambulances, baraquements, dépositoirs, etc., et en inspectant nos travaux, nous avons pu constater le bon fonctionnement et le résultat du chauffage que nous venons de décrire.

(2) Le lecteur nous permettra de mettre sous ses yeux la composition des ambulances temporaires aux États-Unis, dont quelques-unes après la guerre ont été converties en hôpitaux civils, car dans ce pays ils n'ont pas la sottise de construire des hôpitaux de 40 millions, qui sont de *véritables antichambres de la mort*. Du reste la question des hôpitaux est aujourd'hui vidée : tous les hommes de science reconnaissent qu'il faut construire des baraquements temporaires et les incendier tous les dix à douze ans.

Voici de quoi se compose, aux États-Unis, une ambulance temporaire :

1° Pavillons de blessés, comprenant de trente à quarante baraques pouvant contenir cinquante lits pour malades et blessés.

2° Entrée, ayant un poste pouvant contenir douze hommes et un logement de concierge.

3° Administration, comprenant un bureau d'entrées et de sorties, un bureau de consignation pour les valeurs, un vestiaire des malades, un magasin de dépôt des vêtements et autres objets ayant appartenu à des décédés; un magasin de sacs, un magasin d'armes.

Un logement pour l'administrateur en chef ou l'officier d'administration, un bureau pour le comptable, un bureau de caissier avec logement, un logement pour les infirmiers.

4° Service médical, cabinet du médecin en chef, chambre pour le médecin de garde, salles d'opérations.

5° Lingerie, avec magasins de linge de corps, de lit et à pansement, ouvroir pour le raccommodage, linge sale.

6° Cuisine, laverie, lampisterie, cave, bouilloire pour le thé et le café.

7° Salle a manger pour les convalescents.

V. — ÉGLISES.

De prime abord le chauffage d'une église ne paraît pas bien difficile, puisqu'il ne s'agit que de chauffer un seul vaisseau. Évidemment si toutes les églises étaient construites avec les mêmes matériaux, si elles présentaient les mêmes surfaces de vitraux, si elles se trouvaient sous la même latitude, en un mot si elles étaient en tous points semblables et différaient seulement par leur plus ou moins de capacité, rien ne serait plus facile que de fournir des données générales puisque le modèle de chauffage adopté, on aurait des appareils de plusieurs dimensions qu'on appliquerait proportionnellement à leur capacité.

Malheureusement il n'en est pas ainsi, et nous pourrions presque dire que chaque église demande un chauffage spécialement étudié pour elle. Cependant les dissemblances qui règnent dans les églises ne sont pas tellement nombreuses qu'on ne puisse, en les groupant par catégories, indiquer quelques modes de chauffage qui puissent s'appliquer à chacune d'elles.

Nous diviserons donc les églises en trois groupes :

1° *Les églises basses à plafond plat et de petites dimensions ;*
2° *Les églises élevées, à voûtes élancées et de dimensions moyennes ;*
3° *Les grandes églises, les cathédrales.*

Pour le chauffage de ces trois groupes plusieurs modes sont en présence.

a. Le chauffage par le sol. — Ce serait le meilleur mode, malheureusement il n'est pas employé parce que les communes et les fabriques reculent devant les frais, d'autant que souvent le chauffage, non prévu dans les devis primitifs, arrive encore en excédant sur des devis déjà dépassés.

8° Buanderie, lessivage, batterie, séchoir à air libre et chaud.
9° Pharmacie, laboratoire, tisanerie, cabinet du pharmacien en chef, chambre du pharmacien de garde.
10° Bains.
11° Chambre des morts, salle des morts, salle d'autopsie.
12° Chapelle et chambre d'aumônier.
13° Bibliothèque avec salle de lecture.
14° Secours contre l'incendie.
15° Service hydraulique.
16° Magasins divers pour mobilier, ustensiles, paille.
17° Écuries et remises pour les chevaux et voitures de l'établissement.
18° Étable pour fournir du lait à l'hôpital.
19° Glacière ou appareils a glace.
20° Gazomètre.
En outre de ce qui précède, quelques ambulances renferment un atelier de photographie pour faire gratuitement le portrait des blessés et des malades qui désireraient l'envoyer à leur famille, ainsi que pour photographier les cas pathologiques dignes d'être conservés.

b. Le chauffage au moyen des calorifères à air chaud.— C'est le plus fréquemment employé.

c. Le chauffage à l'eau chaude.

d. Le chauffage à la vapeur.

Dans les pays chauds et même tempérés, on ne chauffe pas les églises, parce que les personnes qui y séjournent n'en éprouvent pas le besoin; dans ce cas, on devrait toujours les ventiler pour chasser l'humidité qui y règne et qui dégrade les soubassements ainsi que les boiseries, peintures et autres objets d'art; nous reviendrons sur ce sujet plus loin, lorsque nous traiterons spécialement de la ventilation des églises. Dans les pays septentrionaux, la facilité et l'économie de l'installation font donner la préférence aux poêles en fonte et au calorifère à air chaud.

1° Églises basses, à plafond plat et de petites dimensions.

Ces églises ne sont pour ainsi dire que des chapelles, toutes les pauvres communes rurales n'ont que des églises de ce type. On peut les chauffer au moyen de simples poêles en fonte entourés d'un grillage. On les place dans le point le plus central de l'église, et on donne au tuyau de la fumée plus ou moins de longueur, suivant la force de l'appareil. Le plus souvent ce tuyau se dirige vers une des fenêtres, où la vitre est remplacée par de la tôle; la fumée sort par ce conduit, qu'on prolonge jusqu'à une certaine élévation. On le couronne d'un abat vent. Cette installation, toute primitive, pourra suffire pour beaucoup de pauvres églises de village.

2° Églises élevées, de dimensions moyennes.

On chauffe également cette catégorie avec des calorifères à air chaud. Suivant le plan de l'église, on place l'appareil soit en évidence, soit dans un appentis, ou bien dans une cave ou crypte souterraine.

On pose aussi l'appareil à même dans l'édifice, sur le sol, dans un endroit où il ne peut gêner la circulation; ce mode très-simple est souvent employé.

Lorsque l'appareil est placé près d'un mur, le conduit de fumée peut le traverser directement derrière l'appareil et monter extérieurement. Au contraire si le calorifère est placé entre deux piliers ou contre un pilier, le tuyau de fumée peut être dissimulé jusqu'à la voûte qu'il traverse pour sortir sur la toiture.

Enfin, on peut placer le calorifère comme le montre la figure 180; le tuyau de fumée plonge dans un caniveau recouvert d'une grille ou d'une plaque de fonte striée, il aboutit à une cheminée verticale adossée extérieurement à l'un des murs. Au bas de la cheminée verticale il existe au point N une porte d'allumage avec un tout petit foyer d'appel dans lequel, en brûlant quelques menues

Fig. 180. — Calorifère placé dans l'édifice. — F, F, tuyaux de fumée ; G, G, grille à jour, ou plaque striée recouvrant le tuyau de fumée ; F, porte d'allumage pour l'appel.

brindilles de bois, on entraîne le courant de fumée du calorifère, ce qui facilite son allumage et évite toute fumée à l'intérieur de l'église.

Quand le calorifère est installé dans une église dans ces conditions, il faut établir le conduit horizontal de la fumée avec soin ; on doit aussi prendre cer-

Fig. 181. — Appareil tubulaire placé dans une chambre à niveau du sol et se chargeant extérieurement. — A, prise d'air ; B, bouche de chaleur placée à plus ou moins de hauteur ; c, calorifère ; D, appareil tubulaire à deux rangs ; F, tuyau de fumée ; N, tampon de nettoyage ; c', baie de chargement extérieure à la chambre de chaleur.

taines précautions pour sa pose et ne le faire porter que sur des corps non hygrométriques, sans cela, en ces endroits, même un tuyau de forte tôle est bien vite perforé par la rouille; aussi nous conseillons d'employer des tuyaux en fonte et de bien luter leurs joints avec de la terre à four recouverte de plâtre.

Malgré les précautions qu'il faut prendre pour cette installation, nous la recommandons de préférence à la première, parce qu'elle offre l'avantage de supprimer l'aspect désagréable des tuyaux montants; en outre cette disposition augmente la chaleur produite par suite de l'utilisation du calorique de la fumée, qu'on laissait perdre par la première installation.

Passons à la seconde disposition, dans laquelle le calorifère est placé sous un appentis dans une chambre de chaleur comme le montre la figure 181. C'est un appareil tubulaire qui sert à chauffer. L'air de l'église entre par les ouvertures A, A, s'échauffe dans la chambre de chaleur et sort par B, B; la légende de la figure explique les détails du calorifère qui se charge extérieurement à la chambre de chaleur.

Quand on veut chauffer de plus petites églises on se contente d'un simple ap-

Fig. 182. — Calorifère placé sous un appentis et dans une chambre de chaleur.

pareil. Notre figure 182 montre cette disposition, mais on voit que pour charger le calorifère il faut entrer dans la chambre de chaleur, ce qui occasionne une déperdition de calorique lorsqu'on ouvre la porte en fer de cette chambre. Mais comme ce n'est que pour l'allumage et l'extinction du calorifère qu'on a besoin d'opérer cette ouverture, cela ne présente pas d'inconvénients.

Pour les églises de même dimension, on emploie aussi le calorifère de cave.

La figure 183 montre cette disposition. A, A sont les prises d'air qu'on soutire de l'église par les grilles D, D placées à niveau du sol; cet air s'échauffe dans la chambre de chaleur et retourne dans la nef par les bouches de chaleur E, E. La légende de notre figure explique les autres parties du système.

Ce mode de chauffage présente quelques inconvénients; par exemple le fonctionnement n'est pas toujours conforme dans la pratique à la théorie, ensuite

Fig. 183. — Calorifère placé en cave. — A, conduits de prise d'air; D, grilles de prise d'air placées à niveau du sol; E, bouches de chaleur; F, chambre de chaleur contenant le calorifère; *a*, porte de chargement; *b*, porte d'allumage; *c*, cendrier; grand *a*, tampon de ramonage.

les bouches de chaleur et de prise d'air doivent être verticales; ainsi disposées elles ne reçoivent pas les détritus du balayage, comme cela a été dit précédemment.

3° Les grandes églises, les cathédrales.

Cette troisième catégorie peut être chauffée par les mêmes modes que nous venons de décrire, mais on devra employer des appareils plus puissants ou les mettre en nombre; de là un service long et désagréable. Aussi vaut-il mieux chauffer les vastes églises au moyen de calorifère à eau chaude ou à la vapeur à basse pression.

Si l'on choisit les calorifères à eau chaude, on doit les établir avec grand soin. Les vases d'expansion (1) devront être de grandes caisses au lieu d'un large tuyau et voici pourquoi : ces vases se trouvent ordinairement dans les combles des

(1) Nous avons dit plus haut qu'avec des sections de tuyaux convenables on pouvait supprimer les vases d'expansion; si nous en parlons, c'est qu'on les emploiera longtemps encore, car ils dispensent d'étudier plus sérieusement ce mode de chauffage.

églises, où il fait très-froid; le tuyau d'expansion peut geler, et avant que la glace soit fondue il peut se produire de la vapeur en assez grande quantité pour amener des explosions partielles soit dans les tuyaux de conduite, soit dans les surfaces de chauffe. C'est ce qui est arrivé à Saint-Sulpice. Nous avons raconté le fait en parlant du chauffage à la vapeur. Mais nous devons ajouter qu'aujourd'hui les vastes églises ou les cathédrales se trouvent dans des villes qui possèdent des ingénieurs constructeurs qui savent parfaitement installer et le chauffage à l'eau chaude et le chauffage à la vapeur; aussi vaut-il mieux s'adresser à des constructeurs capables, que malheureusement on délaisse trop souvent pour prendre de mauvais fumistes qui établissent des devis un peu moins élevés qu'une bonne maison de construction. Les déboires et les ennuis qu'on éprouve dans la suite font payer fort cher cette économie très-mal entendue.

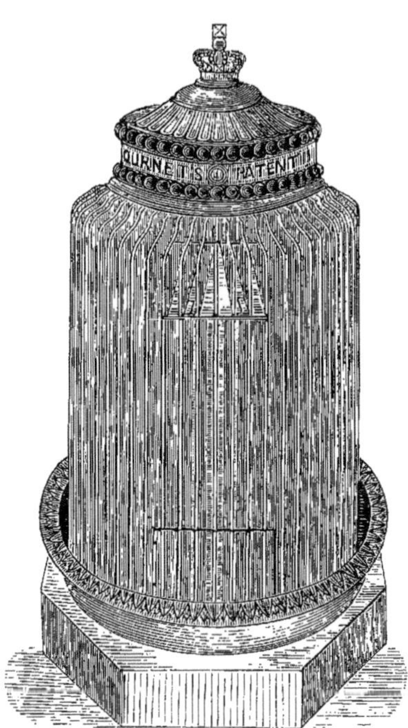

Fig. 184. — Appareil Gurney pour le chauffage des églises.

Dans les exemples de chauffage d'églises que nous avons donnés précédemment, nous avons montré des calorifères français, parce qu'avant tout nous aimons ce qui se fabrique dans notre pays; nous devons dire cependant que les calorifères anglais (système Gurney) peuvent rendre de bons services. Notre figure 184 montre un grand appareil de ce système pour le chauffage des églises. On peut employer de même le *steam battery* dont nous avons donné plus haut la description. (Voy. fig. 178, page 145.)

Avant de terminer le chauffage qui nous occupe, nous devons dire que comme le public ne séjourne pas longtemps dans les églises (une ou deux heures au plus) il suffit d'y maintenir une température de 8° à 10°, le soir surtout, le gaz et les cierges secondant le chauffage; si la température était trop élevée, il pourrait en résulter de graves dangers pour les personnes passant de l'atmosphère chaude de l'église à celle de la rue; elles pourraient contracter des bronchites, des rhumes et même des fluxions de poitrine. En thèse générale, il vaut mieux sentir le froid dans une église qu'une température élevée; il n'y a pas grand mal à cet état de choses, puisque les personnes sont aussi vêtues dans ces édifices que dans la rue.

Nous devons dire encore que par les chauffages adoptés aujourd'hui, on envoie l'air chaud au sommet de la voûte, tandis que le bas du corps et les pieds sont froids et reposent sur des dalles humides. Ce serait vraiment le cas d'appliquer aux églises le chauffage du sol par des hypocaustes comme le pratiquaient les Romains et les Chinois.

Avec le chauffage actuel on a le sang à la tête et le froid aux pieds; c'est le contraire qu'il faut s'efforcer d'obtenir. Nos confrères qui ont la spécialité de construire des églises devraient bien essayer de l'hypocauste ou tout au moins canaliser la vapeur dans le sol, de façon que les caniveaux renfermant les conduits de vapeur ne fussent pas éloignés de plus de 1^{m},20 à 1^{m},50 les uns des autres.

Encore un dernier mot. Souvent les communes ou les fabriques sont fort embarrassées pour leur achat de calorifères et elles opèrent un peu au hasard; or, si elles pouvaient donner un cube approximatif de leurs églises, les fabricants de calorifères seraient tout de suite fixés sur la dimension de l'appareil nécessaire, tandis que le plus souvent ils s'efforcent de savoir le prix qu'on peut dépenser et ils vous donnent un calorifère trop fort et d'autres fois insuffisant.

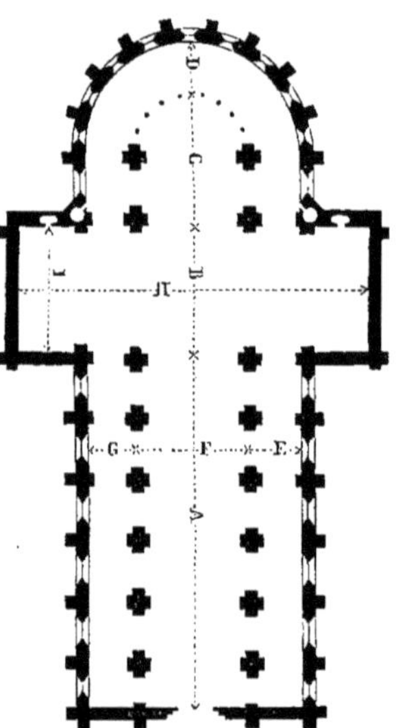

Fig. 185. — Plan d'une église pour mesurer sa capacité.

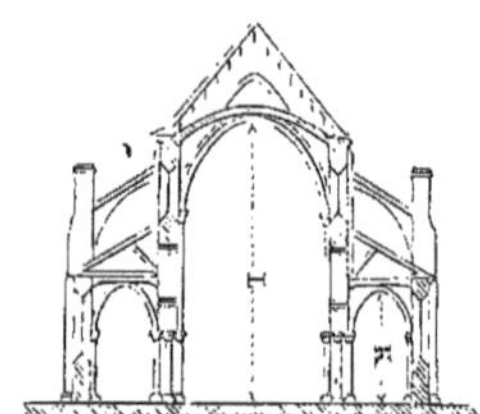
Fig. 186. — Coupe d'une église pour mesurer sa capacité.

Or, voici comment il faut s'y prendre pour cuber la capacité d'une église.

On mesure la longueur de la nef (fig. 185) sur la ligne A, B, C, puis sa largeur F; on multiplie ces deux résultats, et le produit est à son tour multiplié par la hauteur de la nef (fig. 186) : on obtient ainsi le cube de la nef; on fait de même pour un des bas-côtés et la partie du transept jusqu'en D. Ce dernier produit obtenu est doublé puisqu'il y a deux transepts et deux bas-côtés; le résultat obtenu est ajouté au cube précédent; enfin on fait la surface de l'abside C, D. Si elle est basse on suppose que c'est une demi-sphère, et celle-ci a pour mesure la circonférence d'un grand cercle par son diamètre; si elle est élevée, on la considère comme un demi-cylindre et une demi-calotte sphérique. Or le cylindre a pour mesure la circonférence du cercle de la base par la hauteur, et la calotte sphérique a pour mesure sa hauteur multipliée par la circonférence d'un grand cercle.

Nous dirons même que souvent on ne tient pas compte de l'abside : elle sert pour le cube des piliers et la différence de ce qu'on compte en plus des voûtes ogivales, qu'on cube comme si elles étaient plates.

Du reste, à quelques mètres cubes près, l'erreur ne signifie rien et ne peut influer sur les bons résultats du chauffage.

VI. — MAGASINS.

Nous nous sommes occupé précédemment du chauffage des boutiques, en parlant de l'habitation. Nous avons vu que ces locaux étaient chauffés par des appareils différents suivant leur situation.

Pour les grands magasins, sortes de bazars où les portes sont constamment ouvertes, le chauffage est autrement compliqué et doit satisfaire à ces conditions : obtenir une température égale, un service facile, enfin une économie de combustible.

C'est ici le cas d'avoir un seul calorifère, car moins on aura de foyers plus on diminuera les risques d'incendie.

Pour les magasins qui n'ont pas de grandes proportions, on pourra employer un calorifère à air chaud à peu près de la même manière qu'on les installe dans les églises, mais pour les établissements plus vastes, ce mode de chauffage serait insuffisant; du reste il ferait appel de l'air extérieur par les portes qu'on ouvre si fréquemment, et il serait très-difficile d'obtenir une égalité constante de température. Il faut donc établir un mode de chauffage à la vapeur chauffant de l'air dans une chambre de chaleur; celui-ci une fois chauffé sera dirigé par des bouches à l'aide d'un propulseur qui exercera une légère pression du dedans au dehors; ce propulseur servira en été pour envoyer de l'air frais rafraîchi au moyen de jets d'eau pulvérisée. Nous parlerons assez longuement de ce procédé dans la deuxième partie de ce livre. Ce dernier mode de chauffage est préférable à tout autre par calorifère à air chaud, parce qu'il est plus puissant, plus efficace, parce qu'il peut être réglé, enfin parce que l'air chaud qu'il procure n'est pas aussi brûlant, et par suite ne dessèche pas les marchandises comme l'air provenant des calorifères ordinaires.

Avant de clore ce paragraphe, nous devons dire que dans les grands magasins il se trouve de vastes surfaces vitrées, des cours, par exemple, qui causent un refroidissement considérable; on combat cette influence en employant des doubles toitures en verre: la première extérieure est en pente, la seconde intérieure, en verre dépoli, peut être disposée à plat comme un plafond. En été on établit une galerie d'eau au-dessus de la couverture extérieure, ce qui intercepte le rayonnement du soleil et entretient la fraîcheur au-dessous. En hiver entre les deux plafonds, par les temps très-froids, on allume une galerie de gaz qui donne de la chaleur entre les deux surfaces vitrées, ce qui au besoin fond la neige qui pourrait s'être amassée sur la couverture et tient toujours une couche d'air chaud.

Du reste toutes ces questions seront étudiées ultérieurement.

Nous ne parlerons pas ici du chauffage des casernes, des prisons et autres établissements, parce que dans ces édifices la question de chauffage est intimement liée à la ventilation et inséparable de celle-ci; nous aurons donc occasion d'en parler en temps et lieu. Nous nous occuperons immédiatement du chauffage des wagons.

CHAUFFAGE DES WAGONS.

Bien que le chauffage des wagons soit en dehors de notre sujet, nous pouvons bien en parler dans un ouvrage qui traite du chauffage de l'habitation de l'homme. Du reste, comme tout le monde voyage plus ou moins, nous supposons que le lecteur s'intéressera à cette question qui, disons-le, est fort complexe.

Il faut avouer que ce n'est pas facile de chauffer une voiture d'une manière pratique économique, car il faut satisfaire à une foule de considérations. C'est donc un problème difficile à résoudre et dont les compagnies de chemins de fer ne se préoccupent pas assez; cependant cette question s'impose devant les longs trajets que l'on commence à parcourir en chemins de fer. Aussi les grandes compagnies seront-elles prochainement mises en demeure de le résoudre, ou du moins d'appliquer un mode quelconque de chauffage à leurs voitures. Il existe actuellement douze systèmes différents de chauffage employés par différentes compagnies.

L'énumération de ces systèmes montrera combien, dans notre pays, nous sommes en retard à côté de ce qui se pratique ailleurs. Voici cette énumération :

1° Chauffage au moyen de bouillottes à eau, employé par trente-sept compagnies;

2° Chauffage au moyen de caisses à sables, employé par onze compagnies;

3° Chauffage au moyen de briques chauffées, employé par deux compagnies;

4° Chauffage au moyen de chaufferettes Berghausen, employé par deux compagnies;

5° Chauffage au moyen d'air chaud, employé par trois compagnies;

6° Chauffage au moyen d'une circulation d'eau chaude, employé par cinq compagnies;

7° Chauffage au moyen de calorifères à réservoir d'eau, employé par une compagnie;

8° Chauffage au moyen de poêles, employé par quinze compagnies;

9° Chauffage au moyen de la vapeur empruntée à la locomotive, employé par neuf compagnies;

10° Chauffage au moyen de la vapeur produite par une chaudière spéciale, employé par huit compagnies;

11° Chauffage au moyen de briquettes préparées pour chaufferettes, employé par neuf compagnies;

12° Chauffage au moyen de l'eau et de la vapeur combinées. Ce système fonctionne sur le chemin de fer des Deux-Charentes. Nous en donnons plus loin la description.

Comme on peut le voir, si le problème n'est pas résolu il a été au moins étudié sous diverses phases, ce qui témoigne encore de son importance. Nous allons étudier les principaux systèmes de chauffage des wagons.

Chauffage au moyen de bouillottes à eau. — Ce système, qui a pour mérite sa simplicité, présente de nombreux inconvénients qu'on peut résumer ainsi :

Dérangement des voyageurs par l'ouverture des portières, souvent au milieu d'un bon somme;

Fuites d'eau dans les voitures;

Encombrement du quai devant les portières pendant l'arrêt du train;

Perte de chaleur résultant de la nécessité de remplir les bouillottes avant l'arrivée du train;

Dépenses annuelles considérables par suite de réparations fréquentes à un matériel nombreux.

Malgré ces inconvénients l'usage de ce système est le plus répandu, puisque nous le voyons employé par trente-sept compagnies; nous devons ajouter que s'il en est ainsi ce n'est pas qu'il soit le meilleur pour les voyageurs, mais bien le plus commode pour les compagnies; et faute de mieux les voyageurs sont bien obligés de s'en contenter.

Aussi, connaissant la routine administrative des industriels intelligents, MM. Geneste et Herscher ont proposé un mode de chauffage des wagons qui ne fait que modifier le système de remplissage des bouillottes.

Système Geneste et Herscher. — Le principe de la modification proposée par ces constructeurs consiste à immobiliser les bouillottes dans les voitures pendant toute la saison d'hiver, et à remplacer l'eau refroidie par un service se faisant à l'extérieur.

Pour obtenir ce résultat, les bouillottes des trois compartiments d'un wagon sont reliées ensemble et en communication permanente au moyen de tuyaux passant sous la voiture et venant aboutir aux quatre angles, au-dessous et près des tampons.

Ces tuyaux servent à la vidange de l'eau refroidie ainsi qu'à l'introduction de l'eau chaude; celle-ci est chauffée dans une chaudière à proximité de la voie, et

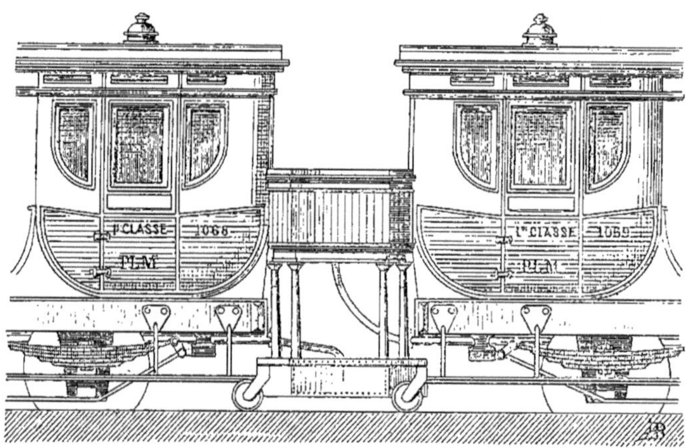

Fig. 187. — Appareil pour le remplissage et la vidange des bouillottes.

est amenée pendant l'arrêt du train au moyen d'un appareil roulant à double réservoir. Le réservoir inférieur est destiné à recevoir l'eau refroidie, le supérieur à fournir l'eau chaude.

Le système est étudié de façon à pouvoir effectuer rapidement toutes ces opérations, qui ne prennent pas plus de temps que l'enlèvement et le remplacement des bouillottes.

Notre figure 187 montre l'appareil roulant placé entre deux wagons; il remplit les bouillottes de droite, tandis qu'il reçoit l'eau refroidie du wagon de gauche.

La figure 188 montre la coupe de cet appareil. P est le réservoir d'eau chaude; S, le réservoir inférieur recevant l'eau refroidie. Le réservoir P est entouré d'une enveloppe en bois laissant un isolement garni d'une matière peu conductrice qui protége l'eau chaude contre le refroidissement. Les deux tuyaux mobiles destinés à relier les bouillottes aux deux réservoirs de l'appareil sont contenus dans le vide M. Ces tuyaux peuvent se raccorder aux robinets de prise et de décharge par une partie mobile.

L'appareil est monté sur quatre galets qui permettent son transport facile, car même rempli d'eau à la partie supérieure l'appareil ne peut basculer, et son poids est assez faible pour qu'un homme en effectue facilement le transport sur les quais. Il peut même lui faire descendre les pentes et monter les rampes nécessaires pour passer d'un quai à l'autre. La stabilité de l'appareil est calculée pour permettre son inclinaison à 35°, inclinaison supérieure à celle généralement employée dans les gares de chemins de fer.

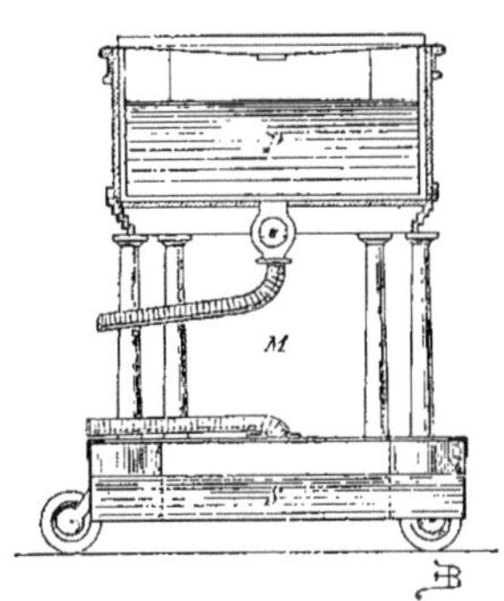

Fig. 188. — Coupe de l'appareil pour le remplissage et la vidange des bouillottes.

En résumé, le système que nous venons de décrire est plus économique, et ne dérange pas les voyageurs ; il ne faut observer que deux points essentiels, c'est que les récipients soient bien fermés, afin que dans les fortes pentes l'eau ne se déverse pas dans un compartiment ; il faut ensuite envelopper les tuyaux de façon à ce que le froid n'empêche pas le service du remplacement de l'eau en glaçant celle contenue dans les tuyaux. C'est là un très-grand inconvénient qui empêche peut-être la généralisation de ce système.

Sable chauffé. — Pour remédier aux inconvénients que l'eau entraîne à sa suite, certaines compagnies ont employé du sable chauffé enfermé dans des caisses en fonte ; mais ce système de chauffage maintient sa chaleur moins longtemps que l'eau.

Briques et chaufferettes. — D'autres compagnies ont remplacé l'eau et le sable par des briques, ou par des chaufferettes consommant des briquettes à combustion lente, telles que le charbon factice employé pour les *chaufferettes Tucker*. Ces briquettes renferment dans leur composition du charbon de bois et du nitrate de potasse fortement comprimés.

Vapeur. — Dans quelques contrées, en Bavière par exemple, on chauffe les wagons au moyen de la vapeur d'eau qu'on produit soit par une chaudière spéciale soit qu'on emprunte directement à la locomotive du train ; mais ce dernier mode a d'après nous le grave inconvénient de soustraire une partie de sa puissance à la locomotive, qui souvent dans les fortes rampes suffit à peine à son service spécial.

Eau et vapeur combinées. — Sur le chemin de fer des Deux-Charentes on emploie des bouillottes fixes dont on chauffe l'eau à l'aide de la vapeur de la locomotive.

Voici, d'après *le Constructeur*, la description de ce mode de chauffage des voitures :

« Dans l'épaisseur du plancher de chaque compartiment des voitures à voyageurs de toutes classes, sont encastrées et solidement fixées des chaufferettes en tôle galvanisée de $0^m,001$ à $0^m,001\frac{1}{2}$ d'épaisseur; leur longueur est celle de la largeur des voitures; leur forme diffère un peu suivant la classe; leurs fonds sont en fonte malléable. Ces chaufferettes contiennent 40 litres d'eau pour les premières classes, 30 litres pour les deuxièmes, et 24 pour les troisièmes; soit 120 litres pour chaque voiture quelle que soit sa classe.

» Chaque chaufferette est traversée par des tuyaux serpentins en fer de $0^m,021$ de diamètre intérieur destinés à recevoir un courant de vapeur.

» Ces serpentins se terminent pour chaque voiture dans un même tuyau collecteur s'ouvrant à l'air libre à une de ses extrémités. Ils ont un circuit inversement proportionnel au nombre de chaufferettes de chaque voiture, c'est-à-dire qu'ils présentent une surface de chauffe égale dans toutes les voitures.

» La vapeur est prise à la chaudière de la locomotive du train par un tuyau de communication partant d'un des robinets réchauffeurs passant sous le tender et le fourgon, et se reliant à un tube en fer de $0^m,050$ de diamètre intérieur; ce tube, placé dans l'axe de chaque voiture, en dessous du plancher, a toute la longueur de la caisse et est terminé par deux raccords en fonte placés au-dessus des crochets de traction. Les raccords entre deux voitures consécutives sont réunis par des tuyaux en caoutchouc vulcanisé aux spirales en fer noyées dans l'épaisseur; une bride facile à manœuvrer complète le joint. Vers le milieu de chaque voiture, la conduite principale porte une tubulure avec tuyau en fer de $0^m,027$ de diamètre intérieur terminé par une valve de réglage; cette tubulure aboutit à une conduite de distribution longitudinale formée de trois parties; celle du milieu ayant $0^m,027$ de diamètre intérieur et celle des extrémités n'ayant que $0^m,021$; ladite conduite se raccorde d'ailleurs avec les serpentins de chaque chaufferette.

» Les chaufferettes étant fermées et traversées par un serpentin dans lequel la vapeur circule, afin d'éviter toute pression si l'eau qu'elles contiennent venait à se vaporiser, on a adapté à chacune d'elles un siphon qui, tout en empêchant l'eau de s'écouler, permet à la vapeur formée de se répandre dans l'atmosphère.

» Lorsque le train est formé avant le départ, que toutes les chaufferettes sont pleines d'eau froide, que tous les joints sont faits, on ouvre toutes les valves d'admission pour les voitures que l'on veut chauffer; puis le mécanicien ouvre le robinet de vapeur; celle-ci circule alors d'un bout à l'autre du train, arrive dans les serpentins, réchauffe l'eau des chaufferettes et sort d'abord condensée par les tuyaux collecteurs de chaque voiture.

» Lorsque l'eau des chaufferettes est portée à la température de 90° à 100° la vapeur sort sèche ; le mécanicien ferme alors l'introduction de la vapeur, pendant que les visiteurs règlent les valves pour le réchauffage en route. Le train se trouve chauffé pour le départ.

» L'opération dure plus ou moins longtemps suivant le nombre de voitures à chauffer.

» Pour chauffer trois ou quatre voitures, le temps nécessaire est de cinq minutes. Une expérience a été faite sur treize voitures, on a mis quinze minutes.

» Le temps que demande le chauffage au départ ne présente donc aucun inconvénient, car il est facile de s'y prendre assez tôt pour qu'un train soit complétement chauffé avant de partir.

» Pour le réchauffage en route, le mécanicien ouvre le robinet d'admission lorsque l'eau des chaufferettes est descendue à 65° ou 70° soit pendant le stationnement, soit au moment d'entrer en gare, pendant une demi-minute par chaque voiture environ composant le train, temps nécessaire et suffisant pour restituer à l'eau des chaufferettes les 20 ou 30 degrés qu'elle a perdus pendant le trajet.

» La dépense d'installation est supérieure à 500 francs par voiture. »

Ce système, qui n'est pas sans avantage puisqu'il supprime le placement et le remplacement des bouillottes ou l'entretien des feux, est très-compliqué. Il est sujet à beaucoup de détérioration résultant d'un développement considérable de tuyauterie, et nous devons dire aussi que l'entretien doit être très-onéreux.

Chauffage par l'eau chaude (système Weibel). — Ce système se compose

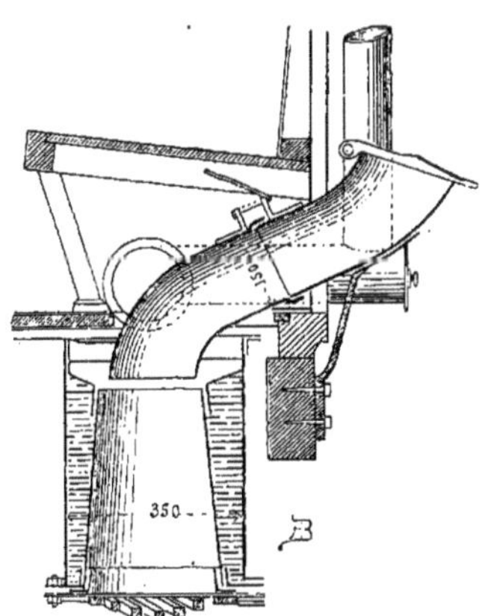

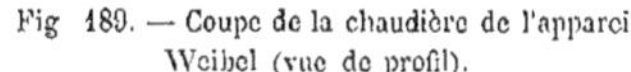
Fig 189. — Coupe de la chaudière de l'appareil Weibel (vue de profil).

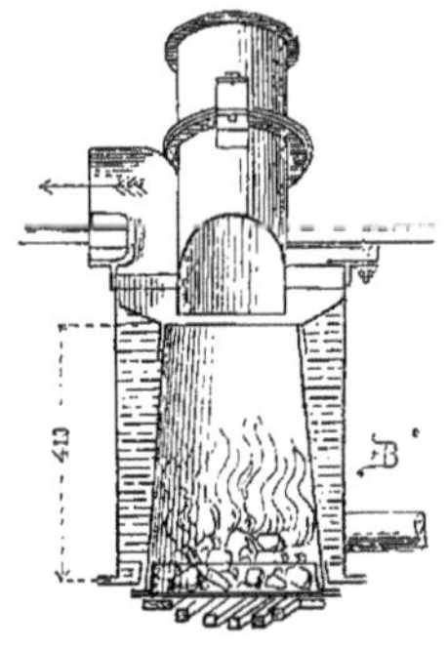

Fig. 190. — Coupe de la chaudière de l'appareil Weibel (vue de face).

d'une chaudière (fig. 189) placée sous une des banquettes extrêmes de la voiture, d'un vase d'expansion et d'une série de tuyaux traversant les compartiments en longueur sous les siéges et en largeur à la partie supérieure. Le vase d'expansion communique librement avec l'atmosphère; il est placé au point le plus élevé de toute la tuyauterie (1).

La chaudière est en communication directe avec le vase d'expansion par un tuyau vertical partant du bas de la chaudière, comme on peut le voir par notre figure 190, qui représente la face de celle-ci parallèle au fond du wagon. Le foyer se charge de coke par une trémie. Les tuyaux de circulation d'eau chaude sont en fer étiré de 0m,035 à l'intérieur.

La consommation de coke par heure est d'environ 1 kilogramme. Le chargement complet du foyer et de la trémie correspond à dix heures de marche.

La grille a un diamètre de 0m,22; notre figure 191 en montre le plan, tandis que notre figure 192 montre celui du foyer et de la chaudière.

L'eau de la capacité annulaire directement chauffée, se trouvant plus légère

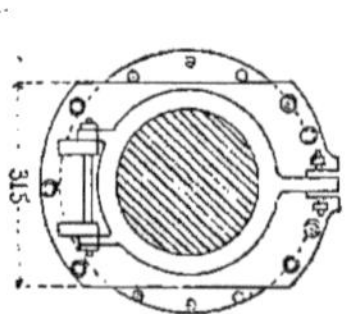

Fig. 191. — Plan de la grille de l'appareil Weibel.

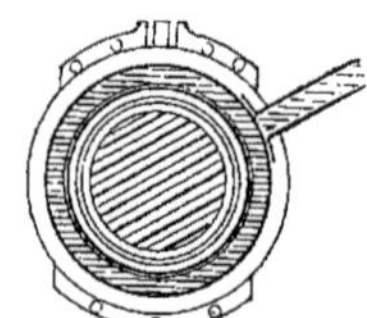

Fig. 192. — Plan du foyer et de la chaudière de l'appareil Weibel.

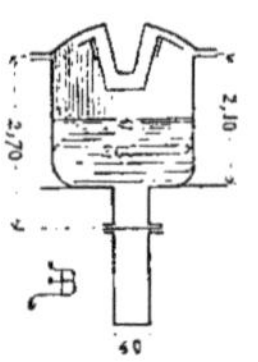

Fig. 193. — Vase d'expansion de l'appareil Weibel.

que celle contenue dans les tuyaux, il s'établit une circulation dans tout le parcours de ces tuyaux et par conséquent dans tous les compartiments de la voiture. Cette circulation s'opère d'abord dans le sens vertical jusqu'au vase d'expansion représenté par notre figure 193 et s'achève par le retour de l'eau à la chaudière.

Le vase d'expansion est ouvert à sa partie supérieure et donne issue aux bulles d'air qui peuvent se dégager de l'eau en circulation. Il doit toujours contenir une certaine quantité d'eau au moment du remplissage pour suppléer aux vides qui se produiraient par le dégagement des bulles d'air *cantonnées* dans les tuyaux ; de plus, pendant le chauffage, le vase d'expansion reçoit l'excès de volume que prend l'eau par suite de son échauffement.

On est obligé de prendre quelques précautions pour que les chocs que reçoivent les voitures dans les manœuvres ne projettent au dehors l'eau contenue dans les vases d'expansion. C'est dans ce but que l'ouverture de ce vase porte intérieure-

(1) Tout ce qui suit sur le chauffage des wagons a été emprunté presque littéralement, pour certains appareils, à la *Revue industrielle*, nos des 20 et 27 mai 1874; publication dirigée par MM. Fontaine et Buquet.

ment une petite tubulure à l'extrémité de laquelle se trouve une coupe percée de trous et retenue par trois pattes au couvercle. Lorsqu'un coup de tampon jette l'eau du vase contre le couvercle, la coupe se remplit d'eau et s'oppose à la projection en dehors par le contre-coup. Puis lorsque l'eau est revenue au repos, le contenu de la coupe s'écoule par les trous et la communication avec l'atmosphère est rétablie.

La surface totale des tuyaux dans l'intérieur de la voiture est de $4^{mc},500$, ce qui suffit pour maintenir une température supérieure de 10° à 12° à la température extérieure quand celle-ci n'est pas trop au-dessous de zéro.

Chaque voiture porte avec elle son appareil complet, composé de la chaudière, du vase d'expansion et des tuyaux de circulation d'eau chaude transmettant la chaleur dans les différents compartiments.

La compagnie de la Suisse occidentale a un grand nombre de voitures pourvues du système Weibel; la compagnie française des chemins de fer de l'Est a essayé de ce système concurremment avec le poêle Mousseron dont nous parlerons bientôt, et l'avantage est resté à ce dernier, tant à cause de sa simplicité que par suite des inconvénients de toute nature qui résultent de l'emploi de l'eau chaude pour la transmission de la chaleur.

Chacun sait en effet qu'il est plus facile d'établir dans de bonnes conditions un appareil fixe qu'un appareil destiné à être manœuvré sous des véhicules exposés nuit et jour aux intempéries des mauvaises saisons.

Il ne nous reste plus qu'à étudier les appareils qui utilisent l'air chaud pour le chauffage des wagons; les trois principaux sont : le poêle Meidenger, le poêle Rothmüller et Thamm, et le poêle Mousseron qui, arrivé le dernier, est à notre avis le meilleur et le plus pratique de tous les chauffages de wagons imaginés jusqu'à aujourd'hui. Espérons que les compagnies finiront bientôt par l'appliquer à tout leur matériel, car le chauffage des wagons devient aujourd'hui d'une nécessité absolue.

Poêle Meidenger. — En Suisse comme aux États-Unis, où les wagons ne sont pas divisés en étroits compartiments comme chez nous, on pose un poêle au milieu de la voiture ou aux deux extrémités. C'est un garde-train qui surveille l'allumage et l'entretien de ces poêles.

Le modèle de poêle le plus en usage est un poêle cylindrique en fonte de Meidenger, dont nos figures 194 et 195 montrent l'élévation et la coupe verticale.

Ces poêles sont directement fixés sur le plancher de la caisse du wagon. Ils mesurent $1^{m},20$ de hauteur sur $0^{m},30$ de diamètre; ils sont entourés d'une enveloppe en tôle pour préserver la boiserie des atteintes du feu.

L'air nécessaire à la combustion arrive dans le fourneau au moyen d'un tuyautage qui s'adapte sur le côté du corps de poêle et débouchant à l'air libre à 0m,40 au-dessus du wagon. Le chargement se fait par le bas; les voyageurs ne peuvent pas ouvrir la porte.

La chaleur des wagons chauffés par ce système varie entre 15° et 18° centigrades, mais elle s'abaisse à toutes les stations, car les portes restent ouvertes pendant toute la durée de l'arrêt; ce qui donne de brusques variations de température, surtout lorsque le garde-train ne règle pas d'une manière régulière leur entretien.

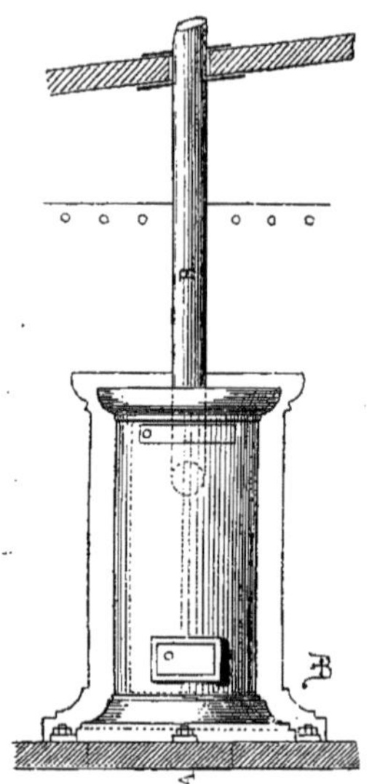

Fig. 194. — Poêle Meidenger.

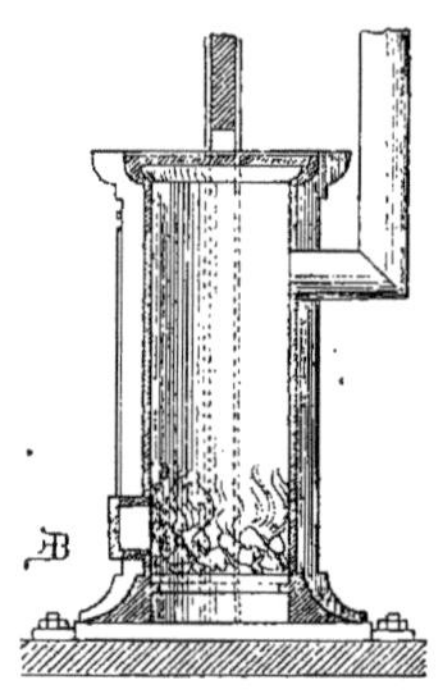

Fig. 195. — Coupe du poêle Meidenger.

Les voyageurs veulent tous s'approcher du feu, ce qui donne souvent lieu à des contestations, ou bien ils se plaignent du froid aux pieds tandis qu'ils ont trop chaud à la tête. Ce mode de chauffage est du reste un chauffage élémentaire qui, à défaut d'autre, peut rendre des services, mais dont on ne saurait désirer la vulgarisation.

Système Rothmüller et Thamm. — L'appareil Rothmüller et Thamm est placé sous une voiture mixte (première et deuxième classes); il est destiné à chauffer l'air amené de l'extérieur à l'intérieur du véhicule au moyen d'une série de canaux communiquant entre eux; ils sont disposés sous le plancher du wagon près du foyer. Il est destiné aussi à ramener cet air par d'autres canaux également placés sous la caisse dans l'intérieur de la voiture, débouchant par des regards latéraux.

L'examen de nos croquis fera mieux comprendre la disposition et le fonctionnement de l'appareil.

La figure 196 montre l'appareil vu de face, 197 la vue de profil, tandis que la figure 198 fait voir le plan; enfin les figures 199 et 200 font voir les modifications apportées à l'appareil Rothmüller. La légende générale ci-après analyse les différentes parties de cet appareil. C est le foyer; *c*, un panier en fil de fer recevant le combustible; *a*, la première enveloppe du foyer; *b*, le couvercle de cette enveloppe; *n*, les canaux d'air froid; *dd'*, les orifices pratiqués dans le cendrier *e*; ces orifices servent au tirage; *hh'* sont d'autres canaux qui amènent l'air chauffé dans les compartiments de la voiture. Ces canaux prennent naissance entre la première enveloppe *a* et la deuxième *g'* du foyer; *g* est la troisième enveloppe du foyer; *f*, le tuyau d'échappement des gaz comburés;

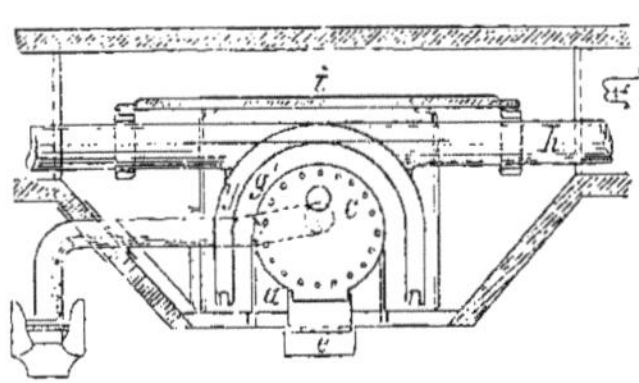

Fig. 196. — Appareil Rothmüller et Thamm (vue de face). — *a*, première enveloppe en tôle du foyer; *c*, panier en fil de fer recevant le combustible; *g'*, deuxième enveloppe du foyer; *g*, troisième enveloppe du foyer; *h'* canaux amenant l'air chauffé; *i*, traverse du canal à la jonction des aspirateurs.

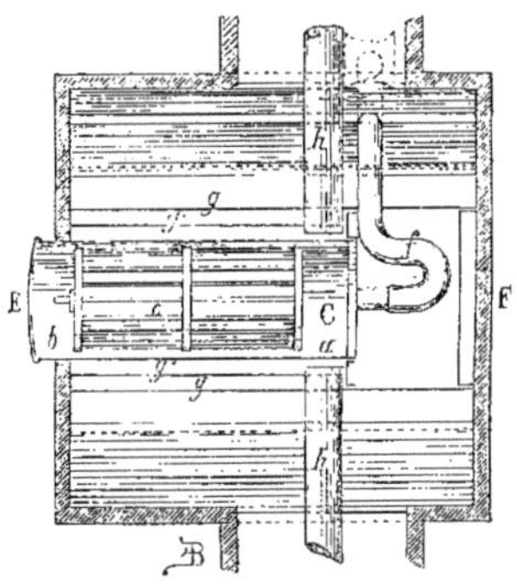

Fig. 198. — Plan de l'appareil Rothmüller et Thamm. — *a*, première enveloppe; *b*, couvercle; C, foyer; *c*, panier en fil de fer; *g'*, *g*, coude et troisième enveloppe; *h*, air chauffé; *f*, échappement des gaz.

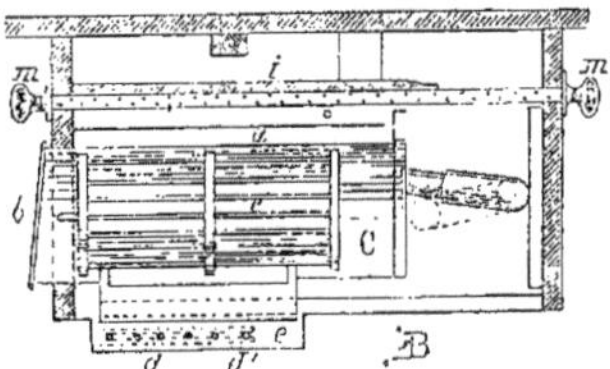

Fig. 197. — Appareil Rothmüller et Thamm (vue de profil et coupe verticale suivant la ligne E F. de la figure 198). — *a*, première enveloppe en tôle; *b*, son couvercle; *c*, panier en fil de fer; *d*, *d'*, orifices pratiqués dans le cendrier *e*; *m*, *m'*, aspiration d'air froid; C, foyer.

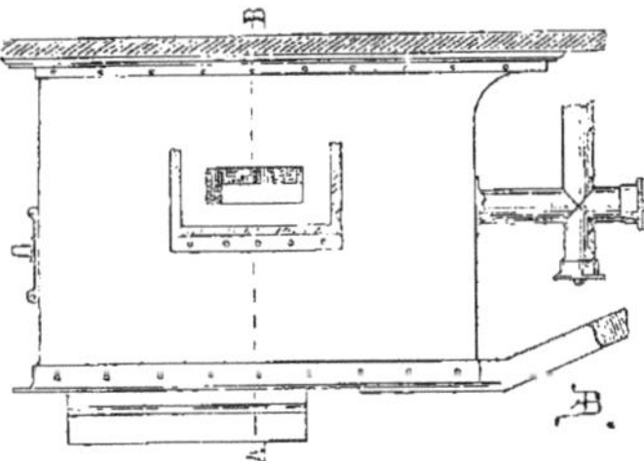

Fig. 199. — Profil de l'appareil modifié de Rothmüller et Thamm.

m, *m'*, des bouches d'aspiration d'air froid à chauffer; ces bouches sont réunies par un tube perforé; enfin, *i*, la traverse du canal à la jonction des aspirateurs.

L'ensemble de l'appareil est entouré d'une enveloppe en bois.

Le combustible employé est du petit coke; on commence l'allumage avec du bois bien sec.

La quantité tant du bois que du coke employé est de 10 kilogrammes pour un trajet de dix heures.

La température moyenne dans l'intérieur du véhicule est de 12° à 14° centigrades, l'air extérieur étant à — 3°. Cette température se maintient sans décroissance sensible pendant douze à quatorze heures.

Des modifications ont été apportées à l'appareil précédent. Le tuyau en forme

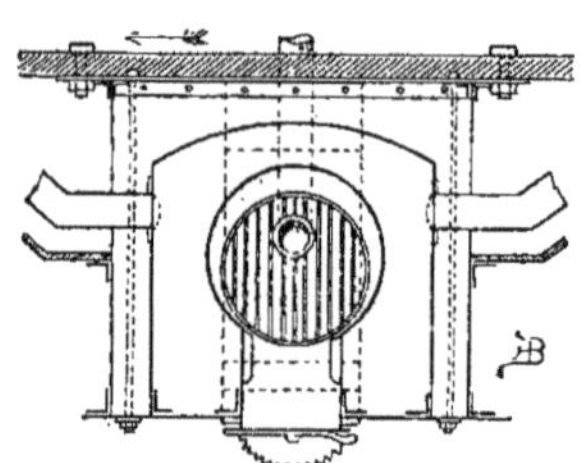

Fig. 200. — Coupe verticale devant A, B, de l'appareil modifié de Rothmüller et Thamm.

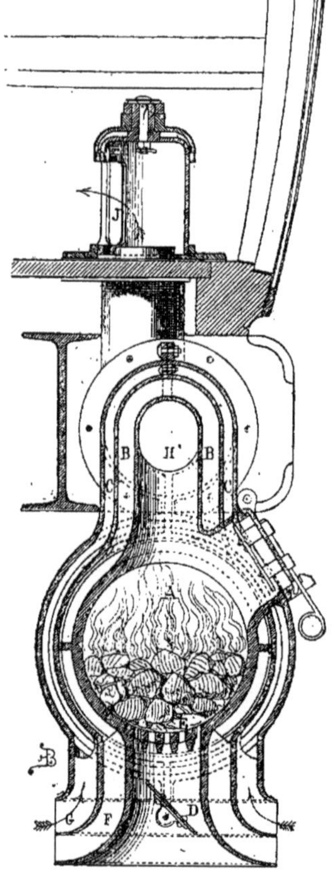

Fig. 201. — Coupe du foyer de l'appareil Mousseron.

de croix à droite de notre figure 199, tuyau servant à l'échappement des gaz, a été dirigé vers l'intérieur de la voiture et fixé contre les montants intérieurs des grands côtés de la caisse. A l'aide de deux tampons de ramonage il peut être facilement nettoyé. On a supprimé les aspirateurs de l'air froid, ainsi que leur tuyau de raccordement; notre figure 200 montre cette disposition.

La construction de l'appareil Rothmüller ainsi modifié revient à 400 fr. environ.

Chauffage Mousseron. — La compagnie du chemin de fer de l'Est a adopté pour le chauffage de ses voitures l'appareil Mousseron. Nous donnons dans nos figures 201, 202, 203 un détail et une installation de ce système (1).

La construction et le fonctionnement de cet appareil sont faciles à comprendre.

Le fourneau est constitué par un cylindre A (fig. 201) fermé aux deux extrémités et communiquant en dessous avec un pavillon qui laisse arriver l'air sous une grille E, et en dessus avec un conduit cylindrique H qui amène la fumée,

(1) Ce qui suit est tiré presque textuellement de la *Revue industrielle*, n° du 20 mai 1875.

provenant de la combustion de la houille, dans une cheminée de fumée placée à l'une des extrémités de la voiture.

Le chargement, le nettoyage et la surveillance de la grille E s'effectuent par une porte qu'on voit en coupe sur notre figure 201 et de face dans la vue d'ensemble (fig. 202). Un papillon D (fig. 201) manœuvré à l'aide d'une poignée à pompe sert à régler le tirage. Autour du cylindre A s'étend une première enveloppe B dont les fonds s'emboîtent sur ceux du fourneau et qui de plus est centrée par deux nervures longitudinales interrompues sur une partie de leur longueur. L'air qui s'engouffre dans l'embouchure F, pendant la marche du wagon dans un sens ou dans l'autre, s'échauffe au contact des parois chaudes du fourneau et vient se rendre dans le conduit d'appel de gauche, qui le distribue dans les bouches de chaleur J disposées sur lui.

L'enveloppe B est entourée elle-même par un cylindre C dont les fonds sont

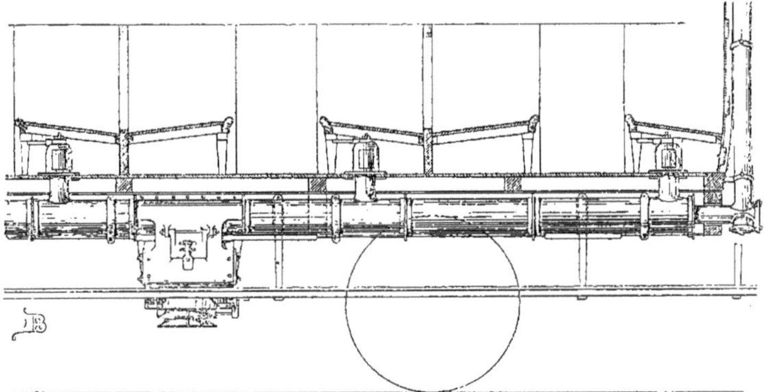

Fig. 202. – Élévation de l'appareil Mousseron montrant les bouches de chaleur sous les sièges des voyageurs.

venus de fonte avec ceux de B ; l'air qui s'engouffre dans l'espace G emprunte à l'air circulant en F une certaine partie de la chaleur transmise par le combustible et se rend dans le tuyau de droite pour être amené dans les bouches de chaleur disposées sur ce tuyau.

De cette façon l'air destiné au chauffage est réparti également entre les deux moitiés du wagon, car les sections en F et G sont équivalentes, et de plus l'équilibre de température peut s'établir dans les deux espaces puisque la surface de chauffe présentée par la première enveloppe est sensiblement plus grande que celle qui est constituée par les parois du fourneau.

Pour diminuer le refroidissement, les tuyaux de circulation de l'air chaud sont entourés chacun d'un tuyau en tôle. Les bouches de chaleur placées sous les banquettes hors d'atteinte des pieds des voyageurs, sont formées par une cuvette renversée fixée sur le fond de la voiture et munie d'orifices rectangulaires. Une manette permet aux voyageurs d'en régler l'ouverture pour augmenter ou diminuer l'intensité de la chaleur.

Avec cet appareil la température extérieure étant à zéro, on peut obtenir dans les voitures une température de 13° à 15°.

Ce système, qui ne modifie en rien le matériel des compagnies, nous paraît

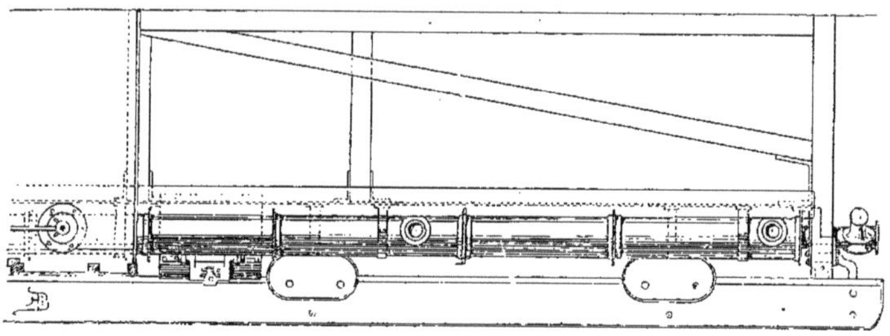

Fig. 203. — Plan de l'appareil Mousseron.

d'un emploi pratique, et nous sommes surpris que toutes les compagnies ne s'empressent pas de l'adopter.

Ce calorifère se charge aux grandes stations seulement, tout comme une boîte à graisse. Notre figure 202 montre l'appareil Mousseron en élévation; on peut y voir le tuyau de la fumée à droite et le tuyau alimentant les bouches de chaleur situées sous les siéges des voyageurs.

Notre figure 203 montre en plan le même appareil; la moitié de ce plan, à droite, fait voir le tuyau d'air chaud, et à gauche les récipients de cet air chaud, récipients placés sous les siéges des voyageurs.

DEUXIÈME PARTIE

DE LA VENTILATION

> Aer pabulum vitæ.
> Our own breath is our greatest enemy.

PRÉLIMINAIRES

Dans la première partie de ce traité nous avons décrit les divers moyens employés pour élever artificiellement la température des locaux habités par l'homme, les animaux et les plantes. Nous avons étudié le chauffage à l'air, à l'eau, à la vapeur et au gaz; nous avons démontré la nécessité du chauffage et de la ventilation de ces locaux; nous avons ajouté que ces deux questions étaient tellement connexes qu'elles étaient pour ainsi dire inséparables; en effet, la ventilation en hiver se produit à l'aide des appareils de chauffage, et même en été il faut encore employer la plupart du temps la chaleur, car parmi ses nombreuses applications, l'une des plus importantes est sans contredit celle qui se rattache à la ventilation. Mais en fait de ventilation plus encore qu'en fait de chauffage, les problèmes à résoudre sont très-délicats et leur solution des plus difficiles.

Cela tient à ce que cette science tout à fait nouvelle n'a pas encore été beaucoup étudiée. Nous devons même avouer que certaines données fournies naguère par des personnes très-compétentes sont aujourd'hui reconnues fausses.

Pour nous, nous avons l'intime conviction que cette science étudiée à fond donnera des résultats surprenants au point de vue de l'hygiène publique et exercera la plus salutaire influence sur l'humanité, non-seulement au point de vue *physique*, mais encore et surtout au point de vue *psychique*. Mais combien faudra-t-il de temps encore pour faire pénétrer ces vérités, ainsi que les bienfaits qu'elles apporteront, dans toutes les couches sociales?

Avant d'aborder cette nouvelle partie de notre travail, et pour en faciliter l'intelligence, nous entrerons dans quelques considérations générales indispensables; elles font l'objet du chapitre suivant.

CHAPITRE VII

CONSIDÉRATIONS GÉNÉRALES SUR LA VENTILATION.

Définition, but. — La ventilation a pour objet d'entretenir la pureté de l'air dans une enceinte close et de remédier aux dangers de l'air confiné. L'air d'un local est en effet promptement vicié, soit par la présence d êtres vivants, soit par d'autres causes.

La ventilation a encore pour objet d'amener dans un local de l'air chaud en hiver, frais en été, humide si le milieu est trop sec, de la sécheresse au contraire si ce milieu est trop humide. Enfin dans l'industrie la ventilation opère dans les séchoirs et sécheries la dessication de divers produits ; et dans certains ateliers elle débarrasse d'exhalaisons fétides ou d'odeurs dangereuses à respirer.

Propriétés de l'air. — Lavoisier a découvert que l'air est un mélange de 0,792 d'azote et 0,208 d'oxygène. Il contient en outre une très-petite quantité d'acide carbonique et de vapeur d'eau qui varie dans des limites très-étendues suivant les circonstances atmosphériques. A la température de 0° et sous la pression barométrique de $0^m,76$, 1 litre d'air pèse $1^{gr},298$, soit $1^k,298$ le mètre cube; il obéit donc aux lois de la pesanteur, et, comme nous l'avons vu dans la première partie de ce travail, l'air se dilate sous l'influence de la chaleur et se contracte sous l'action du froid : de même que tous les autres gaz, son volume varie avec sa température suivant la loi de Gay-Lussac (1).

C'est grâce à ces propriétés de l'air qu'on a pu créer la ventilation.

Densités variables de l'air. — Nous jugeons utile de donner ici *une table des densités de l'air à divers degrés*, car elle peut rendre bien des services. Pour établir cette densité il faut rappeler que, quand la température de l'air aug-

(1) Voici la formule qui exprime cette loi :

$$V = (1 + 0,003665\, t)\, V_0 = (1 + at)\, V_0.$$

V_0 exprime le volume de l'air à 0° et sous la pression barométrique de $0^m,76$;
V le volume qu'il occupe à la température de t^0 au-dessous de zéro;
$a = 0,003665$ le coefficient constant déduit de l'expérience, et qui exprime la proportion dans laquelle le volume s'accroît par degré centigrade au-dessus de zéro.

mente, sa densité diminue suivant une loi invariable exprimée par la formule suivante, en supposant toujours la pression barométrique à $0^m,76$.

$$d = \frac{1.298}{1 \times 0,003566\, t}$$

C'est à l'aide de cette formule qu'on a pu établir le tableau suivant.

TABLEAU DES DENSITÉS DE L'AIR A DIFFÉRENTES TEMPÉRATURES.

TEMPÉRAT.	DENSITÉ.	TEMPÉRAT.	DENSITÉ.	TEMPÉRAT.	DENSITÉ.	TEMPÉRAT.	DENSITÉ.
	kilog.		kilog.		kilog.		kilog.
— 20°	1,400	0°	1,298	+ 14°	1,234	+ 70°	1,033
12	1,358	+ 2	1,285	16	1,226	80	1,004
10	1,347	4	1,279	20	1,209	90	0,976
8	1,337	6	1,270	30	1,169	100	0,959
6	1,327	8	1,261	40	1,132	110	0.9251
4	1,318	10	1,252	50	0,197	120	0,9015
2	1,311	12	1,243	60	1,064	130	0,8791

Pour compléter les données sur la densité de l'air, nous ajouterons que d'après la *loi de Mariotte*, la température de l'air restant constante, son volume varie en raison inverse des pressions qu'il subit, et sa densité est toujours proportionnelle à ses pressions.

Des diverses manières de ventiler. — Si tous les spécialistes ont reconnu hautement la nécessité de la ventilation, ils sont loin d'être d'accord sur la meilleure méthode à suivre. Les uns sont partisans de la ventilation naturelle, les autres de la ventilation artificielle; ceux-ci demandent des cheminées d'appel direct, ceux-là leur préfèrent l'appel renversé. Pour nous, nous avouerons que tous les systèmes de ventilation laissent à désirer, et cependant on doit, le cas échéant, employer les uns ou les autres. En effet, comme nous l'avons déjà dit dans notre préface, la question ne comporte pas de solution absolue, car elle dépend de l'influence des milieux, des variations de l'atmosphère et du courant des vents. De même, suivant la disposition des lieux, les circonstances dans lesquelles on se trouve, suivant aussi le but qu'on veut atteindre, il faut employer un mode de ventilation de préférence à un autre, et quelquefois plusieurs à la fois.

Nous étudierons bientôt les applications des divers systèmes de ventilation, mais auparavant nous définirons ces divers systèmes pour ne laisser subsister aucun doute dans l'esprit du lecteur.

Nous avons annoncé plus haut deux genres de ventilation ; en effet, il existe deux forces qui peuvent la produire, la chaleur ou le mécanisme, parce que ces deux forces opèrent le déplacement de l'air.

Il ne faudrait pas se hâter de conclure, d'après nos paroles, que tout *déplacement d'air* est une *ventilation*, car de même qu'*une eau en mouvement* n'est pas une *eau courante*, de même un simple mouvement d'air n'est pas une ventilation ; il faut, pour obtenir de la ventilation (nous l'avons dit en définissant son but), que l'air usé, vicié, d'une enceinte close soit mis en mouvement, chassé de ce milieu et remplacé par de l'air neuf.

Pour arriver à ce résultat on possède deux moyens, la *ventilation naturelle* et la *ventilation artificielle*. La première est celle qui se fait *naturellement* par la différence de densité des températures intérieure et extérieure d'un local avec les portes et les fenêtres comme orifices, ou qui s'établit sous l'impulsion des vents. Ce mode de ventilation n'est pas assez dans la puissance, *dans la main* de l'homme pour qu'il puisse y compter pour l'aération ou du moins la ventilation des grandes agglomérations de personnes malades ou bien portantes ; il lui faut des moyens plus certains, plus efficaces et agissant malgré la température atmosphérique artificielle. On l'obtient à volonté, soit au moyen de la chaleur dans une gaîne d'appel, soit à l'aide d'un agent, d'un moteur mécanique quelconque, comme on le fait dans les ateliers, les usines ou les mines ; encore dans ce dernier cas la ventilation peut être obtenue par aspiration et par propulsion ou insufflation.

Nous aurons bientôt l'occasion de décrire ces divers modes, car chacun d'eux a ses applications particulières que nous rencontrerons dans le cours de ce travail.

Insuffisance de la ventilation naturelle. — Pour de très-petits locaux qui renferment peu de personnes, la ventilation naturelle, surtout en hiver, pourra suffire ; mais en dehors de ce cas elle est complétement insuffisante. Beaucoup de médecins croient encore aujourd'hui qu'en ouvrant les fenêtres d'un local il s'établit une ventilation suffisante pour purifier l'air de ce local, c'est une grave erreur ; car des praticiens ont prouvé que, même dans un bâtiment ayant sur deux de ses faces opposées des fenêtres, suivant l'état de l'atmosphère il ne se produit pas un courant suffisant pour expulser complétement l'air vicié, en supposant trois et quatre fenêtres ouvertes sur chaque face de ce bâtiment. En tout cas, ce mode d'aération (car on ne peut donner un autre nom à ce système) ne peut empêcher en été une élévation anormale de la température ; aussi il est aujourd'hui reconnu que la ventilation naturelle est tout à fait insuffisante, et qu'il faudra toujours avoir recours à une ventilation artificielle pour obtenir des résultats sinon parfaits, du moins efficaces.

Ventilation artificielle. — On peut obtenir cette ventilation par plusieurs procédés, mais quel que soit le mode adopté il faudra toujours trois choses : des *orifices d'arrivée*, des *orifices d'extraction* qu'on nomme aussi d'*évacuation*, enfin *une force*.

Les *orifices d'arrivée* doivent être éloignés des personnes et très-multipliés, afin de ne point gêner; car dans toute bonne ventilation les courants sont presque insensibles. C'est dans ce but que généralement on établit les orifices d'entrée près des plafonds. Leur section doit présenter en outre à leur partie inférieure un plan incliné de dehors en dedans de manière que le courant frappe le plafond sous un angle de 45°; l'air se répand ensuite par nappes dans le local à ventiler.

Les orifices d'extraction doivent être autant que possible le plus près des points et des causes qui vicient l'air, afin d'en prévenir la diffusion dans les locaux; c'est dans ce but qu'on les place près des planchers. Mais nous ajouterons que dans certaines circonstances, il est utile aussi d'avoir de ces mêmes orifices près des plafonds, l'air vicié pouvant provenir de causes différentes; il y a des airs viciés légers et d'autres lourds. Nous parlerons bientôt des causes de viciation de l'air. Enfin on emploiera comme force, pour déterminer le déplacement de l'air, celle qui sera le plus facilement applicable dans le local à ventiler. En hiver le chauffage sera combiné avec la ventilation; en été une force docile, facile à manier, à régler, soit un foyer faisant un appel, soit une machine à vapeur, soit tout autre instrument de la ventilation que nous décrirons dans le chapitre suivant.

Mais ce qu'il faudra toujours étudier avec soin, c'est le volume d'air nécessaire à la salubrité d'un local; nous le donnerons bientôt, après avoir étudié néanmoins les causes de viciation de l'air.

Des causes de viciation de l'air. — L'air peut être vicié par de nombreuses causes, mais pour l'instant nous ne nous occuperons que de la viciation de l'air par la présence de l'homme; car pour étudier les conditions de l'assainissement des locaux qu'il habite, il nous est indispensable de connaître le volume d'air à fournir à chaque individu qui se trouve dans une enceinte close.

D'après les calculs des chimistes, le nombre des expirations par minute est de seize à dix-sept. Chaque expiration fournit un volume de $0^{mc},000315$ ou en chiffres ronds à peu près un tiers de litre, ou $0^{mc},33$ par heure.

D'après ces calculs, si la respiration était la seule cause de la viciation de l'air, il suffirait de fournir par heure dans un espace clos autant de fois un tiers de mètre cube qu'il y aurait d'individus dans ce local. Malheureusement il n'en est pas ainsi; car l'homme vicie l'air non-seulement par la respiration et la transpiration pulmonaire et cutanée, mais encore par d'autres émanations méphitiques, et comme toutes les vapeurs qu'il émet se dissolvent dans l'air, elles communiquent à ses molécules, aux matières organiques et inorganiques qu'il renferme, de mauvaises odeurs qui augmentent l'insalubrité des lieux habités.

On attribue trop souvent à la présence de l'acide carbonique toute l'insalubrité d'une enceinte close, c'est une grande exagération. Evidemment, chaque individu déverse bien seize fois par minute un tiers de litre qui a perdu 5 p. 100 d'oxygène et gagné 5 p. 100 d'acide carbonique, mais cet accroissement d'acide carbonique n'est pas assez considérable pour expliquer la différence d'effet produit par cet air et l'air pur. La véritable cause des accidents attribués à l'air confiné consiste plutôt dans les vapeurs sécrétées par l'homme et tenues en suspension dans l'air; d'après cela il vaut mieux prendre pour la dose d'air à fournir par individu et par heure le volume nécessaire pour dissoudre la vapeur d'eau provenant de la transpiration qui est la cause la plus puissante de l'infection de l'air.

Nous ne nous étendrons pas davantage sur ce sujet, nous n'essaierons pas de déterminer par exemple quel est le poids de la vapeur d'eau résultant de la transpiration. On a fait beaucoup d'expériences à ce sujet, mais les résultats sont tellement variables, à cause de la variété des circonstances qui influent sur la transpiration, qu'ils ne peuvent être utiles pour notre étude; et nous analyserons immédiatement les autres causes de viciation; elles sont nombreuses :

1° La combustion produite par les appareils d'éclairage, surtout par le gaz;

2° L'état hygrométrique de l'air qui rend plus ou moins abondante la transpiration;

3° Les émanations des usines et des fabriques dites *insalubres;*

4° Les émanations des fosses d'aisances et des dépotoirs;

5° La fermentation des matières animales ou végétales dans les marchés, entrepôts, etc.;

Il résulte donc de ce qui précède qu'il est très-urgent de ventiler; et d'une manière générale on peut dire que, suivant le milieu dans lequel l'homme se trouve, soit de jour, soit de nuit, un minimum de renouvellement d'air est nécessaire. Ce renouvellement ne devra, dans aucun cas, être inférieur à 16 mètres cubes par individu et par heure, et dans d'autres circonstances, dans les hôpitaux, dans les établissements insalubres, le volume d'air à introduire devra être élevé jusqu'à 90 et 100 mètres cubes et plus par heure et par individu, car il y a des causes d'insalubrité si dangereuses que ce n'est que par l'expérience qu'on pourra déterminer le chiffre auquel il faudra s'arrêter; cependant nous donnerons bientôt les chiffres que l'usage a adoptés comme bons.

Analyse empirique de l'air. — Un procédé empirique de reconnaître l'impureté de l'air d'un milieu quelconque consiste à placer sur une assiette une carafe d'eau frappée. La surface de celle-ci se couvre rapidement de gouttelettes de vapeurs condensées qui contiennent les atomes moléculaires de l'air mis en mouvement autour de la carafe. En exposant cette eau condensée à une température de 38° à 40°, si l'air qui a produit cette eau est impur, une fermentation putride se déclare immédiatement.

Sauf en hiver et en plein air, on peut toujours tenter cette expérience.

A quel degré doit-on humidifier l'air respirable? — Dans la première partie de ce traité, nous avons dit que les poêles en fonte et les calorifères à air chaud desséchaient les poussières organiques de l'air, et nous avons proposé divers moyens de remédier à ce grave inconvénient qui peut occasionner à l'homme des maladies et causer la mort des plantes de serres.

Aussi lorsqu'on étudiera le chauffage et la ventilation d'un édifice, il faudra toujours s'occuper de fournir à l'air une certaine humidité, ce sera chose utile aussi bien en hiver qu'en été.

Malheureusement, on ne trouve nulle part des données certaines pour fixer d'une manière exacte la proportion d'eau que l'air doit contenir pour être parfaitement salubre.

Nous nous sommes renseigné auprès de chimistes, de physiciens et de médecins qui chacun nous ont fourni des données assez variables sur ce sujet, au moyen desquelles il nous a été cependant possible d'établir une moyenne qu'on peut considérer comme bonne.

Nous dirons donc que l'air, pour être salubre, doit être à moitié saturé d'eau à la température de 15° à 16°, ce qui correspond à environ 7 grammes d'eau par mètre cube d'air, c'est-à-dire que l'air doit marquer 75° à 76° à l'hygromètre.

Volume d'air nécessaire à la salubrité d'un local habité. — Les théoriciens et les praticiens sont aujourd'hui à peu près d'accord sur le volume d'air à fournir à chaque individu, afin que la santé des êtres organisés n'en souffre pas.

Ce volume varie suivant le milieu dans lequel ces êtres respirent. Voici les chiffres adoptés aujourd'hui par heure et par tête :

Ateliers.	ordinaires	65 à 70 mètres cubes,
	insalubres	85 à 95 et 110 suivant l'industrie.
Casernes.	pendant le jour	30 à 32
	pendant la nuit	45 à 55
Écoles d'enfants		15 à 18
Écoles d'adultes		30 à 32
Écoles de dessin du soir		35 à 40
Hôpitaux.	salles de malades ordinaires	75 à 80
	salle de chirurgie ou maternité	100 en moyenne.
	salles diverses en temps d'épidémie	140 à 150
Prisons		45 à 50
Salles de spectacle, concerts, églises		50 à 55
Salles de réunions prolongées		55 à 60
Écuries et étables		180 à 1[illegible]0
Porcherie		150 à 160

Nous ajouterons que le volume d'air introduit doit être en hiver à des températures convenables dont nous avons déjà (chap. III, p. 21) déterminé la valeur.

On pourra régler cette température au moyen de registres placés dans les chambres de mélange ou sur les prises de chaleur, comme nous l'avons indiqué précédemment.

Tels sont les volumes d'air à extraire et par conséquent à introduire pour assurer la salubrité des lieux habités.

Examinons maintenant la vitesse que l'air doit avoir dans les orifices d'extraction ainsi que la section à donner aux orifices d'admission et d'extraction de l'air.

Vitesse de l'air dans les orifices d'extraction. — Cette vitesse doit aller en augmentant depuis les bouches d'extraction jusqu'à la cheminée d'appel, qui doit autant que possible être commune à tous les conduits d'un même bâtiment. On devra les régler d'après les moyennes ci-dessous :

Bouches d'extraction. (Vitesse en une seconde)	$0^m,70$
Premiers conduits collecteurs	$1^m,20$
Deuxièmes conduits collecteurs	$1^m,30$
Troisièmes conduits collecteurs	$1^m,40$
Cheminée d'appel ou d'extraction	$1^m,90$

Bien souvent les deuxième et troisième conduits n'existent pas; nous les avons donnés pour établir une règle générale.

Section à donner aux orifices et conduits d'extraction. — On commence par calculer le volume d'air total à extraire par seconde d'après le nombre des individus; on divise ensuite ce volume par la vitesse que l'air doit avoir pour chaque genre de conduit, on obtiendra ainsi en mètres carrés la section qu'il faudra donner à ces conduits. Exemple : s'il s'agit d'une école de dessin du soir contenant vingt-quatre élèves, on alloue à chacun 40 mètres cubes d'air par heure, ce qui fait pour l'ensemble 960 mètres cubes par heure ou $0^{mc},266$ par seconde, la vitesse moyenne dans les conduits d'extraction étant, comme nous l'avons dit, de $0^m,70$ par seconde, leur section totale sera égale à $\frac{0^{mc},266}{0,70} = 0^{mq},38$; s'il doit y avoir un conduit pour deux élèves, il mesurera $\frac{0^{mq},38}{12}\,0 = {}^{mq},0317$, soit $0^m,18$ sur 0,18 ; ce qui force un peu le chiffre pour suppléer aux pleins des grilles qui obstruent le passage réel de l'air.

CHAPITRE VIII

DES INSTRUMENTS DE LA VENTILATION.

Historique de la ventilation. — Il est bien difficile, pour ne pas dire impossible, d'assigner l'époque à laquelle l'homme a fait une première application de la ventilation artificielle. Il est probable que sans se rendre compte de l'opération qu'il exécutait, il a dû, lors de certaines épidémies, allumer sur les places publiques de grands feux pour chasser le fléau, comme cela se pratique encore de nos jours pendant les époques de choléra dans certaines villes du midi de l'Europe.

L'histoire nous apprend qu'un nommé Acron, médecin d'Agrigente (1), qui vivait cinq siècles avant Jésus-Christ, aurait chassé d'Athènes la peste en allumant de grands feux dans les rues et sur les places publiques. Hippocrate (2), qui vivait à peu près à cette époque (460 ans avant J.-C.), aurait employé le même moyen pour délivrer d'une effrayante épidémie Athènes et Abdère (3).

On comprend que ces vastes foyers brûlaient les miasmes de l'air infecté de ferments putrides qui donnaient lieu à ces effroyables épidémies. Mais quelle consommation de combustible pour obtenir un si mince résultat!

Qu'a-t-on fait depuis deux mille ans, c'est-à-dire depuis Hippocrate et Acron, sous le rapport de l'hygiène par la ventilation, et par quelles successions de découvertes sommes-nous arrivés à la ventilation moderne? L'histoire est muette sur ce chapitre comme sur bien d'autres qui se rapportent aux progrès de l'humanité. Il nous faut franchir depuis Hippocrate jusqu'à ces temps modernes pour y retrouver les traces des premiers essais de ventilation.

Quoiqu'il soit bien reconnu d'après *certains auteurs* que les *architectes* ne s'occupent pas du tout des questions de chauffage et de ventilation, nous sommes bien obligés de reconnaître que le premier essai de ventilation est dû à

(1) Plut., *De Isid. et Osir.*, t. II, p. 383.
(2) Ap., Hippocr., t. II, p. 970.
(3) Ville grecque de la Thrace, située sur les côtes de la mer Égée.

l'architecte de Saint-Paul de Londres, Christopher Wren (1), qui fit percer des ouvertures aux quatre angles du plafond de la salle des séances du Parlement. Ces ouvertures, à l'aide de coffres en bois qui débouchaient sur la toiture de l'édifice, servaient à ventiler la salle.

Un peu plus tard, encore en Angleterre, en 1715 ou 1722, le traducteur de la *Mécanique du feu*, le docteur Desaguliers, fait un nouvel essai de ventilation pour les mêmes chambres du Parlement, d'abord au moyen d'un foyer d'appel, ensuite par un ventilateur aspirateur. Ce dernier système a fonctionné jusqu'en 1800.

En 1758, le docteur Hales invente un moyen de ventilation par propulsion à l'aide de soufflets.

Enfin jusqu'en 1814 on tente en Angleterre de nouveaux essais, de si peu de valeur qu'ils ne méritent pas d'être mentionnés (2).

En France, en 1713 et 1759, on fait bien quelques tentatives pour ventiler les hôpitaux, mais elles sont peu efficaces. Ce n'est qu'à partir de d'Arcet et de Péclet, c'est-à-dire il y a quarante à cinquante ans, que la ventilation devient une science.

Après ces auteurs, nous devons signaler comme s'étant beaucoup occupés de cette question en France, MM. Chevreul, Boussingault, Dumas, Morin, Andral, Orfila, Gavaret, Combes, et, en Angleterre, Eveling, Strutt Davy, de Chabannes (3), Georges Paul, Anderson Sylvester, Boulton Watt, Deacon et MM. Danielle, Moyle, le docteur Reid et Gurney.

En Belgique, Glépin, Pasquet et Fabry (4).

(1) Christopher Wren, né en 1632 à Knoyle (comté de Wilts), fit ses études à l'université d'Oxford. Dès l'âge de treize ans il construisit une machine pour représenter le cours des astres, et divers instruments d'astronomie. A seize ans il avait fait plusieurs découvertes en astronomie, en statique et en mécanique assez importantes pour le faire nommer à vingt-cinq ans professeur à l'université d'Oxford. En 1665 il fit un voyage à Paris pour y étudier l'état des arts en France. L'incendie de Londres le rappela en Angleterre, où il dressa immédiatement un plan de reconstruction de la ville, qui, soumis aux débats du Parlement, fut en partie adopté, et le fit connaître sous un jour nouveau en révélant des talents d'architecte si remarquables, qu'à la mort de J. Denham (1668) Wren fut nommé architecte du roi et directeur d'un grand nombre d'édifices. C'est en 1675 qu'il jeta les fondements de l'église de Saint-Paul, dont la construction ne dura pas moins de trente-cinq années. Nous citerons, parmi les principaux monuments érigés par Wren, la fameuse colonne pour perpétuer le souvenir de l'incendie appelée le *Monument*; le *théâtre* de l'université d'Oxford, *Saint-Étienne* de Wallbroock, la *Douane* de Londres, le *palais royal* et le *palais épiscopal* de Westminster, le *mausolée* de la reine Marie à Westminster, l'*hôpital* de Chelsea, etc., etc. Wren mourut en 1723 et fut enterré sous le dôme de Saint-Paul, par privilège exclusif accordé à lui et à sa famille. Ce grand architecte n'a publié aucun ouvrage, mais plusieurs de ses écrits sont imprimés dans les *Philosophics transactions*.

(2) Nous dirons cependant qu'antérieurement aux époques que nous avons citées, on s'occupait de la ventilation des mines et que Georges Agricola, dans l'ouvrage qu'il publia en 1677, indique plusieurs ventilateurs de mines qui ont fonctionné longtemps après lui.

(3) Nous classons de Chabannes parmi les Anglais, quoiqu'il soit Français, parce qu'il a étudié la ventilation en Angleterre où il s'était réfugié.

(4) Nous devons ajouter à cette nomenclature : Leblanc, *Annales de chimie et de physique*,

INSTRUMENTS DE LA VENTILATION.

Les instruments de la ventilation sont fort nombreux. Ils servent soit à extraire l'air dans les locaux à ventiler, soit à leur envoyer de l'air pur d'une manière directe ou indirecte. Ils présentent chacun des qualités spéciales qui font qu'on ne peut les employer indifféremment partout. Ces qualités servent au contraire à établir un classement qui fait que, suivant les circonstances, on utilise l'un d'eux de préférence à tout autre.

Aussi pour ce motif sommes-nous obligé d'étudier les principaux instruments de la ventilation.

Le lecteur pourra faire ainsi un choix judicieux, en pleine connaissance de cause. Mais pour opérer avec ordre nous établirons un classement général méthodique (1), sauf à ne donner que l'explication succincte des procédés dont l'usage est le plus répandu.

CLASSEMENT DES INSTRUMENTS DE LA VENTILATION.

Première division.

I. — Cheminées ordinaires.
II. — Cheminées ventilatrices.
III. — Cheminées d'appel.
a. — Appel par en haut (combustible brûlé dans le haut de la cheminée ou près de son extrémité).
b. — Appel à niveau.
c. — Appel par en bas (combustible brûlé directement dans le bas de la cheminée).
d. — Appel par des appareils intermédiaires de transmission de la chaleur recevant leur chauffage d'un foyer placé à distance.
e. — Appel par la vapeur envoyée directement dans la cheminée.

Deuxième division.

Appel par un appareil mécanique aspirant mis en mouvement par un moteur

a. — Machines aspirantes à piston.
b. — Machines aspirantes à cloche plongeante.
c. — Vis pneumatique de Motte.
d. — Ventilateur à ailes planes et à ailes courbes.

t. V, p. 237, et t. XV; Pettenkofer, *Zeitschrift für Biologie*, 1867. Dans cet ouvrage, Pettenkofer annonce qu'il a constaté que l'habitation de l'homme subissait une ventilation active à travers ses parois de briques et de moellons. Cet auteur ose même avancer qu'il a pu faire passer à travers un bloc de maçonnerie en brique un souffle assez intense pour éteindre la flamme d'une bougie. Nous croirons à de pareils faits quand nous les aurons vus; à moins que Pettenkofer n'ait employé l'*air comprimé* et n'ait perforé la maçonnerie avec un jet très-puissant.

(1) Nous avons décrit dans ce classement tous les principaux systèmes de ventilation dont quelques-uns sont employés dans les mines, mais qui pourraient être employés tels quels ou avec quelques modifications pour la ventilation des grands édifices.

1° *Ventilateur à ailes planes de Letoret.*
2° *Ventilateur à ailes planes de Ligny.*
3° *Ventilateur à ailes courbes de Sabloukoff.*
4° *Ventilateur à ailes courbes de Combes.*
5° *Ventilateur à ailes courbes de Pasquet.*
6° *Ventilateur en fer de lance de Dangneau.*
7° *Ventilateur pneumatique de Fabry.*
8° *Ventilateur aspirateur à contre-poids du docteur Van Hecke.*
9° *Ventilateur Golay.*

Troisième division.

Ventilation mécanique par refoulement en employant les ventilateurs.

Quatrième division.

Ventilation par insufflation (air comprimé).

Examen de ces divers procédés. — Dans la première division, nous trouvons comme instruments de la ventilation les cheminées ordinaires et les cheminées ventilatrices; comme nous en avons déjà parlé, nous renvoyons le lecteur à ce que nous avons dit précédemment, mais, dans cette division, nous nous occuperons des *cheminées d'appel*.

Ces cheminées ressemblent beaucoup aux cheminées d'usines (voy. fig. 20, 21, 22, page 40, pour leur construction); elles sont plus ou moins larges et élevées, suivant le cube d'air à extraire.

Les cheminées d'appel, de même que les vis pneumatiques, les machines à piston et à cloche ne peuvent être appliquées qu'à un seul système de ventilation, celui qui procède par *aspiration*. Nous parlerons bientôt de leur construction ainsi que des différents modes de les coiffer, mais auparavant nous exposerons des théories générales sur la ventilation par appel ou aspiration.

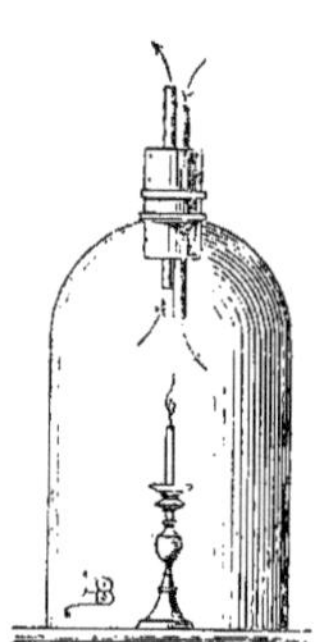

Fig. 204. — Théorie de la ventilation.

Théorie de la ventilation. — Dans ce qui précède, nous avons vu que pour renouveler l'air d'une enceinte il fallait trois choses, une force, une prise d'air et un orifice d'extraction ou d'évacuation; mais cela ne suffit pas encore, comme on peut s'en convaincre par l'expérience suivante : si l'on place une bougie allumée sous une cloche en verre n'ayant qu'une ouverture à la partie supérieure, au bout de quelques minutes l'air, dépouillé de son oxygène par la combustion, ne peut fournir un aliment à la flamme et la bougie s'éteint. Mais si dans le goulot de cette même cloche (fig. 204) on introduit deux tubes d'égale longueur, mais fixés à des hauteurs différentes, la bougie brûlera fort bien, parce qu'il s'établira une circulation qui renouvellera l'air intérieur de la cloche. L'air brûlé, usé sortira par le tube de gauche, tandis que l'air neuf pénétrera dans le récipient par le tube de droite. Telle est dans toute sa simplicité la démonstration de la théorie de la ventilation, théorie sur laquelle sont basés la plupart des ventilateurs simples comme nous le verrons plus loin.

Introduction de l'air dans le local à ventiler. — Si nous étudions maintenant l'entrée de l'air dans un local à ventiler, nous trouvons qu'il peut y pénétrer de différentes manières : 1° comme le représente notre figure 205 ; ici l'air arrive par les orifices d'une grille posée dans le sol, et les pleins de la grille en égalent les vides. Au delà et un peu au-dessus des pleins, il se forme un remous et des tourbillonnements analogues à ceux que chacun a pu observer aux passages des eaux reserrées sous les arches d'un pont, au moment où un fleuve charrie des glaçons ; mais dans le cas qui nous occupe, l'air débouchant dans un espace non limité, son courant s'épanouit dans tous les sens, et toute sa force vive est éteinte.

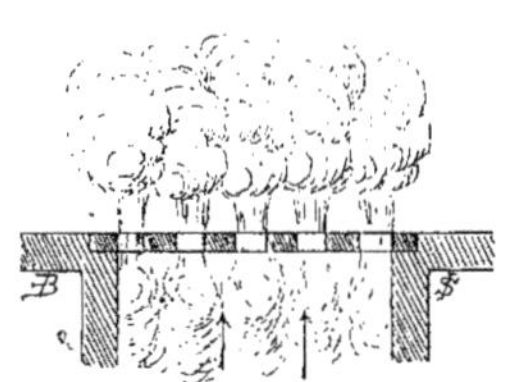

Fig. 205. — Arrivée de l'air par ascension.

Il en est à peu près de même quand l'air est insufflé, à moins que ce ne soit par une force très-puissante, par l'air comprimé par exemple ; le fluide, dans l'insufflation ordinaire, se comporte comme le montre notre figure 206.

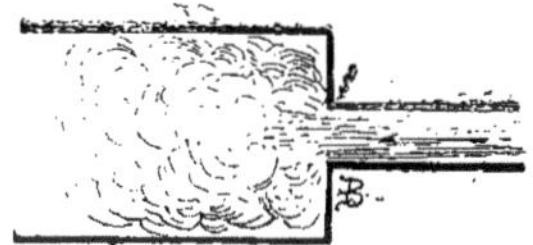

Fig. 206. — Arrivée de l'air par insufflation.

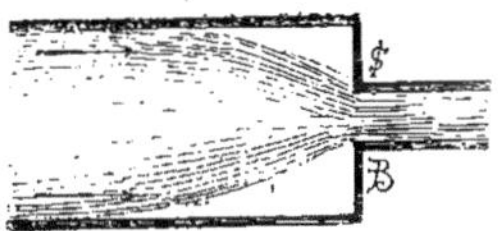

Fig. 207. — Aspiration de l'air.

Au contraire si l'air est aspiré, appelé, comme l'indique notre figure 207, on comprend que ses molécules convergent vers l'ouverture du tube d'aspiration, et que plus ces tubes seront nombreux, moins la violence du courant sera sensible. Il se produit dans ce cas très-peu de tourbillonnement, par conséquent il y a moins de force vive pour faire arriver l'air dans ce local.

C'est ce mode d'action qui fait que certains praticiens trouvent plus d'avantages à l'appel qu'à l'insufflation.

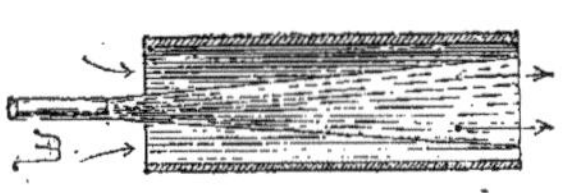

Fig. 208. — Théorie de la ventilation par l'air comprimé.

Théorie de la ventilation par l'air comprimé. — Nous devons cependant faire une exception pour l'insufflation par l'air comprimé, imaginée par M. Piarron de Mondésir, et qui a reçu une première application à l'exposition universelle de 1867.

L'air comprimé arrive par un ajutage et entraîne avec lui l'air ambiant dans le sens qu'indiquent les flèches de notre figure 208. Nous aurons l'occasion de montrer plus loin une application de l'installation de ce système.

Cheminées d'appel. — On peut employer divers procédés pour déterminer un appel énergique dans les cheminées d'appel; mais le plus employé c'est la chaleur. C'est dans ce but que l'on adosse souvent soit à l'intérieur, soit à l'extérieur de ces cheminées, les tuyaux de fumée des calorifères ou des fourneaux de cuisine; mais quand on ne peut utiliser ces derniers, on construit au bas de la cheminée d'appel un foyer spécial. Notre figure 209 montre un premier mode de construction dans lequel on voit le foyer à même dans la cheminée; mais

Fig. 209. — Cheminée d'appel (1er type).

Fig. 210. — Cheminée d'appel (2e type).

nous devons ajouter que ce dispositif a l'inconvénient de rétrécir la cheminée; aussi pour l'éviter on place le foyer en dehors, comme l'indique notre figure 210.

On remarquera que dans ces deux foyers la grille n'occupe qu'une minime partie de la section de la cheminée, c'est afin d'économiser le combustible; il n'est pas nécessaire en effet de produire beaucoup de chaleur, puisque l'air d'appel chauffé à 30° ou 35° produit un tirage très-énergique; mais que l'on adopte l'une ou l'autre de ces dispositions, il faut donner à la cheminée, si elle est entièrement ouverte à son extrémité supérieure, une grande hauteur, car il pourrait arriver que le courant d'air chaud s'élevant contre une des parois, il s'établit dans une cheminée large et basse un double courant qui anéantirait le tirage. On peut obvier à cet inconvénient de plusieurs manières : 1° En plaçant la grille au centre de la cheminée, et, dans cette hypothèse, on jette l'air vicié sur la grille où il est brûlé. Par ce procédé, qui n'a jamais été signalé, on n'infecte pas l'air atmosphérique; mais nous devons dire qu'on fait une consommation plus grande de combustible. 2° On couronne le foyer latéral d'un tuyau de la fumée qui serpente jusqu'à une certaine hauteur sur les parois intérieures ou extérieures de la cheminée; dans ce dernier cas, on perce la cheminée pour faire arriver le tuyau de la fumée dans la cheminée d'appel. 3° On fait dégager l'air brûlé du foyer latéral par un tuyau de fonte annulaire. Ce tuyau est percé de nombreux orifices qui servent à répartir uniformément la chaleur dans toute la cheminée. 4° Enfin on coiffe la cheminée d'un chapeau, en ne laissant que de petites barbacanes comme le montre notre figure 211. Cette disposition, qui est employée assez fréquemment, ne donne jamais de retour d'air.

Souvent aussi, quand les cheminées sont engagées au centre d'un bâtiment, on les couronne d'un chapeau en tôle pareil à celui que représente notre croquis (fig. 212).

Fig. 211. — Couronnement d'une cheminée d'appel (1er mode).

Fig. 212. — Couronnement d'une cheminée d'appel (2e mode).

Ces chapeaux servent à concentrer la chaleur dans les cheminées; ils empêchent aussi les pluies et les vents violents de pénétrer dans leur intérieur. Nos confrères négligent trop souvent leur emploi dans les constructions qu'ils élèvent, et cependant ces chapeaux sont souvent indispensables.

Soupape des cheminées d'appel du docteur Arnolt. — « Cet appareil (1) consiste en un châssis rectangulaire allongé (fig. 213) en métal, inséré dans le conduit de la cheminée de la chambre à ventiler, près du plafond. Son but est de profiter du courant ascendant qui se produit dans la cheminée pour entraîner, par l'ouverture de ce châssis, les couches supérieures de l'air de la chambre B, dans le conduit A, tandis que pour empêcher les courants descendants de fumée de rentrer dans la chambre, une soupape formée d'une étoffe légère de soie reposant, en dedans du passage, sur une plaque de métal percée de trous, est placée dans l'ouverture du châssis. Cette soupape, comme toute autre, n'agit que dans certaines conditions. Si la hotte de la cheminée est très-large, la quantité d'air et de fumée qui arrive d'en bas, dans le conduit, sera plus grande que celle qui peut être débitée par la cheminée dans sa partie la plus étroite,

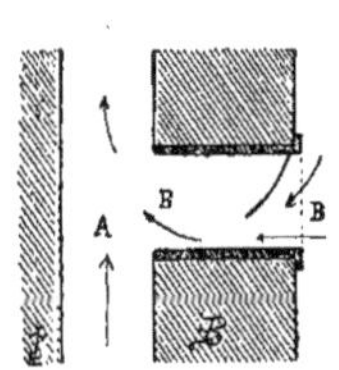

Fig. 213. — Soupape des cheminées d'appel du docteur Arnolt.

(1) La description de cet appareil est extraite de l'ouvrage anglais de M. Reid, *Illustrations of the theory and practice of ventilation*, traduit par le général Morin. L'ouvrage de Reid a été publié à Londres en 1844, c'est-à-dire il y a trente et un ans; malgré cela, il peut être consulté avec fruit, car, à part quelques excentricités, il renferme des données scientifiques qui ont encore de la valeur.

où l'appareil de ventilation est placé, et la fumée pénétrera dans la chambre par la valve. Par conséquent, toutes les fois que l'on veut se servir de l'appareil du docteur Arnolt, il faut rétrécir la hotte de la cheminée de manière à permettre aux courants de s'alimenter en partie par de l'air passant par la soupape.

» Mais, comme le volume d'air que cet appareil peut faire arriver dans la cheminée est très-restreint, cette forme de ventilateur ne convient ni pour une chambre de caserne ni pour aucun local où un certain nombre d'individus seraient réunis. C'est cependant un ventilateur très-économique et très-simple pour les chambres des sous-officiers, pour lesquelles nous avons uniformément recommandé son adoption. »

Pour terminer ce que nous avons à dire sur les cheminées d'appel, nous ajouterons quelques renseignements complémentaires : ainsi, dans la nomenclature générale des instruments de la ventilation que nous avons donnée, nous annonçons l'appel par en haut de la cheminée ; celui-ci est obtenu, soit à l'aide de becs de gaz placés au sommet de la cheminée, à 1 mètre environ en contre-bas du chapiteau, soit par un appareil de chauffage de l'air appelé, placé dans les combles au-dessus des étages à ventiler. L'appel par en bas consiste en ce que le foyer destiné à produire l'appel est placé dans les caves et sa chaleur est dirigée directement ou indirectement dans la cheminée d'appel. Ce système a l'avantage d'augmenter la hauteur de la cheminée d'appel, c'est-à-dire l'activité de son tirage.

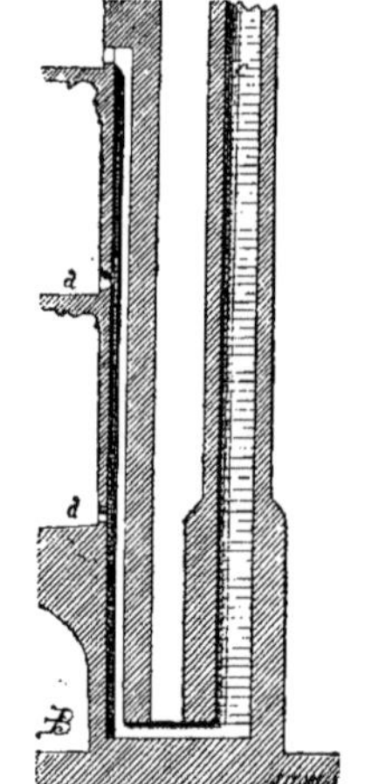

Fig. 214. — Théorie de l'appel par en bas.

Notre figure 214 montre le principe du système. L'air vicié est extrait des salles à ventiler par les orifices d'extraction *a* ; il arrive dans une gaîne de ventilation communiquant avec la cheminée d'appel *c*, dans laquelle on établit un tirage au moyen d'un foyer quelconque ou en faisant arriver de l'air chauffé.

On peut extraire aussi l'air vicié par un appel à niveau ; dans ce cas les orifices d'évacuation, au lieu de déboucher dans la gaîne, aboutissent directement, de chaque étage, à la cheminée d'appel.

En résumé, il est démontré par des expériences certaines que de ces trois systèmes, et toutes choses égales d'ailleurs, le plus énergique est l'appel à niveau pour les rez-de-chaussée ; ensuite l'appel par en bas pour les étages situés au-dessus du rez-de-chaussée ; qu'enfin l'appel par en haut est le moins énergique : il est de 2,30 pour le rez-de-chaussée, 2,15 pour le premier étage et 1,95 pour le deuxième étage.

Appel par la vapeur. — On peut obtenir aussi l'appel par la vapeur ; un des appareils les plus connus est celui de Méhu. Cet appareil consiste en une série de tubes ouverts des deux bouts et fixés dans une première chambre mise en communication avec une deuxième recevant l'extraction de l'air vicié.

Dans l'intérieur de chacun de ces tubes on fait arriver un jet de vapeur manœuvré par un robinet ajusté sur une prise de vapeur. Ce procédé employé pour la ventilation des mines pourrait rendre des services dans bien des circonstances pour la ventilation des édifices, par exemple pour produire le tirage dans une cheminée d'appel placée sur les combles d'un bâtiment, où il serait imprudent d'établir un foyer. Ce mode serait surtout utile si l'édifice était chauffé par la vapeur ; de même dans une usine, où l'on aurait de la vapeur perdue d'un générateur, on pourrait l'utiliser de cette façon.

Appel par un appareil mécanique aspirant. — Ce genre d'appel est très-puissant ; il est très-employé dans les mines, et depuis quelques années seulement on commence à s'en servir pour la ventilation de certains édifices publics, mais surtout pour les hôpitaux et les prisons. Ces appareils exigent un moteur pour leur fonctionnement : c'est une force hydraulique ou la vapeur qu'on utilise à cet effet. Nous ne décrirons point tous les systèmes, car il nous faudrait sortir du cadre de notre ouvrage ; du reste les appareils mécaniques d'aspiration sont si nombreux que leur description ferait à elle seule un volume, aussi nous contenterons-nous de glaner çà et là les meilleurs ventilateurs, que nous allons soumettre à l'appréciation de nos lecteurs.

Ventilateurs. — Les ventilateurs sont en général composés d'un axe tournant sur des supports et recevant par une poulie le mouvement d'un moteur quelconque ; pour les petits ventilateurs, un mécanisme particulier peut les faire fonctionner comme une horloge ; tel est le ventilateur Ligny dont nous donnerons bientôt la description.

L'axe des ventilateurs est muni d'un certain nombre de palettes droites ou de palettes à ailes planes. Cet axe ou cet arbre tourne dans un tambour percé à son centre d'une et plus souvent de deux ouvertures. Ce tambour a sur un point de sa circonférence un tuyau de départ établi suivant une tangente à ce tambour. Il est facile de se rendre compte de sa manière d'opérer. En effet, pour aspirer l'air contenu dans une enceinte close, il suffit d'ajuster un tuyau à l'orifice central du tambour, ce qui met celui-ci en communication avec la capacité à vider ; ensuite on met en mouvement les palettes du ventilateur. Ce mouvement de rotation imprime à l'air contenu dans le tambour une force centrifuge qui le chasse de l'appareil par l'ouverture pratiquée sur la circonférence du tambour. Le vide se produisant dans l'appareil, l'air s'y précipite avec force par le tuyau d'extraction qui doit être d'un diamètre au moins égal, si ce n'est supérieur, à celui de l'ouverture du tambour. Les ventilateurs doivent fonctionner avec une très-grande vitesse. Quelques-uns, employés pour la ventilation des mines, débitent jusqu'à 8 mètres cubes d'air par seconde, et exécutent 700 révolutions par minute.

Contrairement aux cheminées d'appel qui ne peuvent ventiler que par aspiration, les ventilateurs peuvent être employés tantôt comme instruments d'aspiration, tantôt comme instruments de refoulement ou d'insufflation.

Le choix entre les deux systèmes de ventilation ne peut être déterminé que par les dispositions locales, puisque la dépense de force motrice est à peu près la même dans les deux cas; seulement avec les ventilateurs propulseurs, l'air ventilé peut avoir une plus grande vitesse, ce qui permet d'employer des tuyaux de distribution d'un diamètre moindre, ce qui, dans bien des cas, est un avantage considérable.

Ventilateur Letoret. — Ce ventilateur se compose de quatre ailes rectangulaires en tôle forte, boulonnées contre deux montants en fer. Ces ailes sont réunies aux extrémités de quatre bras fixés à angle droit sur un arbre. Des demi-cercles fixés aux bras et traversant les ailes servent à régler leur inclinaison. Le ventilateur Letoret est enfermé dans une chambre en maçonnerie dont les faces longitudinales sont percées d'un orifice circulaire, par lequel pénètre l'air à expulser.

Ventilateur Ligny. — M. Ligny, ancien sous-ingénieur des mines, très-connu des architectes de Paris pour son système de séchage des plâtres dans les con-

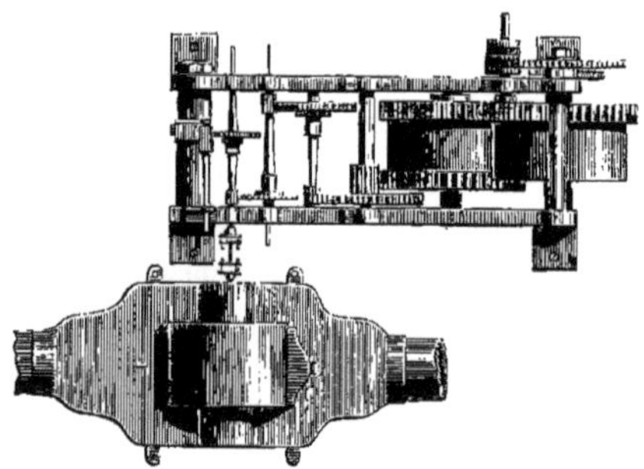

Fig. 215. — Ventilateur Ligny

structions, a aussi un appareil de ventilation qui, dans certains cas difficiles, accélère et complète ses travaux de séchage; mais le principal avantage de son ventilateur consiste dans le renouvellement de l'air vicié et son remplacement par un air neuf. Cet appareil ne produit pas ces courants d'air désagréables et quelquefois si pernicieux dans les salles de malades; il se compose (fig. 215) d'un mouvement d'horlogerie qui fait tourner les ailettes du ventilateur. Sa petite dimension permet de le placer n'importe où, soit sur une terrasse, soit sur les combles d'un bâtiment.

De là au moyen d'un tuyau plongeant dans une salle ou dans un local à ventiler, par une ouverture quelconque ou même par le tuyau d'une cheminée, il est facile d'extraire l'air vicié de ces locaux.

Ventilateur Pasquet. — M. Pasquet, ingénieur civil à Charleroi, a imaginé un ventilateur composé de deux cônes en tôle, dont les bases sont opposées. Ils sont montés sur un axe unique avec lequel ils forment trois ou six ailes coniques qui enveloppent un cône central ainsi que les rampes hélicoïdales qui sont fixées sur ce cône central. Ces rampes forment trois canaux ou colimaçons qui vont déboucher à l'intérieur de l'appareil.

Ventilateur Fabry. — Ce ventilateur, appelé aussi *roue pneumatique*, se compose de deux roues à trois lobes en fer de lances engrenant l'une dans l'autre; elles sont mues par deux engrenages de même diamètre. Ces deux roues se meuvent dans deux coursiers circulaires en fonte qui communiquent avec la chambre d'extraction de l'air vicié par leur partie inférieure, et leur sommet est en communication avec l'atmosphère. Comme les deux lobes ou dents qui engrènent sont toujours en contact par une arête et que les extrémités des deux autres lobes sont également tangentes avec la surface du coursier, l'air vicié est rejeté dans l'atmosphère. Cet appareil, inventé par M. Fabry, sous-ingénieur des mines en Belgique, est manœuvré à l'aide d'une machine à vapeur. Avec une largeur de coursier de $1^m,50$, chacune des roues ayant $0^m,75$, leur vitesse est de trente-cinq tours par minute et le volume d'air extrait est de 6 mètres cubes.

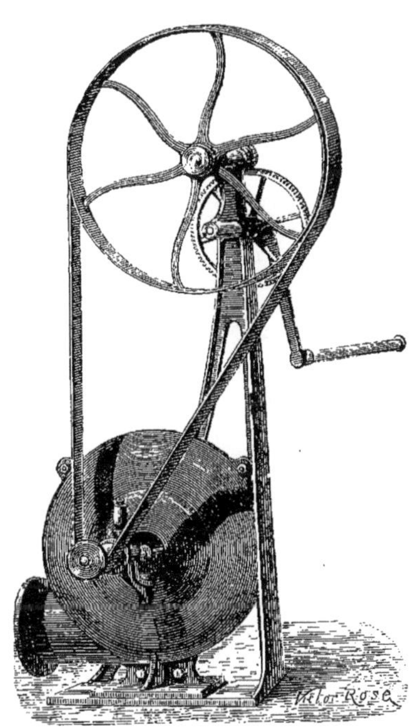

Fig. 216. — Ventilateur à brosses de Ch. Golay.

Ventilateur Van-Hecke. — Un docteur belge, M. Van-Hecke, a inventé un ventilateur dont la forme est celle d'une hélice discontinue à deux filets dont les éléments, par suite de leur mobilité, peuvent prendre sur l'axe de rotation diverses inclinaisons. Nous devons dire qu'à une certaine époque on a exagéré la supériorité de ce genre de ventilateur qui n'a pas la puissance des ventilateurs à ailettes, car chacun sait que ces derniers sont bien supérieurs aux ventilateurs à hélices.

Ventilateurs Golay. — Un constructeur de Paris a imaginé des ventilateurs très-simples. Ils sont de deux sortes, les uns à ailettes planes simples, et les autres à ailettes à brosses légèrement courbes. Ces derniers donnent une grande ventilation avec une minime dépense de force, car les brosses rendent le frottement très-doux. Ils sont montés sur un bâtis en fonte comme le montre notre figure 216, et marchent avec une manivelle. Un homme peut faire fonctionner ces ventilateurs toute une journée sans trop de fatigue, mais ce ne sont que les numéros 0, 1 et 2 qui peuvent marcher sans force motrice; celui représenté par notre figure 216 est le n° 2, il débite 5 à 600 mètres cubes d'air à l'heure, son diamètre extérieur mesure 0m,46.

Les ventilateurs à ailettes sont plus puissants, ils mesurent 0m,55, 0m,65,

Fig. 217. Ventilateur de Ch. Golay mu par une force mécanique.

0m,80, 0m,90, 1m,07 et 1m,20 de diamètre extérieur; ces dimensions répondent aux nos 3, 4, 5, 6, 7 et 8. Ces ventilateurs à ailettes doivent être mus par une force mécanique. Notre figure 217 représente un type de ce genre.

Les principaux ventilateurs mécaniques dont nous avons donné la description peuvent ventiler aussi par refoulement.

Ventilation par insufflation; air comprimé. — Le système de ventilation par l'air comprimé repose sur le principe démontré par notre figure 208, p. 188. C'est le système de M. Piarron de Montdésir. Il consiste à faire arriver dans une ou plusieurs gaînes communiquant avec l'air extérieur *m* (fig. 218) un jet d'air comprimé *l* qui met en mouvement et entraîne avec lui l'air ambiant; cet air passe par les carnaux des calorifères et se répand ensuite dans les locaux à chauffer par des bouches de chaleur *s*, *s*. En été, l'air traverse également les mêmes carnaux, et les bouches de chaleur deviennent de simples bouches de ventilation.

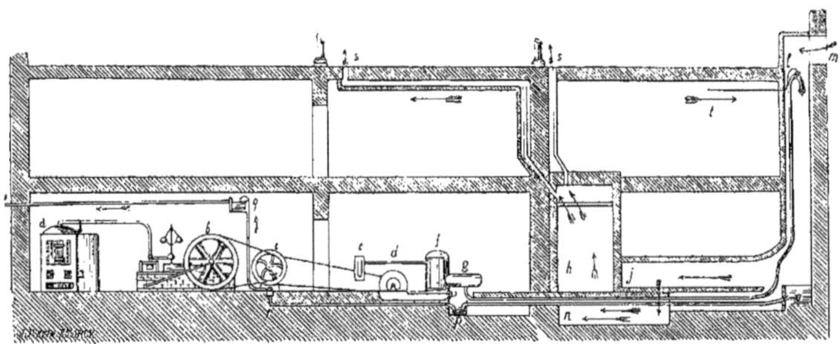

Fig. 218. — Installation d'une ventilation par l'air comprimé : *a*, générateur à vapeur ; *b*, machine horizontale ; *c*, palier de transmission ; *d*. ventilateur double ; *e*, manomètre à eau ; *f*, récipient d'air comprimé ; *g*, départ de l'air comprimé ; *h*, calorifère à air chaud ; *j*, conduit d'air de ventilation ; *l*, injecteur à cône avec écoulement d'eau ; *m*, prise d'air extérieur ; *n*, tuyau du trop-plein du réservoir *o* ; *p*, réservoir recevant le trop-plein de celui-ci de *o* ; *r*, pompe d'épuisement du réservoir *p* ; *s*, bouche de chaleur et de ventilation ; *t*, conduite d'eau alimentant l'injecteur ; *q*, réservoir d'eau permettant l'écoulement par le tuyau *v*.

Pour rafraîchir l'air et l'humidifier, ce qui est nécessaire en toute saison, mais surtout en été, l'inventeur fait arriver dans l'ajutage d'air forcé *l* un filet d'eau *t* qui s'évapore en partie dans la gaîne d'injection qui aboutit au calorifère *h*.

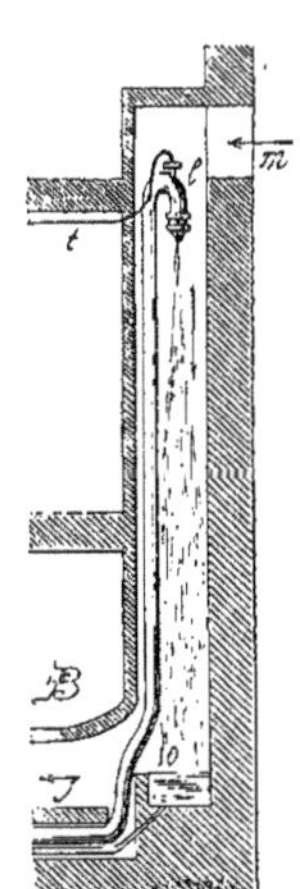

Fig. 219. — Gaine d'injection de l'air comprimé.

Suivant la température de l'eau, on peut obtenir en été un abaissement de température de 8° à 10°, et même en tassant de la glace sur de la paille dans le conduit *j*, on obtiendrait un abaissement bien plus considérable ; enfin en toute saison l'humidification de l'air donne une température des plus saines.

Comme on le voit par notre figure, à gauche se trouve le générateur de la vapeur *a* ; la machine horizontale *b* avec palier de transmission *c* ; le double ventilateur de Perrigault *d* qui comprime l'air à 0m,40 d'eau de pression ; le récipient d'air comprimé *f*. Dans le cas que nous mettons sous les yeux de nos lecteurs, le ventilateur prend l'air directement de la cave. La légende de notre figure nous dispensera de donner de plus amples explications. La figure 219 montre à plus grande échelle la gaîne d'injection ; *m* est la prise d'air extérieur ; *l*, l'arrivée de l'air comprimé ; *t*, le filet d'eau ; *o*, le réservoir d'eau ; et *j*, l'amorce du conduit de ventilation.

Arrivé à ce point de notre étude sur la ventilation il sera utile, croyons-nous, de résumer ce que nous avons dit sur les méthodes de ventilation.

On peut dire d'une manière générale que la ventilation par les cheminées d'appel présente plus de sécurité et de régularité, que c'est un système simple et naturel ; nous n'insisterons pas sur les trois systèmes d'appel, par en haut, à niveau et par en bas, puisque nous avons dit ce que nous en pensions et les résultats qu'ils donnent, résultats confirmés par l'expérience. La ventilation mécanique présente sur celle par appel des économies et de plus grandes facilités d'installation ; enfin la ventilation par injection ou insufflation permet de commander à la quantité et pour ainsi dire à la qualité d'air à introduire. On a moins de risques à craindre pour l'incendie, et l'on économise les frais parfois très-considérables de construction des cheminées d'appel.

Avec l'insufflation, les appareils et les canalisations coûtent cependant plus cher comme frais de premier établissement que la ventilation par appel mécanique.

Avant de terminer les généralités sur la ventilation, nous décrirons quelques ventilateurs simples, c'est-à-dire ceux qui fonctionnent sans mécanisme et sans emploi de force, nous indiquerons ensuite les instruments et les moyens de contrôler un service de ventilation ; ces matières termineront le chapitre VIII.

VENTILATEURS SIMPLES.

Ces ventilateurs devraient toujours être employés, soit seuls, soit combinés avec les divers genres de ventilation ; nous avons déjà recommandé les ventilateurs dits *insensibles*, on ne les applique guère que pour la ventilation du gaz, mais ils pourraient rendre de bons services dans d'autres circonstances ; ce genre de ventilateur n'est pas le seul ; en voici de très-simples, d'une grande utilité pratique.

Ventilateur de Sherringham. — Ce ventilateur (fig. 220) n'est qu'une sorte de boîte en tôle ou en cuivre qu'on pose dans le haut des murs, près du plafond. Il établit une communication directe avec l'air extérieur ; mais afin que l'entrée de l'air ne soit point désagréable, l'orifice de cette boîte est à soufflet à l'intérieur des appartements, et quand elle est ouverte elle projette vers le plafond l'air affluent qui se mêle aux couches supérieures de l'air chaud et n'atteint les personnes que lorsqu'il s'est déjà échauffé. Ensuite il se dirige vers la cheminée, où il fournit l'air nécessaire au tirage. Le ventilateur de Sherringham, ainsi que celui du docteur Arnolt, ne servent qu'à une fin ; le premier n'est en définitive

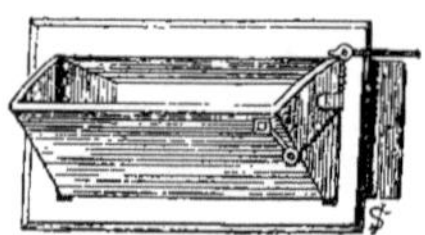

Fig. 220. — Ventilateur de Sherringham.

qu'une bouche d'introduction, et le second (dont nous avons donné la description page 190) n'est qu'un orifice d'extraction.

Au contraire, les ventilateurs suivants ont un double but : ils admettent l'air pur et rejettent l'air vicié, mais il faut pour cela que le milieu où ils fonctionnent satisfasse à différentes conditions; la première, la plus essentielle, est que le local auquel ils sont adaptés soit clos, et dans cette hypothèse leur mode d'action est variable. Ainsi, par exemple, suivant le nombre de personnes contenues dans un local, et suivant que les portes et les fenêtres sont ouvertes ou fermées, suivant que les feux sont éteints ou allumés, le mode de fonctionnement de ces appareils est différent; nous laissons à la sagacité du lecteur de se rendre compte des divers effets qui se produisent quand l'air d'admission est plus lourd ou plus léger que celui de l'intérieur du local.

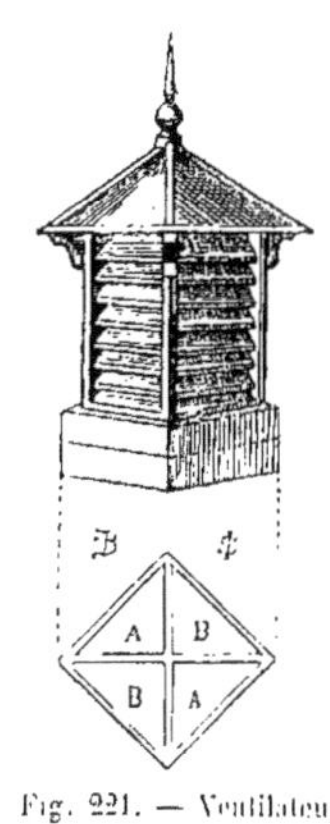

Fig. 221. — Ventilateur de Muir.

Ventilateur de Muir. — Cet appareil (fig. 221) est un tuyau le plus souvent en bois; sa forme est un carré divisé en quatre compartiments, AA BB, par des cloisons diagonales qui se prolongent au delà du sommet du tuyau qui est coiffé au-dessus du toit d'une sorte de lanternon dont les côtés sont formés de lames de persiennes. Cette disposition assure en temps ordinaire des courants ascendants et descendants et utilise l'impulsion des vents qui, en frappant sous un certain angle à travers les persiennes, produisent un courant d'air ascendant qui entraîne l'air vicié du côté opposé au vent.

Ventilateur de Watson. — Cet appareil (fig. 222) est des plus simples. Il consiste en un tuyau carré divisé en deux par une cloison ou diaphragme longitudinal de bas en haut; sa construction est fondée sur le principe démontré par notre figure 204 (théorie de la ventilation, page 187). Cet appareil, qui ne présente aucune disposition pour opérer la diffusion du courant descendant, peut rendre des services, mais dans des locaux très-élevés; dans les autres, au contraire, il a l'inconvénient de déverser de l'air froid sur la tête des individus qui occupent le local où il fonctionne.

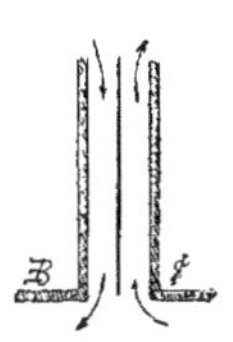
Fig. 222. — Ventilateur de Watson.

Ventilateur de Mackinnell. — Ce ventilateur est préférable au précédent, quoique reposant sur le même principe. Il se compose (fig. 223) de deux tuyaux placés l'un dans l'autre et séparés par un intervalle égal à la largeur du tuyau enveloppé; ce dernier doit dépasser le tuyau enveloppant en dessus et un peu au-dessous au delà de son arrivée à travers le plafond. Cette saillie doit être dissimulée par une rosace ajourée à son centre et à sa circonférence, mais qui doit avoir une partie intermédiaire pleine. Le fonctionnement de l'appareil est fort simple; la longueur du tuyau enveloppé détermine un courant ascendant qui extrait l'air vicié, l'enveloppe au contraire amène l'air pur, et le courant descendant frappant sur la partie pleine de la rosace est rejeté sur le plafond où il se mêle ensuite à la masse de l'air.

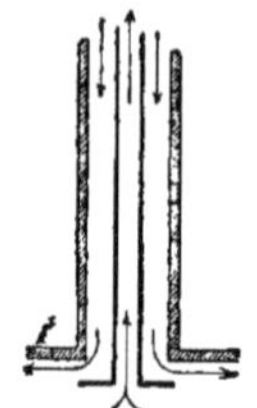

Fig. 223. — Ventilateur de Mackinnell.

Ventilateur aspirateur Noualhier. — Le principe de ce ventilateur (fig. 224) a quelque analogie avec le ventilateur Muir; c'est un tuyau en tôle couronné d'un chapeau et dans lequel les lames de persiennes sont remplacées par des ouvertures d'appel qui aspirent le vent dominant de quelque côté qu'il souffle, puisque les ouvertures entourent l'appareil. Mais c'est en outre une sorte d'ajutage destiné à accroître le tirage des cheminées ou gaînes de ventilation.

Cet ajutage se compose de deux cylindres creux et concentriques en tôle ou en zinc. Ces deux cylindres sont, dans tous les points de leur étendue, séparés l'un de l'autre par un espace circulaire qui laisse un libre passage à l'air qui pénètre par les ouvertures d'appel. Cela produit un courant d'air ascendant d'extraction du côté sous le vent.

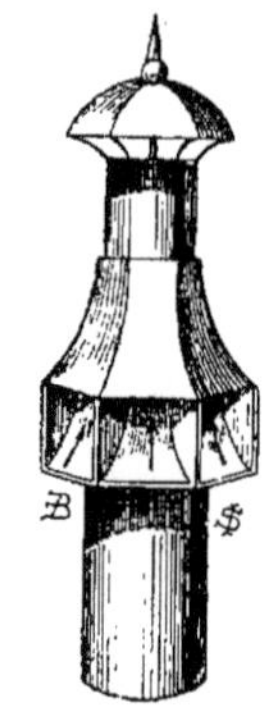

Fig. 224. — Ventilateur aspirateur Noualhier.

Le cylindre intérieur n'est que la continuation du tuyau de cheminée ou gaîne de ventilation. Il se termine à peu près au milieu de la longueur du cylindre extérieur dans lequel il est contenu. Ce dernier est complétement fermé dans celle de ses extrémités qui correspond à l'extrémité inférieure du cylindre intérieur.

L'aspirateur Noualhier peut servir à la ventilation des hôpitaux (1) et autres grands établissements publics, des écuries et des étables, des égouts et fosses d'aisances, des navires (2) et des serres. Pour ce dernier usage un des maîtres de la science horticole, M. Naudin, en a fait valoir tous les avantages (3).

(1) *L'Ami des sciences*, n° 8, 23 février 1862.
(2) *Gazette des hôpitaux*, n° 80, 9 juillet 1863; *Annales de l'agriculture et des colonies*, 28 février 1862, page 93.
(3) *Revue horticole*, n° 7, livraison du 1er avril 1862, page 124.

MOYEN DE CONTRÔLER UN SERVICE DE VENTILATION.

Il ne suffit pas d'étudier et d'appliquer un bon mode de chauffage et de ventilation, il faut encore pouvoir s'assurer de son bon fonctionnement et pouvoir contrôler la régularité et l'efficacité de son service; pour obtenir ces résultats il faut quelques instruments; en premier lieu un anémomètre : il en existe plusieurs, MM. le général Morin, Neumann et Combes ont apporté à ce petit appareil des perfectionnements utiles.

Anémomètre de Combes. — Cet anémomètre est le plus fréquemment employé, c'est pourquoi nous en donnons la description d'après le *Dictionnaire des arts et manufactures*, à qui nous l'avons empruntée ainsi que la figure. « Il consiste (fig. 225) en un moulinet métallique A, avec quatre ailettes en mica inclinées sur le sens du mouvement comme les ailes d'un moulin à vent.

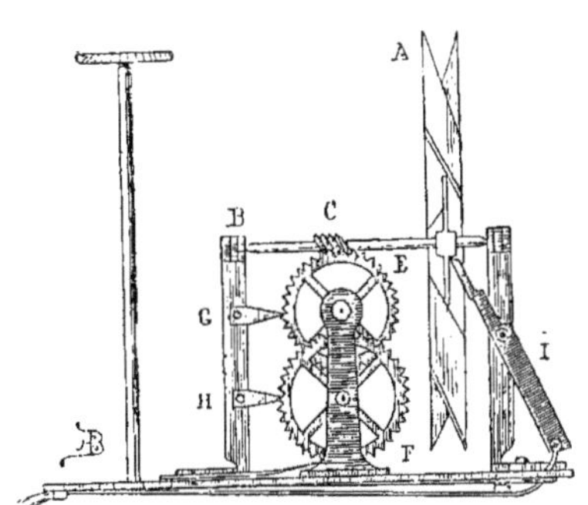

Fig. 225. — Anémomètre de Combes.

» Ce moulinet tourne avec un arbre en acier B porté par deux bouts sur deux supports verticaux en cuivre, comme sur des poupées de tour et muni d'une vis sans fin C, qui fait tourner une première roue dentée E. Celle-ci s'engrène, par un petit pignon ajusté sur son axe, avec une seconde roue F. Chacune de ces roues a cent dents, et leurs pignons sont calculés de manière que la première roue avance d'une dent quand le moulinet fait un tour, ce qui donne cent tours de moulinet pour un tour de roue : la seconde roue avance d'une dent quand la première a fait *un tour entier* ou quand le moulinet a fait cent tours.

» Ces deux roues portent sur leur limbe extérieur des chiffres indiquant de dix en dix le nombre des dents de roues. De plus, le support intérieur de l'axe du moulinet porte une aiguille horizontale G qui sert de zéro à tout le système et de point de départ à la première roue devant laquelle, au commencement de chaque expérience, on ramène le zéro de la première roue.

» Ce même support présente plus bas une autre aiguille H qui correspond au zéro de la seconde roue. Ces deux aiguilles servent à lire les résultats des observations, c'est-à-dire le *nombre de tours* dont le moulinet a marché pendant une expérience.

» Pour opérer avec certitude et facilité, il faut pouvoir mettre l'appareil en marche ou l'arrêter à volonté à instants fixes, même dans une capacité close.

» L'appareil de débrayage et d'embrayage I adopté, consiste en une fourchette qui s'engage dans les bras du moulinet, et s'en dégage à la volonté de l'observateur. Cette fourchette, attachée au solide support extérieur du moulinet, joue sur son centre et est mise en mouvement dans un sens ou dans l'autre, pour embrayer ou pour débrayer, par un balancier placé sous le support et qui reçoit à chacune de ses extrémités des fils renvoyés à l'extérieur par deux petites poulies pour être tirés par les mains de l'observateur. »

L'expérience a démontré qu'avec des anémomètres l'on peut déduire la vitesse de l'air du nombre de tours des ailettes au moyen de la relation de la forme suivante :

$$V = a + bT.$$

V étant la vitesse en une seconde;

a un terme constant, qui exprime la vitesse de l'air à laquelle commence à tourner le moulinet;

b un nombre constant;

T le nombre de tours des ailettes en une seconde.

Pour faire une observation anémométrique, on amène à zéro les deux roues en soufflant sur le moulinet, on place ensuite l'anémomètre dans une partie des conduits parcourus par l'air, et autant que possible dans un milieu où la vitesse soit à peu près uniforme et constante; c'est pour obtenir ces conditions qu'il faut engager l'anémomètre à une certaine profondeur dans l'orifice où l'on veut mesurer la vitesse du courant d'air. On met l'appareil en marche pendant quelques minutes, et du nombre de tours faits dans ce laps de temps l'on déduit celui qui correspond à une seconde, ce qui permet de déterminer la vitesse V; on multiplie ensuite cette vitesse par l'aire de section de l'orifice où l'observation a été faite; l'aire de section est exprimée en mètres carrés; on obtient ainsi le volume d'air écoulé en une seconde qu'on multiplie par 3600 pour avoir la vitesse à l'heure.

Quand le conduit de ventilation est très-large il faut placer l'appareil en divers points et bien écrire les résultats pour en tirer une moyenne. Quand l'orifice a une petite section ou qu'il est grillagé, il faut bien se garder de placer l'appareil au-dessus ou au devant de cet orifice et prendre la moyenne de ces deux observations; en opérant ainsi on pourrait commettre de graves erreurs. Quand on se trouve dans ces cas il faut faire préparer un tuyau en tôle en forme d'entonnoir dont la section épouse exactement d'un côté la section de l'orifice, et à l'intérieur de cet entonnoir, on place sur une platine l'anémomètre. On doit avoir soin de luter soigneusement avec un mastic quelconque, le tuyau avec l'orifice, pour être bien assuré que tout l'air de ventilation passe par l'entonnoir.

En mettant les anémomètres en rapport avec des compteurs électriques, on peut suivre d'heure en heure ou matin et soir la régularité et le bon fonctionnement d'un service de ventilation; dans les grands établissements on devrait établir les compteurs dans le cabinet du directeur, qui pourrait ainsi se rendre compte à chaque instant de l'efficacité et des résultats de la ventilation. Ces dispositions sont indispensables dans les grands établissements publics.

Les autres instruments de contrôle sont le thermonètre, pour mesurer le degré de chaleur de l'air de ventilation, et l'hygromètre. Nous ne parlerons pas du premier instrument, il est aujourd'hui connu et très-répandu, mais nous donnerons quelques détails sur le second, dont l'emploi mériterait d'être plus généralisé.

Hygromètres. — Les hygromètres sont des instruments qui servent à mesurer l'humidité, la quantité de vapeur d'eau contenue dans l'atmosphère. Ils sont très-employés en météorologie, ainsi que dans diverses industries, notamment dans celle du séchage des étoffes, des papiers, etc.

Il existe plusieurs genres d'hygromètres, ceux de condensention ou *psychomètres*, et ceux d'absorption.

Le PSYCHOMÈTRE consiste en deux thermomètres très-bien concordants et très-sensibles, placés sur une même planchette à côté l'un de l'autre.

Le réservoir de l'un d'eux est enveloppé d'une étoffe légère, d'une sorte de gaze constamment humectée par de l'eau fournie par un petit récipient. Cette eau en s'évaporant refroidit le réservoir du thermomètre; et l'évaporation est d'autant plus rapide que l'air ambiant est plus sec.

La température t du thermomètre mouillé, inférieure à celle de t' du thermomètre sec, est introduite dans la formule suivante :

$$t' - t = \frac{A}{H} (F - x).$$

F étant la tension maximum de la vapeur d'eau pour la température t', et x celle de la température cherchée. Mais nous devons ajouter que, dans la pratique, les résultats fournis par le psychomètre ne sont pas d'une rigoureuse exactitude; aussi pour des expériences rigoureuses, on emploie l'hygromètre de condensation de M. Regnault, et pour les expériences de ventilation, l'hygromètre à cheveu.

L'hygromètre à cheveu a été imaginé par de Saussure. Cet instrument, comme l'indique son nom, repose sur une propriété particulière du cheveu, de se raccourcir quand il se dessèche et de s'allonger au contraire sous l'influence de l'humidité. Le cheveu possède en outre cette propriété d'une manière fixe et invariable. Il reste toujours de même longueur dans l'air sec et il s'allonge d'une même quantité dans un air très-saturé d'eau. Ce sont ces deux limites qui ont servi à déterminer les points extrêmes de l'hygromètre, de 0 à 100, qu'on a divisés en cent parties égales nommées degrés.

Pour faire marquer à l'instrument les plus minimes variations de l'atmosphère le cheveu est fixé d'un bout à l'appareil, tandis que l'autre bout, enroulé sur une petite poulie, porte un contre-poids qui permet de maintenir une tension toujours égale. L'encaiguille solidement fixée à la poulie tourne en même temps que cette dernière, et indique sur un cadran divisé en 100 degrés l'état hygrométrique de la température. Le point de départ 0 est l'extrême sécheresse.

Afin que nos confrères n'aient pas à calculer pour leurs études le degré d'humidité correspondant à l'hygromètre, nous leur donnons dans le tableau suivant, pour certains nombres de degrés de l'hygromètre, le poids de l'eau que contient 1 mètre cube d'air à 15° centigrades qui est adopté pour la température moyenne des édifices chauffés et ventilés.

Nous avons dressé ce tableau d'après les données de Gay-Lussac et de Grouvelle.

TABLEAU DONNANT EN GRAMMES LE POIDS DE L'EAU CONTENUE DANS UN MÈTRE CUBE D'AIR A 15° POUR UN CERTAIN NOMBRE DE DEGRÉS DE L'HYGROMÈTRE A CHEVEU.

DEGRÉS de L'HYGROMÈTRE à cheveu.	POIDS DE L'EAU, en grammes, contenue dans 1 mètre cube d'air à 15 degrés.	DEGRÉS de L'HYGROMÈTRE à cheveu.	POIDS DE L'EAU, en grammes, contenue dans 1 mètre cube d'air à 15 degrés.	DEGRÉS de L'HYGROMÈTRE à cheveu.	POIDS DE L'EAU, en grammes, contenue dans 1 mètre cube d'air à 15 degrés.
	gr.		gr.		gr.
1°	0,06	13°	0,77	45°	3,11
2	0,12	14	0,82	50	3,58
3	0,17	15	0,90	55	4,10
4	0,23	16	0,96	60	4,68
5	0,28	17	1,03	65	5,34
6	0,35	18	1,09	70	6,09
7	0,41	19	1,15	75	6,93
8	0,47	20	1,21	80	7,90
9	0,52	25	1,55	85	8,98
10	0,59	30	1,91	90	10,20
11	0,65	35	2,28	95	11,49
12	0,71	40	2,71	100	12,90

Après avoir développé les considérations générales sur la ventilation, et avoir décrit les instruments et les moyens de s'assurer et de contrôler l'efficacité d'un bon service de ventilation, il ne nous reste plus qu'à étudier les applications de cette science; c'est ce que nous allons faire dans les derniers chapitres de notre livre, qui traiteront de la ventilation des habitations particulières, des édifices publics, des ateliers, du logement des animaux ainsi que de divers autres locaux.

tuyau unitaire permet d'utiliser des conduits latéraux pour des tuyaux d'extraction de l'air vicié, tuyaux qui par des orifices communiquent aux différentes pièces d'un appartement.

Nos figures 227 et 228 indiquent ce mode de construction, le premier est circulaire, le second est un coffre carré; la fumée passe en *a* et l'air vicié est expulsé par les huit conduits latéraux. Seulement, si l'on veut employer ce genre de ventilation, il faut avoir soin d'user de quelques précautions. On doit, par exemple, monter la cheminée de chaque étage jusqu'au plafond, et de là diriger à 45° la pénétration dans la cheminée collectrice; il faut ensuite que chaque cheminée soit pourvue d'une trappe, afin de pouvoir la boucher hermétiquement lorsqu'elle sera sans feu; enfin la fumée des fourneaux de cuisines doit déboucher autant que possible dans le bas du tuyau collecteur, car ces fourneaux fonctionnant à peu près toute la journée, entretiennent un tirage régulier dans la cheminée d'appel.

Quand on ne peut appliquer le système que nous venons de décrire pour la ventilation des cuisines, on divise d'anciens coffres souvent très-larges en trois compartiments, comme le montre notre figure 229; pour obtenir cette division, on fait passer un tuyau en poterie *a*, qui sert pour la fumée des divers foyers,

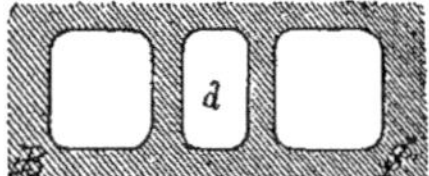

Fig. 229. — Ventilation des cuisines.

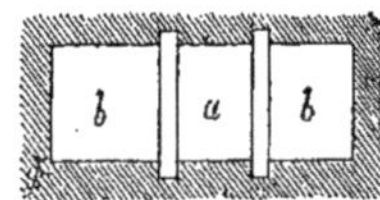

Fig. 230. — Ventilation des cuisines.

Utilisation d'anciens coffres.

c'est le tuyau unitaire; et les deux autres compartiments servent pour recevoir l'air vicié des appartements.

On se contente aussi d'établir une division dans d'anciens coffres au moyen de deux languettes; notre figure 230 indique cette disposition : *a* est le tuyau unitaire, et *b*, *b*, les tuyaux d'extraction ou d'évacuation de l'air vicié.

Quand on ne peut disposer de beaucoup d'espace dans un coffre de cheminée, on fait passer des tuyaux de fonte pour l'extraction de l'air vicié.

Si on ne peut, pour quelques motifs, employer les divers systèmes de ventilation de cuisines que nous venons de décrire, quand celles-ci sont éclairées au gaz on fera toujours bien d'allumer, au bas de la cheminée et près du tuyau de fumée, un ou deux becs qui ne brûleraient que pendant la préparation des mets; dans bien des cas, lorsque les fourneaux sont mal établis, cette simple précaution suffira pour déterminer un appel assez énergique pour supprimer les odeurs des mets qu'on prépare.

Salles à manger. — Dans les petites salles à manger, une ventilation bien établie à l'aide de poêles en faïence suffira pour supprimer toute odeur; dans les grandes salles au contraire, il faudra appliquer les règles que nous avons données déjà, et que nous donnerons ultérieurement.

Dans celles-ci, en effet, l'odeur des mets, jointe à celle que dégagent les individus, ainsi que la chaleur des lustres et autres appareils d'éclairage, sont de grandes causes de viciation de l'air; aussi sera-t-il nécessaire de le renouveler quatre à cinq fois par heure. On ne devra pas négliger l'utilisation de la chaleur des lustres pour déterminer un appel, le plus près possible du plancher; les orifices pour l'air neuf devront être placés loin des personnes et un peu au-dessous des orifices ménagés dans ou vers le plafond pour l'extraction des produits de la combustion.

Nous n'insisterons pas davantage sur les différents locaux de l'habitation, car les salles à manger, grands salons, etc., doivent être ventilés proportionnellement à leur cube. On ne peut poser des règles fixes et immuables pour leur ventilation dans certaines conditions; c'est de l'ensemble de toute notre étude sur la ventilation que le lecteur devra tirer lui-même les conclusions qui lui seront nécessaires pour certains cas particuliers.

Fosses et lieux d'aisances. — Les fosses et lieux d'aisances répandent encore trop souvent dans les habitations des exhalaisons désagréables et surtout malsaines; il est cependant fort simple d'éviter cette infection en prenant quelques dispositions peu compliquées.

Il existe bien aujourd'hui pour les grandes villes des règlements de voirie qui imposent certaines obligations pour la construction des fosses, mais souvent ces ordonnances sont éludées par les particuliers, et puis enfin dans beaucoup trop de villes encore, il n'existe pas de règlements administratifs.

Voici les moyens les plus simples et les plus efficaces pour empêcher la diffusion de ces odeurs.

Il faut autant que possible immerger la partie inférieure des tuyaux de chute dans une cuvette en cuivre fixe ou mobile. Il résulte de cette disposition que ce n'est qu'une bien minime partie des gaz méphitiques qui peut remonter par les tuyaux et donner de l'odeur aux cabinets; mais, pour éviter que ces gaz eux-mêmes se répandent dans les *water-closet*, on emploie aujourd'hui des cuvettes hydrauliques à l'anglaise; enfin la fosse doit être pourvue d'un tuyau de ventilation. Si l'on peut adosser celui-ci près d'une cheminée des fourneaux de cuisine on activera l'appel du tuyau ventilateur.

Si les fosses et leur ventilateur ne peuvent être établies dans les conditions que nous venons de rapporter, on se trouvera fort bien d'adopter le système suivant de construction figuré par notre croquis 231. On détermine dans les cabinets, en *a*, un fort appel de l'air qui se dirige par les cuvettes et les tuyaux de chute dans la fosse *b*, au-dessus de laquelle il existe un espace vide, une sorte de chambre dans laquelle les gaz viennent déboucher par une ouverture. Cette chambre est munie d'un tuyau de ventilation qui passe dans une cheminée *c*, au bas de laquelle on place un bec de gaz ou une lampe à pétrole pour lui donner un fort tirage.

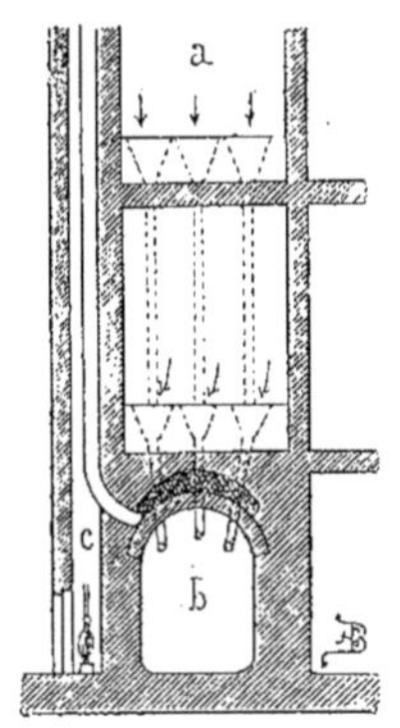

Fig. 231. — Ventilation des fosses et lieux d'aisances. — *a*, prise d'air ; *b*, fosse ; *c*, cheminée de ventilation.

Cette disposition présente les avantages suivants : les gaz ne peuvent arriver dans les cabinets et par suite dans les appartements par ce tuyau de chute, puisque ces gaz s'élèvent dans une chambre située au-dessus de leur extrémité inférieure, ensuite la cheminée de ventilation qui, dans certains bâtiments, peut avoir 16 et 18 mètres de hauteur, a un très-grand tirage qui fait que l'appel de l'air par les cuvettes est considérable.

Le type de cabinets que nous venons de décrire est fait pour des hôpitaux et casernes ou bâtiments d'administration. Les trois cuvettes ne sont séparées que par des cloisons légères en maçonnerie ou mieux par des plaques de fonte émaillée de $1^{m},70$ de hauteur.

Une bonne précaution toujours utile, quelle que soit l'installation des cabinets d'aisances, c'est d'employer des désinfectants; un des meilleurs est le *soluté-Léchelle*. On l'emploie généralement à la dose de 10 p. 100, soit 10 litres de soluté pour 100 litres de matière liquide ou solide.

Ventilation d'ensemble d'un bâtiment. — Nous avons dit précédemment (page 101) que M. Forquenot, ingénieur en chef du service du matériel et de la traction de la compagnie du chemin de fer d'Orléans, avait établi un chauffage à l'eau chaude dans les bureaux de la traction de cette compagnie. Nous allons décrire cette installation qui présente un parfait modèle de chauffage et de ventilation pour l'ensemble d'un édifice.

M. Forquenot s'est inspiré, pour l'étude de son projet, d'une installation analogue établie dans les bureaux de la société de Five-Lille à Paris, où ce système fonctionne fort bien depuis de longues années.

Le bâtiment construit par notre confrère M. Louis Renaud (1) mesure 54 mètres de longueur sur 14 de largeur environ, ce qui donne 756 mètres superficiels qui, multipliés par 17, hauteur des quatre étages habités, produisent un cube de 12852 mètres ou en chiffres ronds 12000 mètres, abstraction faite des 852 pour le cube des planchers et cloisons séparatives qui subdivisent les étages.

(1) C'est M. Louis Renaud, architecte principal de la compagnie et M. Forquenot, ingénieur en chef, qui nous ont fourni les renseignements suivants.

Les chaudières sont installées dans le sous-sol des bâtiments, leur foyer aboutit par des carneaux à la cheminée placée au centre de la courette de ventila-

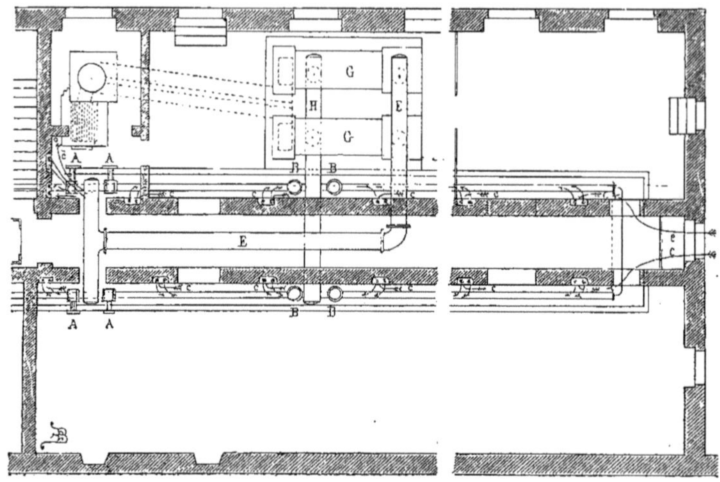

Fig. 232. — Ventilation d'ensemble d'un bâtiment (sous-sol). (Échelle de $0^m,005$ pour mètre.) — A, valves pour isoler les colonnes horizontales du départ d'eau ; B, valves pour isoler les colonnes horizontales du retour d'eau ; *c*, air chauffé ; E, tuyau de départ d'eau ; *e*, arrivée de l'air extérieur ; G, chaudières ; H, tuyau de retour d'eau.

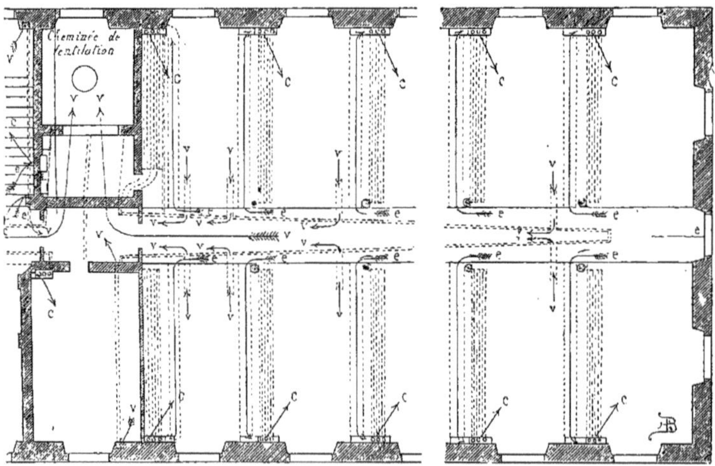

Fig. 233. — Ventilation d'ensemble d'un bâtiment (étages). (Échelle de $0^m,005$ pour mètre.) — *c*, air chaud ; *e*, air extérieur ; *v*, air vicié.

tion (fig. 232). L'ingénieur a utilisé des chaudières de locomotives hors de service ; elles sont représentées en plan sous les lettres G, G ; en E se trouve le tuyau de départ d'eau, en H le tuyau de retour ; A sont des valves pour isoler les colonnes horizontales du départ d'eau ; B, d'autres valves pour isoler les colonnes

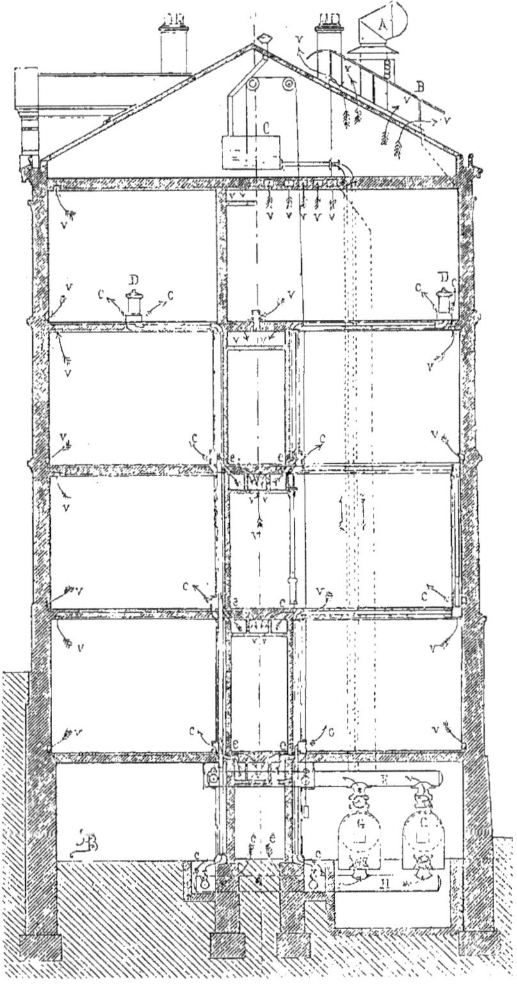

Fig. 231. — Coupe d'un bâtiment chauffé et ventilé par l'eau chaude. (Échelle de $0^m,005$ pour mètre.) — A. girouette de la cheminée des chaudières ; B, couverture vitrée de la cheminée de ventilation ; C, vase d'expansion ; D, poêle à eau ; E, tuyau de départ d'eau ; G, chaudières ; H, tuyau du retour d'eau ; *c*, air chaud ; *e*, air extérieur ; *v*, air vicié.

horizontales de retour. L'air pris extérieurement au bâtiment est appelé dans les gaînes qui renferment les colonnes montantes et ascendantes. Cet air s'échauffe au contact de ces colonnes et sort par des bouches *c* ménagées dans les gaînes.

La figure 233 montre la circulation des tuyaux sous les parquets qui sont mobiles là où passent les tuyaux, ils y sont enfermés comme dans des caniveaux. L'air vicié V est appelé dans la cheminée de ventilation par des orifices situés près du plafond et du plancher; nous verrons bientôt que cette disposition est très-utile.

Notre figure 234 montre la coupe du bâtiment dans laquelle on voit en A la gueule de loup ou girouette de la cheminée des chaudières, en B la couverture de la courette de ventilation; C est le vase d'expansion avec un tuyau d'échappement de la vapeur d'eau au-dessus du toit. D sont des poêles à eau chaude qui ont la double mission de chauffer l'air de la pièce et d'activer la circulation de l'eau dans les colonnes. Cette figure 234 montre que sous les planchers des couloirs, au rez-de-chaussée, au premier et au deuxième étage, il existe des gaînes ou plutôt des coffres divisés en trois compartiments.

Les compartiments de droite et de gauche amènent l'air extérieur dans les pièces situées de chaque côté du couloir. Le coffre du centre appelle au contraire l'air vicié et le rejette dans la courette ou cheminée d'extraction ou d'évacuation, comme nous l'avons déjà vu, figure 233. On remarquera dans cette coupe (fig. 234) que les orifices d'extraction sont situés dans le bas et dans le haut des pièces : c'est une excellente disposition, car nous avons vu dans ce qui précède que la viciation de l'air provenait de plusieurs causes (page 180) et qu'une partie de l'air vicié était lourd et l'autre au contraire léger; dès lors il devient urgent d'établir des orifices d'extraction à des hauteurs différentes, afin de chasser entièrement ce mauvais air. Enfin, dans le sous-sol, nous retrouvons les chaudières; notre légende nous dispensera de reparler de cette installation.

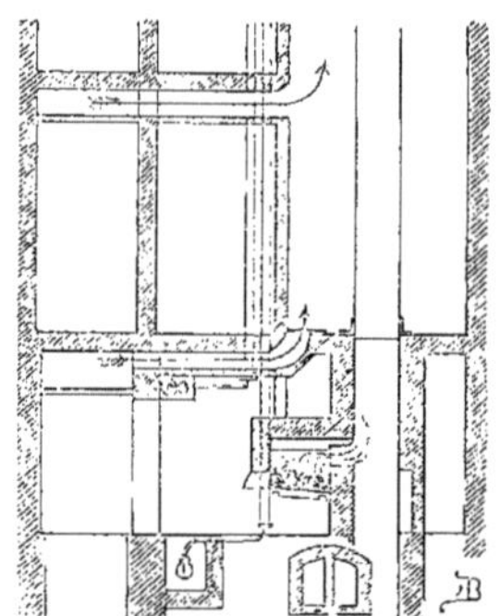

Fig. 235. — Coupe du départ de la cheminée d'évacuation. (Échelle de $0^m,005$ pour mètre.)

Les colonnes et les tuyaux de distribution sont de différentes sections, les départs d'eau mesurent $0^m,25$ de diamètre, les colonnes ascendantes $0^m,20$, les colonnes descendantes $0^m,17$ ainsi que les tuyaux de distribution. Les coudes qui servent à raccorder les tuyaux sont en cuivre rouge et ne mesurent que $0^m,045$ de diamètre intérieur.

La figure 235 montre une coupe du départ de la cheminée de ventilation, elle mesure 3 mètres sur 3 mètres, soit 9 mètres carrés de surface. On aperçoit dans le bas de notre figure un petit foyer d'appel qui sert pour la ventilation d'été et la mise en train du chauffage, car comme nous l'avons déjà relaté, des carneaux situés au-dessous de ce foyer d'appel viennent aboutir à la cheminée centrale des chaudières; celle-ci mesure $0^m,80$ de diamètre, sa section a été calculée de manière à ne pas exagérer le tirage, qui cependant est très-suffisant.

Les flèches indiquent l'extraction de l'air vicié. Avec ce mode de chauffage, la vitesse de l'air par seconde autour des tuyaux est de $0^m,50$ et à l'entrée et à la sortie des bouches, de 1 mètre. La quantité d'air chauffé et ventilé est de 25 à 30 mètres cubes par heure et par individu, c'est-à-dire la quantité que nous avons allouée pour les ateliers ordinaires, les écoles d'adultes et les écoles de dessin du soir (voy. page 182).

Comme on peut s'en rendre compte, ce système de chauffage et de ventilation a été établi d'après les bons principes, d'après ceux que nous avons formulés jusqu'ici dans notre traité; c'est aussi pour ce motif que, quoique peu partisan du chauffage à l'eau pour de grands bâtiments, nous l'avons analysé et décrit. Nos lecteurs se rappellent sans doute que nous avons dit précédemment que le chauffage à l'eau revenait fort cher comme frais de premier établissement et comme frais d'entretien. Nous ajouterons encore que, dans l'application qui nous occupe, l'air étant pris à chaque étage amène en été de l'air moins frais que s'il était soutiré par les caves et envoyé par des bouches aux divers étages.

CHAPITRE X

VENTILATION DES ÉDIFICES PUBLICS.

Si une question mérite de fixer l'attention des administrations et des hommes jaloux de la grandeur de notre pays, c'est sans contredit celle qui a pour objet l'éducation de l'enfant; comme nous l'avons déjà dit, plus on soignera l'enfance, moins on aura à construire de vastes hôpitaux.

Asiles et crèches. — On nomme *crèches* les asiles ouverts par la charité aux enfants en bas âge.

Si l'air pur est nécessaire à tous les âges, il est indispensable à la première enfance; malheureusement les personnes de qui dépendent ces établissements n'attachent pas toute l'importance qu'ils devraient attacher à une bonne ventilation des crèches; cependant aujourd'hui on a des données certaines qui permettent la bonne installation de ce service dans ces asiles. On a reconnu que le volume d'air à introduire et à extraire devait s'élever à 15 mètres cubes par enfant et par heure, à 30 pour les mères qui allaitent leurs enfants et aux personnes de service. Avec ces chiffres il sera facile de calculer le cube à allouer à une crèche. Supposons par exemple une crèche pour 40 berceaux, la présence de 10 mères en moyenne et 5 personnes pour le service, nous aurons :

$40 \times 15 = 600$ mètres cubes pour les enfants.
$15 \times 30 = 450$ mètres cubes pour les grandes personnes.

1050 m. c., volume total de l'air à extraire et à introduire par heure, soit 173 m. c. par minute.

Souvent les crèches sont divisées en deux parties, une qui sert exclusivement aux enfants et l'autre à l'allaitement, et dans laquelle se trouvent naturellement les mères. Notre figure 236 montre cette disposition. L'air pris extérieurement, P, se chauffe au contact du calorifère et sort par les bouches de chaleur C dont on peut régler le débit à volonté par des fermetures; l'air vicié est extrait à l'aide des gaînes de ventilation V au sommet desquelles le tuyau de la fumée T détermine un appel énergique. Le couronnement x de la cheminée d'appel permet l'échappement de l'air vicié, telle est la ventilation d'hiver. En été, il suffit d'al-

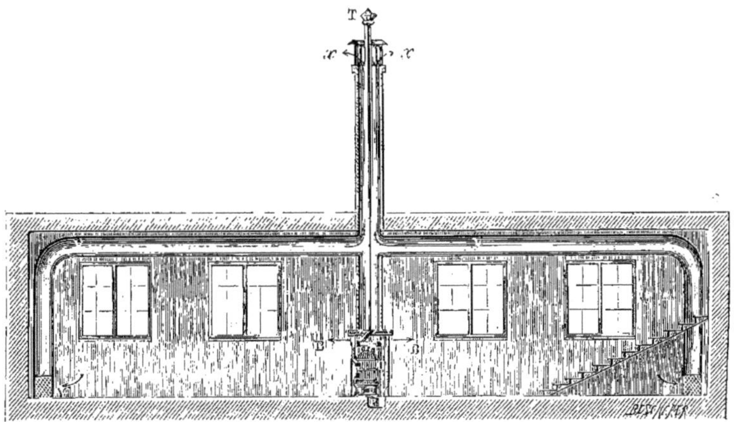

Fig. 236. — Chauffage et ventilation des asiles et des crèches. — B, Bouches de chaleur ; C, calorifère; P, prise d'air; T, tuyau de la fumée; V, gaine de ventilation; x, échappement de l'air vicié.

lumer dans la chambre du calorifère C un petit bec de gaz pour obtenir le même résultat. On ventile de même les salles d'asile.

Écoles primaires. — Les écoles primaires sont chauffées et ventilées à peu

Fig. 237. Chauffage et ventilation d'une école primaire. — A, prise d'air; B, canalisation; C, poêle; F, tuyau de la fumée; v, gaîne de ventilation.

de chose près comme les asiles et les crèches; seulement les canalisations et les orifices d'extraction, au lieu d'être pratiqués dans ou contre les parois verticales des deux longs côtés de la salle, ce qui souvent gênerait pour les baies d'éclairage, ces canalisations n'existent que sur un côté. Notre figure 237 montre cette disposition. Un poêle thermo-conservateur est placé en C; par la canalisation B il reçoit l'air extérieur A; un long tuyau F traverse la classe pour se rendre dans une gaîne de ventilation V qui extrait l'air vicié par un orifice placé au bas de la gaîne derrière le pupitre du maître d'école; l'air vicié, attiré par le tirage de la partie verticale F du tuyau de fumée, sort par les ouvertures V. Telle est la ventilation d'hiver; en été, un simple lampion ou un bec de gaz, placé dans la gaîne à 1 mètre au-dessus du sol, détermine la ventilation et l'air extérieur pénètre par le poêle dont on a seulement enlevé les tuyaux, ou par une grille posée dans le plancher, si le poêle lui-même a été enlevé.

Écoles d'adultes. — Des dispositions identiques à celles que nous venons de décrire doivent être prises pour les écoles d'adultes, avec cette seule différence qu'il faut augmenter le cube d'air et le porter à 18 et 20 mètres cubes par heure et par individu; ce qui s'obtient très-facilement en donnant aux conduits et aux orifices d'admission et d'extraction de plus grandes dimensions.

Écoles de dessin du soir. — La ventilation de ces écoles est très-difficile à établir dans de bonnes conditions, et cela pour plusieurs motifs : 1° ces classes servent souvent de jour et le mode de ventilation appliqué pour le soir est trop puissant; 2° le soir, la quantité de gaz qu'il faut consommer pour éclairer, élève la température d'une manière tout à fait insolite. Il faut donc choisir un mode de ventilation qui permette de régler à volonté l'entrée et la sortie de l'air.

C'est ici le cas d'appliquer deux systèmes d'extraction de l'air vicié, l'un près des plafonds, qui servira pour les appareils à gaz, et l'autre près des planchers, qui sera appelé à extraire l'air vicié plus lourd.

En adoptant ce système, l'air affluent devra arriver à mi-hauteur des murs par des vasistas à soufflets placés dans les carreaux supérieurs des fenêtres. Ces vasistas enverront l'air froid vers le plafond et celui-ci n'arrivera sur les élèves qu'après s'être mélangé avec les couches d'air supérieures qui sont les plus chaudes. Il ne faudra pas craindre de multiplier ces vasistas tout autour de la classe de dessin, et même si les trumeaux qui séparent les fenêtres sont très-larges, on devra y établir des vasistas de grande dimension.

Dans le jour, avec ce mode de ventilation, on pourra régler l'entrée de l'air affluent.

Nous devons ajouter que si les écoles de dessin n'ont pas de locaux au-dessus d'elles, un bon mode de ventilation sera de placer au-dessus des becs de gaz et autant que possible dans l'axe du bâtiment, des cheminées de ventilation ou des ventilateurs, comme celui de Muir ou de Noualhier. Ce dernier, assez multiplié sur une toiture, donnera d'excellents résultats.

En employant ces dispositions on pourra rendre salubres et supportables les classes de dessin du soir, surtout si l'on calcule l'arrivée de l'air neuf affluent à raison d'un renouvellement par heure de six à sept fois la capacité totale de la classe; comme on le voit, c'est un cube assez fort qu'il faut attribuer par chaque élève.

Lycées et colléges. — Comme dans tous les établissements qui réunissent une grande agglomération d'individus, les lycées et les colléges réclament un renouvellement d'air considérable.

Il convient donc de donner dans les lycées une moyenne de 25 mètres cubes de renouvellement par heure et par tête.

Nous n'ignorons pas que certains praticiens trouveront ce chiffre considérable, et cependant si nous arrivons à calculer la moyenne de l'âge des individus qui y vivent, il faut considérer tous les jeunes gens comme des personnes âgées de vingt à vingt-cinq ans, c'est-à-dire comme de grandes personnes. En effet, s'il y a des enfants de sept, huit et dix ans, il y a dans les classes élevées des jeunes gens de quatorze et quinze ans, des professeurs, des administrateurs, des employés et des domestiques de tout âge; donc nous trouvons qu'on ne peut raisonnablement accorder un renouvellement moindre de 25 mètres cubes.

Comme nous avons dit que le chauffage à adopter était la vapeur (voy. p. 150) nous pensons qu'il sera urgent d'établir un système de ventilation par l'air comprimé, d'autant que par ce mode, à l'aide des bouches de ventilation, on pourra régler son intensité absolument comme on fera pour le chauffage à l'aide de robinets, car nous avons vu aussi que les jeunes gens séjournaient quatre heures dans les classes, cinq à six heures dans les salles d'étude et une heure dans le réfectoire, et le reste dans les préaux, dans les cours ou le dortoir. Comme on le voit, il faut avoir un mode de chauffage et de ventilation pour ainsi dire transportable, et suivant de près les élèves, ce mode ne peut guère être obtenu qu'avec la vapeur, qui fournit la chaleur et l'air comprimé.

A défaut de ce mode de ventilation, on pourra appliquer l'appel par en bas, dans lequel la ventilation fonctionne le jour pour les classes, salles d'étude, réfectoire, en un mot pour les locaux du rez-de chaussée, et la nuit pour les étages supérieurs, pour les dortoirs, car on ne doit pas oublier que la ventilation pendant la nuit est encore plus nécessaire que pendant le jour.

Si l'on applique ce dernier mode, chaque étage devra avoir ses conduits d'appel aboutissant à des conduits collecteurs qui arrivent eux-mêmes à la cheminée d'appel. Celle-ci sera construite comme nous l'avons indiqué (fig. 209 et 189, p. 210) c'est-à-dire avec un foyer dans le bas, si les conduits collecteurs sont fort éloignés de la cheminée d'appel; ils devront eux-mêmes être munis d'un petit poêle à coke, cela augmentera le tirage et assurera une bonne ventilation.

Casernes. — Il faut avoir eu l'occasion de visiter une caserne pour se rendre compte des odeurs nauséabondes qu'elles dégagent. On s'occupe beaucoup dans notre pays de l'équipement militaire, de la couleur d'un passe-poil ou de la forme du shako; mais nous sommes bien obligé d'avouer qu'on se préoccupe fort peu des moyens de rendre le soldat fort et vigoureux, et de faire des casernes des locaux habitables ; aussi combien la fièvre typhoïde fait de victimes dans ces sortes de *maladreries* qu'on nomme *casernes!*

Cependant il serait bien facile de porter un remède à cet état de choses, il faudrait pour cela y établir une énergique ventilation. Ce que nous disons est si évident, qu'en général le soldat se porte mieux en été qu'en hiver, parce que dans la belle saison il laisse les fenêtres constamment ouvertes, tandis qu'en hiver il vit confiné dans une atmosphère insupportable rendue plus dangereuse encore par la présence de cet hideux poêle en fonte lyonnais qu'on a dénommé aussi *poêle de corps de garde* (fig. 84, page 73).

Donc, le volume d'air à introduire et à extraire sera, pour les casernes, 30 à 35 mètres cubes par homme et par heure pendant le jour, et 45 mètres cubes en moyenne pendant la nuit.

C'est surtout à ce moment qu'une ventilation énergique est indispensable, car dans la journée les hommes sont toujours absents, soit pour des manœuvres, soit pour des promenades ; aussi le soir, lorsqu'ils rentrent de service, ils ont besoin de faire sécher leur équipement, et pour cela on devrait établir, de préférence aux poêles en fonte, les cheminées ventilatrices que nous avons décrites et figurées pages 65 et 66 (fig. 69, 70, 71). Ces cheminées ont l'avantage de déterminer l'extraction de l'air vicié et de donner une chaleur rayonnante des plus salubres.

En été, on devra placer des ventilateurs à 2 mètres au-dessus du plancher, et des orifices d'extraction sur le parquet et près du plafond; comme les orifices d'admission seront dans la proportion d'un pour deux d'extraction, leur section sera double de ceux-ci et calculée de façon que l'air introduit frappera le plafond, comme nous l'avons déjà dit souvent; en toute saison, la différence de température intérieure et extérieure suffira pour déterminer une circulation normale.

Prisons. — Il existe deux genres de prisons, celles où le prisonnier vit en commun et celles où il vit solitaire (système cellulaire). Pour le chauffage et la ventilation des premières, on peut employer des moyens analogues à ceux que nous avons décrits pour les lycées et les collèges ; mais pour les prisons cellulaires nous devons dire qu'il n'est pas d'édifices qui présentent plus de difficultés pour obtenir une ventilation constante, régulière, indépendante et facile à régler, quoique puissante.

Nous allons donner la description du système de chauffage et de ventilation adopté pour la nouvelle maison d'arrêt et de correction située rue de la Santé à

Paris (14e arrondissement). Ce système a été établi par M. Grouvelle, sous la direction de l'architecte M. Vaudremer, aussi bon praticien qu'artiste distingué (1). Nous avons choisi cette prison parce qu'elle constitue un genre mixte. Elle reçoit en effet 1000 détenus hommes, qui forment deux quartiers bien distincts : celui des prévenus (500 avec le régime de l'isolement) et celui des condamnés (500 avec le régime en commun pendant le jour et l'isolement pendant la nuit).

Toute la prison, y compris les bâtiments d'administration, est chauffée et ventilée par un appareil unique ; le mode de chauffage adopté est l'eau et la vapeur combinées. Cinq générateurs à vapeur, situés dans une grande salle sous les préaux de l'infirmerie, distribuent la vapeur dans cinquante vases chauffeurs de circulation, soixante-quatorze cylindres de chauffage d'air, vingt-deux poêles et dix-sept appareils à vapeur directe. La vapeur sortant des générateurs est à une pression de 4 atmosphères et possède une température de 144°. La plus grande distance à parcourir pour arriver à l'appareil le plus éloigné est de 180 mètres.

Ce trajet s'effectue dans des tuyaux recouverts d'enduits, pour éviter une trop grande déperdition de la chaleur ; aussi la vapeur arrivant dans les vases condensateurs a-t-elle encore 125°, et une fois dans les serpentins de ces vases elle se condense en abandonnant une partie de sa chaleur à l'eau de circulation. Après sa condensation, l'eau arrive presque refroidie à la bâche d'alimentation des générateurs.

La ventilation s'opère sur tous les points de l'édifice par l'aspiration ou l'appel en contre-bas sollicité d'une manière continue vers un foyer d'appel. Dans le quartier cellulaire des prévenus, la ventilation s'effectue par le pot de siége placé dans chaque cellule. Chaque pot aboutit dans une galerie renfermant des appareils diviseurs, et l'air vicié et les odeurs sont constamment appelés au centre de l'édifice dans une vaste cheminée d'appel qui a 36 mètres d'élévation et dont la section uniforme est de 5mq,72 (2m79 de diamètre).

Par l'ensemble de ces dispositions, le service du chauffage et de ventilation est placé sous la main d'un seul chauffeur assisté en hiver de deux ou trois aides suivant la rigueur de la température.

Le chauffage est presque égal sur tous les points, sauf sur les plus éloignés, où la température n'est inférieure que de 3° à 4°, et après la mise en train, qui dure au moins trente à quarante minutes, le chauffage fonctionne rapidement.

La ventilation est de 15 à 20 mètres cubes par heure et par individu, soit 15 à 20000 mètres cubes à évacuer par heure, puisque la prison renferme 1000 détenus.

(1) Les renseignements suivants nous ont été fournis par notre excellent confrère M. Vaudremer.

Il faut une dépense moyenne de houille par jour qui est estimée à 450 kilog. pour la ventilation et 2 250 kilog. pour le chauffage.

L'installation du système a coûté près de 400 000 francs. Nous n'aimons pas le mode de chauffage à l'eau et à la vapeur combinées, parce qu'il revient très-cher de premier établissement et que l'entretien est fort coûteux; nos lecteurs connaissent notre sentiment à cet égard : nous avons formulé nettement notre avis sur ce système (voy. page 120), nous lui préférons de beaucoup la vapeur (1).

Hospices, hôpitaux. — Nous venons de voir qu'on a parfaitement étudié le chauffage des prisons et que même on ne craint point d'immobiliser un assez fort capital pour faire fonctionner dans ces établissements de bons et puissants moyens de chauffage et de ventilation.

Nous sommes forcé de reconnaître que jusqu'à ce jour on a plus fait pour les malfaiteurs que pour les pauvres malades qu'on entasse dans les hôpitaux; en effet, nous ne connaissons pas d'établissements hospitaliers qui soient ventilés d'une manière complète et constante.

A Paris, on a bien fait de grands essais fort dispendieux qui sont consignés dans des rapports officiels; ces essais, pratiqués à l'hôpital Beaujon, à Necker et dans quelques pavillons de Lariboisière, n'ont rien donné de bien concluant malgré les conclusions des rapporteurs.

De tout ce faisceau de documents officiels un seul fait se dégage, c'est que les ingénieurs, armés de formules et d'équations, ne sont arrivés qu'à calculer la vitesse de l'air et à discuter seulement la supériorité de l'appel sur l'insufflation ; ils ont également déterminé la largeur des gaînes et des orifices; mais il n'ont rien donné, absolument rien donné de pratique et de concluant. D'où nous pouvons conclure que les hommes, éminents du reste, qui se sont occupés de la question ne savent, comme on dit vulgairement, à quel saint se vouer pour résoudre cette question extrêmement délicate.

Cependant, comme nous avons le devoir d'informer le lecteur du résultat de notre enquête, nous lui dirons : la ventilation des hôpitaux dans certaines conditions ne comporte pas de solution et voici pourquoi. On aura beau renouveler l'air, si le milieu où l'on puise cet air, dans une grande ville par exemple, est impur, on ne donnera jamais que de l'air impur aux malades; d'où on doit tirer cette seule conclusion : *créer de petits hôpitaux dans la banlieue des grandes villes.* Pour les hôpitaux de chirurgie et pour ceux qui renferment des malades at-

(1) Nous partageons en cela l'opinion de Péclet; voici ce qu'il dit, page 242, t. III de son *Traité de la chaleur* : « De ce qu'il n'existe encore, à ma connaissance, aucune prison en France où l'on ait établi des calorifères à vapeur seule, il ne faudrait pas en conclure que leur emploi offrirait des inconvénients. Ils donneraient au contraire plus de régularité utile que ceux à eau chaude, puisqu'ils permettraient mieux de faire varier la température des surfaces chauffantes suivant celle de l'air à échauffer; ils seraient en outre moins coûteux d'installation que ceux de ce dernier système, surtout lorsque l'eau reçoit la chaleur comme à Mazas par l'intermédiaire de la vapeur. »

teints d'affections purulentes, il est de toute évidence qu'il faut construire des baraquements temporaires qu'on brûlera tous les dix ans, tel est le seul moyen de détruire les germes morbides qui s'attachent aux constructions des vastes hôpitaux et qui en font de véritables foyers d'infection.

Il s'écoulera encore beaucoup de temps avant qu'on arrive à comprendre cette vérité, parce que les gouvernements et les architectes préféreront encore longtemps faire de vastes monuments, et que les célébrités médicales se prêteront difficilement à soigner au loin des malades qui leur feraient négliger la riche clientèle urbaine qui rapporte gloire et profits.

En attendant que ce fâcheux état de chose cesse, nous conseillons de ventiler les hôpitaux avec les moyens les plus puissants, car, de tous les débats soulevés par cette importante question, on a reconnu que pendant les guerres la mortalité était plus considérable dans le bel hôpital monumental, diminuait dans l'ambulance temporaire, et était presque nulle dans la tente baraque ouverte pour ainsi dire à tous les vents.

Donc, en hiver, on devra combiner une ventilation très-énergique avec le chauffage, et en été il faudra maintenir dans les cheminées d'appel une température de 20° à 25° supérieure à la température extérieure, afin de déterminer une puissante ventilation.

Nos lecteurs connaissent déjà les moyens d'appeler l'air extérieur; nous en avons proposé plusieurs, mais nous donnerons ici un nouveau mode par les appareils de chauffage, quand le local est chauffé par la vapeur ou l'eau chaude. Voici le dispositif en question : on pose un poêle à vapeur ou à eau chaude dans l'axe longitudinal de la salle et dans l'épaisseur des planchers (fig. 238), on pratique des gaînes d'aération avec prise d'air sur chacune des faces d'un bâtiment. La chaleur développée par le poêle raréfie l'air qui est enfermé dans le vide central du poêle qui est creux, comme nous l'avons vu, figure 155, page 117. Cet air échauffé, devenu léger, s'élève dans la salle dans le sens indiqué par les flèches. Le poêle remplit l'office d'une véritable cheminée d'appel de l'air neuf qui s'introduit par les orifices pratiqués sur les murs de face du bâtiment; l'air vicié, au contraire, est expulsé par des ouvertures d'extraction, ou par des ventilateurs placés dans les fenêtres ou dans les murs, ou par tout autre moyen.

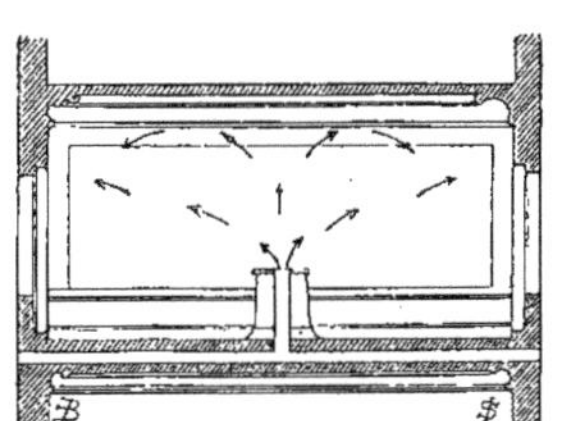

Fig. 238. — Ventilation énergique pour les salles d'hôpitaux.

Il est facile de comprendre que la vitesse d'écoulement de l'air qui traverse le poêle croîtra avec la température que l'air acquiert dans le poêle, et que plus celle-ci sera élevée, plus grande sera cette vitesse.

C'est pour augmenter cet effet qu'on emploie des poêles très-élevés et très-étroits, si étroits même qu'on peut les cacher dans l'épaisseur des murs, comme cela a été fait dans plusieurs édifices, aux bâtiments d'administration de la gare du Nord et à l'École polytechnique par exemple.

La grande hauteur des poêles présente encore l'avantage d'augmenter la surface de chauffe, ce qui active le tirage, et d'assurer aussi dans tous les temps, même quand on ne chauffe pas, le mélange de l'air neuf avec celui des salles. En effet, les poêles élevés déversent l'air de très-haut, dès lors il est obligé de descendre vers les orifices d'appel placés généralement à quelques centimètres au-dessus du parquet. En été on pourrait se servir de ces poêles pour la ventilation en plaçant dans l'intérieur du cylindre creux des poêles un lampion à huile ou un faible bec de gaz.

Le système d'appel que nous venons de décrire produit une ventilation énergique que nous recommandons pour les hôpitaux.

Un autre système de ventilation qui mérite d'être signalé c'est celui de l'hôpital de Glascow (1). « Dans cet établissement, dont M. L. Lefort a bien voulu me communiquer les plans, la ventilation s'opère par l'action directe de la chaleur développée par la combustion de la houille dans des cheminées.

» Le chauffage est effectué par des foyers ouverts et placés au centre de la salle, à chaque extrémité d'une cheminée quadrangulaire, à laquelle ses dimensions permettent de contenir dans son épaisseur tous les tuyaux des autres étages (fig. 239 et 240,) et un espace de 1 mètre, sur 1^{m}, 20 réservé au centre, est séparé en tubes d'aspiration destinés à enlever des salles l'air vicié par la respiration.

» Sur deux côtés du corps de cette cheminée centrale et près du plafond de la salle, existe une ouverture qui conduit cet air dans le tuyau à fumée; sur les deux autres côtés et au même niveau, deux autres ouvertures l'amènent dans les tubes d'aspiration. Si l'on ajoute à ces quatre ouvertures celles de deux chemi-

(1) Tout ce qui est relatif à cet hôpital est extrait de l'ouvrage de M. le général Morin, *Études sur la ventilation*, t. I, page 29. Nous n'avons pu résister au désir de communiquer ce renseignement de M. le docteur Lefort, car l'hôpital de Glascow est un modèle à suivre. Voici ce que nous trouvons à ce sujet dans un journal, *L'Ami des sciences*, n° 8, 23 fév. 1862, sous la signature du docteur Bastin : « L'hôpital de Glascow, situé sur les confins de la cité dans le quartier populeux et pauvre de Londres, s'est vu augmenter il y a deux ans d'un nouveau corps de bâtiment dont la construction avait été rendue nécessaire par un accroissement considérable de population; ce nouveau bâtiment serait en quelque sorte un modèle à proposer aux architectes et aux ingénieurs. Aération parfaite, assurée par de larges et nombreuses fenêtres, et favorisée, même lorsque les fenêtres et les portes restent fermées, par un canal pratiqué dans l'épaisseur même des murs et semblable à ceux qu'emploie le génie dans la construction des magasins à poudre; chauffage effectué par des foyers ouverts, alimentés au charbon de terre et placés au milieu des salles, à chaque extrémité d'une cheminée quadrangulaire qui contient à son centre un espace de 1^{m},20, séparé en tubes d'aspiration destinés à enlever l'air vicié. » (Voy. nos figures 239 et 240, qui indiquent les dispositions signalées par le docteur Bastin.)

minées, on aura six orifices pour l'écoulement de l'air vicié de la grande salle, écoulement qui se fait naturellement, la chaleur du foyer suffisant pour échauffer les tubes aspirateurs et déterminer le tirage.

» L'air frais entre dans la salle par trente-cinq ouvertures sans compter les portes. Six orifices, trois de chaque côté, placés dans le plafond, communiquent par un canal placé entre deux planchers contigus avec une ouverture ménagée dans la façade.

« Les murs (fig. 241) sont en quelque façon dédoublés et interceptent dans leur épaisseur une sorte de canal interpariétal, qui s'ouvre au niveau de la partie supérieure et de la partie inférieure des quatorze fenêtres. L'air pénètre ainsi entre les murs et arrive dans la salle par vingt-huit ouvertures placées dans les angles que forment les murs latéraux avec le plafond et le plancher. Il suffit de lever de $0^m,05$ la moitié supérieure ou de baisser de la même quantité la moitié inférieure de chaque fenêtre pour intercepter en grande partie l'entrée de l'air

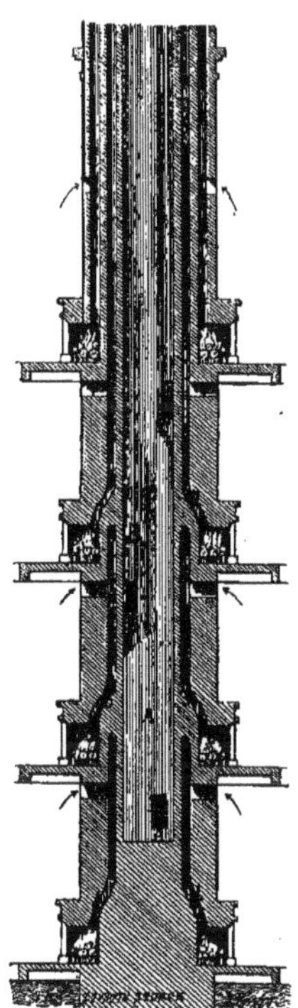

Fig. 239. — Coupe longitudinale du massif des cheminées de l'hôpital de Glascow. (Échelle de $0^m,005$ pour mètre.) — 1, 2, cheminée des deuxième et troisième étages ; 3 et 4, du premier et du rez-de-chaussée ; A, tuyau d'aspiration du rez-de-chaussée ; B, du premier étage ; C, du deuxième étage.

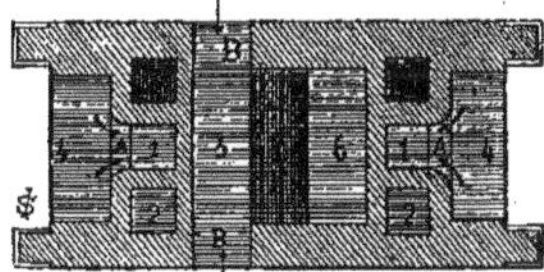

Fig. 240. — Plan du massif des cheminées de l'hôpital de Glascow. (Échelle de $0^m,01$ par mètre.) — 1, tuyaux de chauffage du deuxième étage ; 2, du premier étage ; 3, du rez-de-chaussée ; 4, foyers du deuxième étage ; A, ouverture du tuyau d'aspiration ; 5, tuyaux de ventilation du deuxième étage ; 6, du premier étage ; 7, du rez-de-chaussée ; B, ouverture des orifices d'aspiration.

par cette voie indirecte. Enfin au-dessus de la porte se trouve une large ouverture à claire-voie qu'on ouvre et qu'on ferme à volonté. Ces moyens permettent une ventilation graduelle de la salle, parfaite alors même que les fenêtres restent fermées, car l'on peut ventiler les angles inférieurs et supérieurs où l'air a de la tendance à séjourner. » Certes voilà un mode de chauffage qui doit produire une ventilation très-énergique. En somme, nous conseillons d'employer pour les hôpitaux le chauffage à la vapeur qui permet de ventiler en été par l'air comprimé, qui donne de l'air frais, puisqu'on peut pulvériser de l'eau dans l'air qu'on insuffle. Ce mode offre encore l'avantage de pouvoir, dans les fortes chaleurs ou

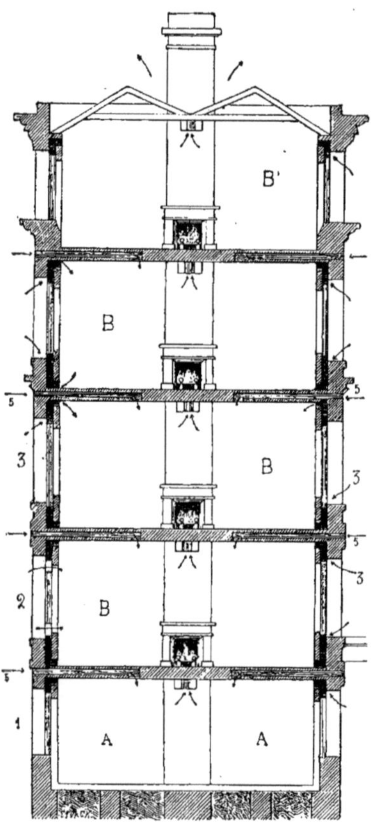

Fig. 241. — Coupe du pavillon de chirurgie de Glascow. (Échelle de 0m,005 pour mètre.) — A, sous-sol, cuisines, etc. ; B, salles de chirurgie ; B', troisième étage, amphithéâtre, etc. ; 1, entrée d'air directe ouverte ; 2, canal d'aération fermé ; 3, canal d'aération inférieur ouvert ; 4, aspiration par les cheminées ; 5, canaux d'aération par les plafonds.

en temps d'épidémie, mêler à l'eau une petite quantité d'acide phénique ou tout autre désinfectant. Tels sont les moyens que nous croyons les plus efficaces pour la ventilation des hôpitaux.

Ambulances. — Nous sommes obligé d'emprunter à la Prusse un modèle de ventilation des ambulances (1), modèle copié du reste sur un type américain.

Ce baraquement a été construit à Minden. Sur tout son pourtour (fig. 242) il a été réservé une rainure *a* de $0^m,02$ environ au niveau du plancher. Cette ouverture communique avec l'espace restant libre entre le double plancher *b*; cet espace communique lui-même avec des cheminées d'appel en tôle *c*, débouchant dans la partie supérieure de la couverture. Dans les cheminées d'appel on fait

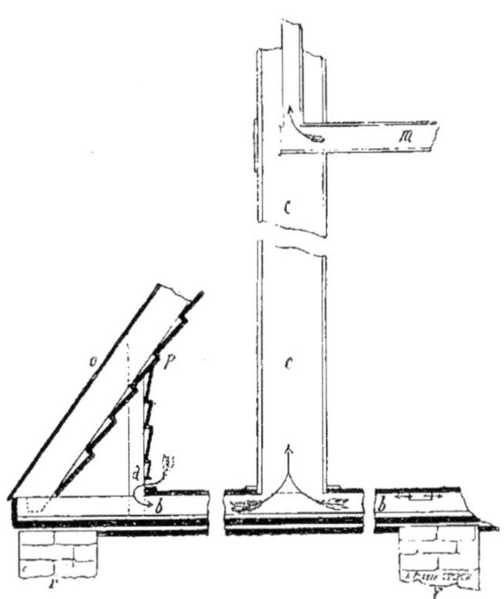

Fig. 242. — Détail du mode de ventilation appliqué aux baraquements de Minden. (Prusse). — *a*, extraction de l'air vicié; *b*, vide réservé entre les doubles planchers; *c*, cheminée d'appel; *m*, tuyau du poêle; *o*, couverture; *p*. revêtement intérieur; *r*, dés en maçonnerie.

passer les tuyaux des poêles *m*, dont la chaleur provoque une forte aspiration vers la partie supérieure et rejette au dehors l'air vicié de la salle.

Cette disposition simple et ingénieuse donne d'excellents résultats.

Églises. — A propos du chauffage des églises nous avons parlé assez longuement de leur ventilation (voy. page 153); aussi nous ne reviendrons sur ce sujet que pour insister sur la nécessité de leur chauffage et de leur ventilation, ne serait-ce que dans le but de conserver les tableaux, menuiseries et objets d'art que les églises renferment. Nous avons vu en effet beaucoup d'églises, dans le nord de la France, où l'humidité qui règne dans leur intérieur est telle, que les pierres verdissent à 1 mètre et $1^m,50$ au-dessus du sol, de sorte que tout pourrit dans un pareil milieu. Qu'on ne croie pas à l'exagération; il suffira de visi-

(1) La figure et les quelques lignes qui l'accompagnent sont tirées d'un excellent livre de notre confrère Demoget, ingénieur-architecte, intitulé *Études sur la construction des ambulances temporaires, etc.*, 1 vol. in-8°.

ter les églises de la Normandie pour se convaincre de la véracité de notre récit. Eh bien, pour éviter un tel état de choses, il faudrait les chauffer et les ventiler en hiver, ou tout au moins les ventiler en été. Plusieurs moyens de ventilation sont efficaces. Dans bien des cas, on pourrait installer dans les églises qui possèdent des cryptes un moteur Lenoir qui mettrait en mouvement un ventilateur quelconque. Si l'église ne possède pas de crypte, dans une sorte de tambour pratiqué devant une des portes qu'on n'ouvre jamais, on pourrait établir cette installation.

Un autre moyen serait d'installer dans les combles ou dans les tours, ou l'une des tours du clocher, un ou plusieurs ventilateurs plus ou moins puissants, fonctionnant seuls au moyen d'un mouvement d'horlogerie, comme le ventilateur Ligny par exemple. Ces appareils attireraient l'air dans les combles, ce qui ventilerait en même temps la charpente et sécherait l'humidité qui ruisselle sur les murs de certaines églises; on établirait des prises d'air dans des positions favorables, et autant que possible sur les quatre faces de l'édifice. Avec cette simple précaution on ne serait point exposé à voir périr des chefs-d'œuvre, que bien souvent les fabriques insouciantes laissent dévorer par la moisissure et les champignons.

Amphithéâtres. — Les petits amphithéâtres peuvent être ventilés comme les écoles et les classes de dessin; nous n'avons pas à nous en occuper ici, mais seulement des grands amphithéâtres.

Le meilleur système consiste à établir sous la chaire du professeur (fig. 243)

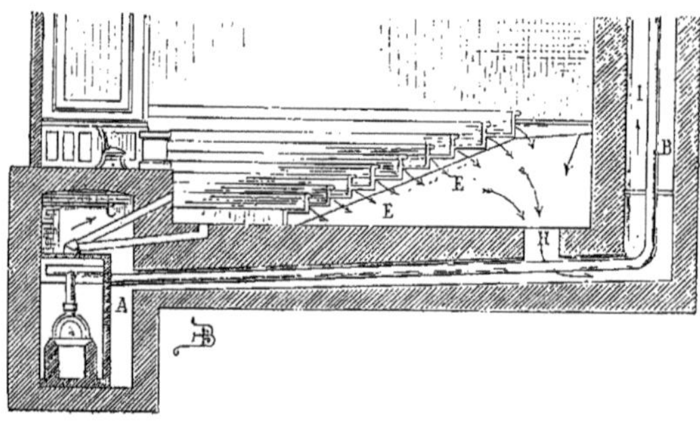

Fig. 243. — Ventilation des amphithéâtres. — A, calorifères à air chaud; Conduit de la fumée; C, chambre de mélange; E, air vicié; H, évacuation de l'air vicié; I, gaîne d'appel de l'air vicié.

un calorifère à air chaud A, dont la puissance soit en rapport avec le cube à chauffer, et qui fournisse une ventilation à raison de 15 mètres cubes par heure et par tête avec le maximum des auditeurs. L'air de ventilation arrive dans une chambre de mélange C, et sort par différentes bouches placées çà et là dans l'enceinte, mais de manière à ne pas incommoder les auditeurs. L'air vicié est appelé par des orifices situés sur la face perpendiculaire des gradins, se rend dans l'espace E, et sort par des ouvertures H pratiquées dans le sol de cette sorte de chambre d'extraction. Le conduit de la fumée B, qui passe dans la gaîne d'appel I, produit un appel énergique; il est bien entendu que cette gaîne est hermétiquement fermée au point A. Telle est la ventilation d'hiver. En été l'air frais arrive dans la chambre C et par une ou deux ouvertures pratiquées dans le plafond ou la coupole de l'amphithéâtre, et à l'aide d'un bec de gaz allumé au point B par exemple, on extrait l'air vicié par les mêmes orifices que pour la ventilation d'hiver.

Pour les amphithéâtres de dissection et de chimie, il faut élever le volume d'air à introduire à 20 et 25 mètres cubes par tête et par heure.

Salles d'assemblée. — Les salles d'assemblée ne sont en définitive que de vastes amphithéâtres; la plus grande, nous pourrions même dire la seule difficulté, consiste à régler le chauffage et la ventilation d'une manière à peu près régulière. Il est difficile mais non impossible d'obtenir ce résultat. Pour cela il faut étudier les causes qui peuvent influencer d'une manière quelconque sur les effets du chauffage et de la ventilation.

Ces causes sont multiples; mais les deux principales sont les variations de la température extérieure, et parfois la variation beaucoup plus brusque des membres présents.

Donc, pour obtenir une température constante, il faut pouvoir varier le chauffage et la ventilation, et pour cela il n'y a qu'un moyen : il faut qu'un ingénieur, à l'aide du télégraphe, commande aux chauffeurs d'ouvrir plus ou moins de bouches de chaleur en hiver, et d'augmenter ou diminuer la ventilation en été. Quant au meilleur mode à appliquer, pour le chauffage c'est la vapeur, et pour la ventilation c'est l'installation établie au grand amphithéâtre du Conservatoire des arts et métiers à Paris, et qui consiste à faire arriver l'air extérieur de deux points différents, par le bas et sous l'amphithéâtre, cet air sert à alimenter la chambre de mélange, et par le haut de l'amphithéâtre; mais cet air ne pénètre dans l'intérieur du local qu'après avoir traversé une surface supérieure qui reçoit de l'air chaud. Pour l'air vicié, il est appelé dans une cheminée d'évacuation, par le système d'appel renversé.

Tel est le mode le plus simple, le plus sûr et le plus économique de chauffer et de ventiler les amphithéâtres. Il est bien entendu qu'on doit chauffer ces enceintes une heure ou deux avant l'ouverture des cours et des séances; il va sans dire, que les dépendances qui entourent généralement les amphithéâtres doivent également, être chauffées et ventilées à une température aussi élevée, si ce n'est supérieure. Cette condition est d'une nécessité absolue, car s'il en était autrement. on conçoit que l'ouverture des portes amènerait constamment des courants d'air froid, ou que les couloirs enveloppant les amphithéâtres, s'ils étaient plus froids que ces derniers, appelleraient toute la chaleur.

Théâtres. — Le théâtre est sans contredit le monument le plus difficile à chauffer et à ventiler, parce qu'ici on n'a plus affaire à une enceinte close d'une manière permanente, et que le cube à chauffer et à ventiler, le nombre des personnes présentes, sont extrêmement variables.

En outre, l'ouverture du rideau de la scène, des portes de loges et des galeries, la grande capacité de la salle et de la scène, tout ce vaste ensemble, enfin tout ce mouvement et tout ce déplacement qui se produisent dans un théâtre font qu'il est impossible de pouvoir fixer même des moyennes pour installer un bon système de chauffage et de ventilation.

Aujourd'hui, on divise le théâtre en trois parties qu'on chauffe et qu'on ventile avec des appareils plus ou moins puissants suivant les capacités auxquelles ils sont affectés. C'est par ce moyen qu'on arrive à harmoniser la température dans un théâtre.

Quant aux modes de chauffage, on peut utiliser indifféremment les calorifères à air chaud, à l'eau chaude et à vapeur, soit séparément, soit concurremment pour chauffer l'ensemble de l'édifice. Cependant nous dirons que si l'on emploie plusieurs modes à la fois, on doit placer des calorifères à air chaud pour la salle et les locaux qui l'enveloppent et employer l'eau chaude ou la vapeur pour la scène et ses dépendances et le bâtiment d'administration; si, au contraire, on ne veut qu'un seul mode, on fera bien de fixer son choix sur la vapeur.

Mais quel que soit le système adopté, les couloirs, foyers, vestibules, escaliers et autres dépendances qui entourent la salle doivent être chauffés à 18° et cela d'une manière constante, une heure avant le spectacle et jusque vers une heure avant la fin.

La température de la salle doit être à 20°; celle de la scène à 15° ou 17°. La température des divers locaux réglée de cette façon, les courants d'air des différentes parties de l'édifice concourent vers un point unique, la cheminée d'appel du lustre, qui, quoi qu'on dise, est encore en ce moment le meilleur mode de ventilation, et que d'Arcet a mis le premier en pratique.

On a fait à Paris des essais désastreux pour supprimer la cheminée du lustre; et pour cela on a employé des procédés d'éclairage tellement ruineux qu'on a dû y renoncer; aujourd'hui, dans ces mêmes théâtres, on a établi la ventilation par le plafond de la salle comme partout ailleurs.

Nous devons dire cependant qu'il existe un autre mode de ventilation imaginé par le docteur Tripier qui mérite, sinon d'être pris en considération, au moins d'être mentionné, aussi nous le décrirons un peu plus loin; pour l'instant nous allons analyser un système de ventilation qui fonctionne actuellement à l'Opéra de Vienne.

Opéra de Vienne. — La ventilation de ce théâtre a été fort bien étudiée; elle a été installée d'après le système du docteur C. Böhm (aspiration de l'air à l'aide d'une pompe).

Une prise d'air (fig. 244) est établie en P; c'est de ce point, qu'au moyen d'une machine d'une puissance de douze chevaux-vapeur, on s'assure de la quantité nécessaire. Cette machine, établie dans le deuxième sous-sol, commu-

Fig. 244. — Théâtre de Vienne (Autriche). — C, chambre de mélange; D, gaîne d'air; P, prise d'air; *v*, air de ventilation.

nique un mouvement de rotation à un ventilateur à hélice de 3 mètres de diamètre (système de la turbine Jonval) pouvant fournir par heure, suivant les besoins, de 40 à 120 000 mètres cubes d'air.

L'ensemble des locaux du sous-sol de P en D, dont la hauteur est de $7^m,40$, renferme une vaste chambre, une sorte de réservoir recevant l'air qui s'y rafraîchit en été et s'y échauffe en hiver. De là, l'air est amené par le ventilateur dans le canal principal de conduite, et sous la salle par sept gaînes D; trois pour le parterre et deux de chaque côté pour les couloirs.

Comme le montre notre figure 244, le sous-sol est divisé en trois étages et l'air neuf peut être dirigé à volonté de l'étage inférieur à l'étage supérieur au moyen de tuyaux cylindriques D, D, qui mesurent 1 mètre de diamètre, ou bien le même air peut arriver dans la chambre du calorifère en passant par des ouvertures circulaires régnant autour de ces tuyaux afin de pouvoir chauffer préalablement l'air froid en hiver.

En toute saison l'arrivée de l'air peut être réglée à l'aide de cloches en tôle disposées au-dessus des tuyaux et des anneaux qui les entourent, et suivant qu'on veut donner ou supprimer de l'air, on fait monter ou descendre ces cloches.

Sous le plancher du parterre il existe douze bouches de ventilation qui se branchent sur les trois gaînes dont nous avons parlé. L'air sort de la chambre de mélange et débouche sous les fauteuils du parterre par d'autres gaînes verticales adossées aux murs des couloirs du rez-de-chaussée, lesquelles gaînes desservent aussi les baignoires et les première et deuxième galeries, puis cet air quitte les parties extrêmes de la chambre annulaire de mélange pour arriver dans les troisième et quatrième galeries; enfin cet air sort par la gaîne d'appel existant au-dessus du lustre.

En été, une ventilation spéciale à air frais s'effectue au moyen d'un appareil propulseur qui amène l'air tout autour du plafond.

Le chauffage est obtenu par la vapeur, et il ne faut pas moins de 18000 mètres de tuyaux pour distribuer la chaleur. Ces tuyaux sont en fer étiré ayant $0^m,025$ de diamètre intérieur.

C'est sous le parterre qu'est située la chambre de réglage et de distribution de la chaleur. Un tube d'air sert à communiquer les ordres aux chauffeurs. Le service général, pour connaître le degré de la température ou l'intensité de la ventilation sur tel ou tel autre point de l'édifice, est fait par un télégraphe électrique dont les fils des signaux ont une longueur totale de 38000 mètres.

Système du docteur Tripier. — M. le docteur Tripier s'est beaucoup occupé de l'assainissement des théâtres (1), et dans une brochure (2) il a consigné avec ses observations un système de ventilation qui, plus étudié, pourrait donner d'excellents résultats; ce qui suit est tiré de la note publiée par le docteur Tripier, mais nous avons réduit les figures de moitié.

Dans ce projet (fig. 245), contrairement à ce qui se pratique ordinairement dans les théâtres, l'extraction de l'air vicié se fait *par appel, en contre-bas*. Cet air, pris dans la salle par les bouches A, A, *a'*, *a'*, est conduit par les canaux *a*, situés sous le parterre et compris dans l'épaisseur des planchers, dans une cheminée d'appel B, B.

L'appel peut être déterminé soit par un propulseur mécanique, soit par un poêle à air ou à eau chauffé à l'eau ou à la vapeur, soit enfin par des becs de gaz qui servent en même temps pour l'éclairage.

L'air neuf, pris en H à la partie supérieure de la façade du théâtre, serait amené dans la salle en J, au-devant et au-dessus du rideau, par un large conduit

(1) *Ann. d'hygiène publique et de médecine légale*, 1858, 2e série, t. X, p. 67, et juillet 1859, 2e série, t. XII, p. 107.

(2) *Assainissement des théâtres*, ventilation, éclairage et chauffage, par le docteur A. Tripier, une broch. in-8° de 36 pages et 4 fig. Paris, J.-B. Baillière et fils, 1861.

circulaire I, I, posé sous le plancher du grenier. Le mouvement de l'air frais par cette voie pourrait être déterminé par un propulseur si c'était nécessaire. Il serait toujours facile de disposer la prise d'air de manière que l'arrivée spontanée de l'air frais en J ait toujours lieu. Il suffirait pour cela de séparer du reste du grenier, par une cloison K, une chambre à air frais L, portant à sa partie supé-

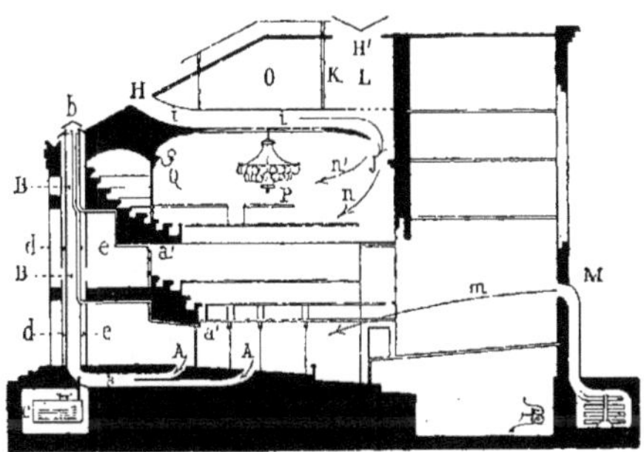

Fig. 245. - Ventilation par appel en contre-bas. — A, *a'*, extraction de l'air vicié ; B, cheminée d'appel ; *d*, *e*, chambre d'air vicié ; *i*, conduit d'air ; H, prise d'air ; J, son arrivée ; H', papillon ; K, cloison ; L, chambre d'air frais ; M. prise d'air sur la scène ; *m*, son arrivée ; *n'*, *n*, arrivée dans la salle.

rieure deux ailes de papillon H' dont l'ouverture plus ou moins grande réglerait l'accès de l'air du dehors.

Pour compléter ce qui est relatif à la ventilation, il convient d'indiquer une source d'air pur qui ne serait utilisée que pendant l'hiver.

Le chauffage de la salle se fait par des bouches qui s'ouvrent, non plus dans les corridors, comme cela a lieu partout, mais au fond de la scène en M. L'hiver, ces bouches fournissent un certain volume d'air qui chauffe en même temps qu'il ventile, et rend moins appréciable le refroidissement causé par l'arrivée de l'air frais en J, arrivée que ce mode de chauffage permet d'ailleurs de modérer en raison du volume d'air qu'il fournit à la ventilation.

L'économie du projet peut être ainsi résumée :

Tandis qu'aujourd'hui l'évacuation de l'air vicié se fait par un courant central et son renouvellement par des courants entrants périphériques, l'évacuation se fait, dans le système proposé par le docteur Tripier, par la périphérie, et le renouvellement par un courant entrant qu'on peut considérer comme central, *n*, *n'*, ou par deux courants *n*, *n'* et *m* dirigés tous deux de la scène vers la salle. Cette condition, outre les avantages qu'elle présente au point de vue de la ventilation, est encore éminemment favorable à l'acoustique.

D'après le docteur Tripier, son système de ventilation aurait donné à Toulon des résultats satisfaisants en 1862. Cependant il a dû y apporter quelques modifications de détails qui lui parurent nécessaires et avantageuses, dont la plus importante consistait dans la substitution d'une évacuation en nappe, au lieu d'une évacuation par des tuyaux. Notre figure 246 montre cette disposition.

Le docteur Tripier (1) poursuit ainsi l'analyse de ses projets : « Les figures 246, 247 et 248 (2), représentent le projet modifié que j'avais, en octobre 1861, remis à mon ami Ch. Garnier, architecte du nouvel Opéra. La question de l'éclairage n'étant pas résolue à cette époque, la partie supérieure de l'épure est donnée en double; une des dispositions (fig. 247) répond à l'adoption d'un système de torchères périphériques, l'autre (fig. 248) à l'adoption d'un lustre central. Ce projet ne fut pas accepté par le ministère d'État, alors chargé des théâtres; mais il a été adopté par M. Th. Charpentier fils pour la nouvelle salle des Bouffes. »

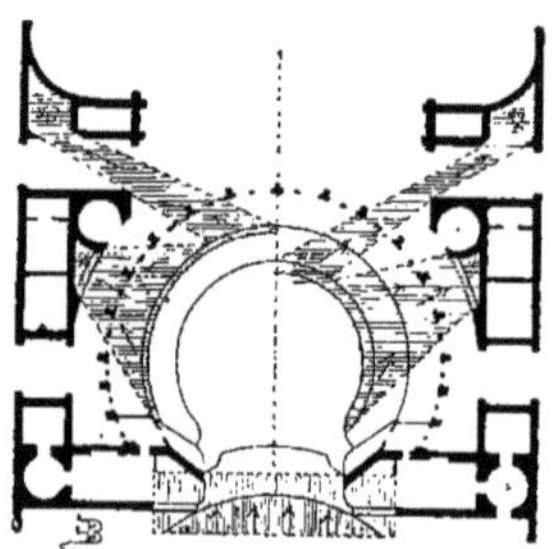

Fig. 247. — Ventilation des théâtres (système du docteur Tripier).

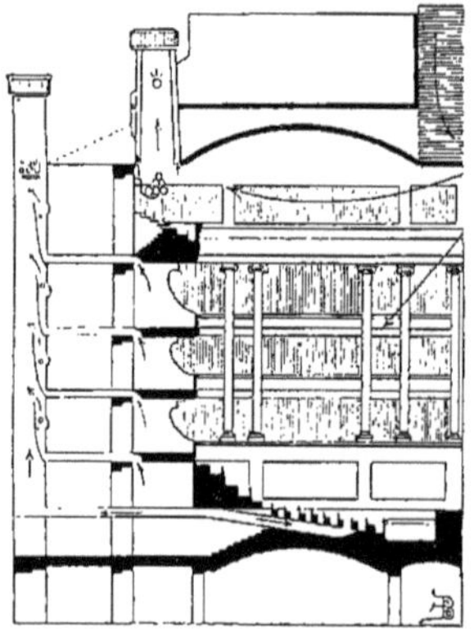

Fig. 246. — Évacuation de l'air vicié en nappes.

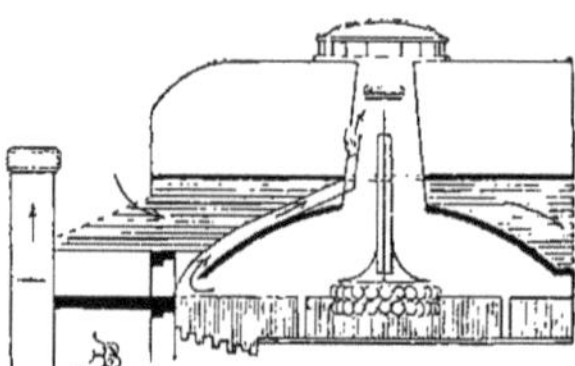

Fig. 248. — Ventilation des théâtres. Variante du précédent projet.

Seulement le docteur Tripier regrette pour ce dernier théâtre que le projet de ventilation arrêté ait été trop incomplétement exécuté pour donner des résultats appréciables, parce que la voie affectée au renouvellement de l'air y a été, sinon supprimée, du moins réduite à des proportions dérisoires; au théâtre de Toulon, au contraire, l'épreuve tentée aurait donné des résultats assez satisfaisants.

Nos lecteurs seront peut-être surpris de ne point voir figurer dans notre étude

(1) *Op. cit.*, p. 16.

(2) Dans l'original, ces figures sont numérotées II, II *bis* et III; nous y avons substitué le numérotage de notre livre.

sur les théâtres le mode de ventilation appliqué à l'Opéra de Paris ; en voici la raison : M. Garnier a sur la ventilation des théâtres des idées éminemment pratiques qui, dans l'application, auraient donné certainement d'excellents résultats. Mais les architectes du gouvernement (nous l'avons appris autrefois à nos dépens) ne peuvent toujours faire primer leurs idées, et des commissions officielles de théoriciens viennent souvent apporter du trouble dans une question au lieu de l'élucider, et font presque toujours appliquer des systèmes très-incomplets ou défectueux ; c'est ce qui est arrivé à l'Opéra. Aussi M. Garnier, qui est aujourd'hui seul maître dans son domaine, étudie le remaniement du service de ventilation. On peut donc considérer que rien n'est terminé à l'Opéra à ce sujet ; que certainement des modifications considérables seront apportées à ce service. Nous tenons ce renseignement de source très-certaine. Notre confrère a d'excellentes théories sur ce sujet ; nous l'avons vu dans le court, trop court chapitre d'un (1) de ses livres où il parle du chauffage et de la ventilation des théâtres.

Comme nos lecteurs peuvent s'en convaincre par ce qu'ils ont déjà vu, si la question de la ventilation des édifices en général est loin d'être résolue, celle des théâtres en particulier fournira encore longtemps des sujets d'études. Cependant il ne faut rien exagérer, et admettre au contraire que, quoique la théorie pure condamne certaines données pratiques, il faut savoir en tenir compte, car elles ont beau ne pas donner des résultats scientifiques, elles n'en fournissent pas moins des certitudes pratiques et c'est là l'essentiel.

Résumons maintenant ce court paragraphe sur les théâtres (2). Voici les principaux points qu'on doit observer jusqu'à nouvel ordre pour leur ventilation :

1° Préférer la ventilation par appel du lustre, plutôt que par l'appel renversé, l'absorption du son par cette ouverture ne présente pas des inconvénients aussi graves que certains théoriciens le prétendent. Le diamètre de cette ouverture sera tel qu'il puisse évacuer 150 mètres cubes d'air à la vitesse de 4 mètres en une seconde par mètre cube de gaz brûlé ;

2° Il sera bon de ménager sur la scène une cheminée d'évacuation, ne serait-ce que pour empêcher la fumée des poudres et flammes de Bengale employées dans certaines pièces d'arriver dans la salle ;

3° La température devra être maintenue aux degrés indiqués plus haut, et, si faire se peut, à l'aide d'appareils à vapeur ;

(1) *Le théâtre*, par Charles Garnier, architecte du nouvel Opéra, 1 vol. in-8° de VII-470 pages. Paris, Hachette et Cie, 1871.

(2) Il y aurait encore beaucoup à dire sur le chauffage et la ventilation des théâtres ; un moment nous avons voulu en faire un chapitre spécial de notre livre ; et en creusant la question, nous avons vu que ce ne serait pas un chapitre, mais un volume qu'il faudrait écrire. Espérons qu'un homme compétent l'écrira un jour.

4° Les prises d'air devront être aussi éloignées que possible des cheminées d'extraction; l'air neuf chaud en hiver, frais en été, sera amené dans la salle par des coffres ménagés dans l'épaisseur des planchers de chaque étage des loges ou galeries; mais on devra toujours s'efforcer de faire arriver l'air devant la figure des spectateurs plutôt que sur la nuque; car ce serait non-seulement désagréable, mais très-dangereux;

5° L'air vicié sera aspiré par des ouvertures d'extraction pratiquées dans le fond des loges, et dans le parquet de l'orchestre et du parterre. On pourra aussi ménager des ouvertures sur toutes les surfaces de la salle, dans des endroits peu apparents;

6° On devra utiliser la chaleur développée par les appareils d'éclairage et empêcher les produits de la combustion de ceux-ci d'augmenter les causes de viciation de l'air.

Un excellent système, usité en Angleterre, est celui qui est représenté par nos figures 249 et 250 et dont voici la description d'après le général Morin (1). « On voit dans la salle des Pas-Perdus du Parlement, à Londres, des candélabres à gaz disposés de manière que les produits de la combustion sont renfermés en vase clos et s'échappent vers les galeries souterraines d'appel par l'intérieur du candélabre, qu'ils transforment ainsi en sorte de poêle en lui abandonnant une partie de leur chaleur. Nos figures donnent une idée de la disposition de ces

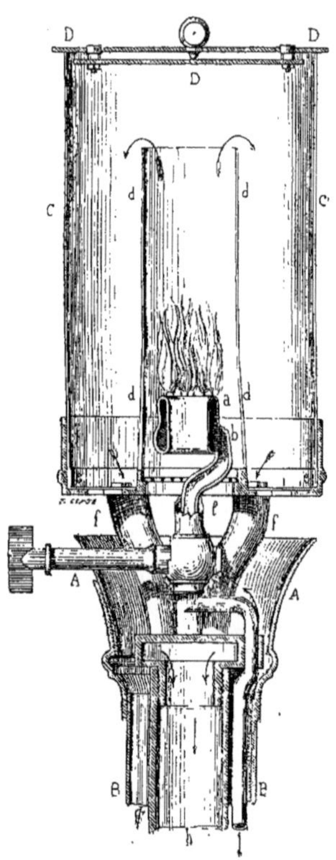

Fig. 249. — Coupe sur *a*, *b* (fig. 250) d'un appareil à gaz avec échappement extérieur de la fumée.

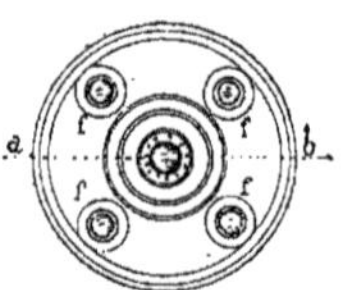

Fig. 250. — Plan de l'appareil à gaz ci-dessus.

(1) *Études sur la ventilation*, introd., p. 25, vol. I.

appareils. A, B est le candélabre qui supporte le bec *a* alimenté par un petit tuyau coudé *b*, et surmonté d'un verre ordinaire *d*, *d*. En dehors de ce verre et sur la partie supérieure A du candélabre repose un autre verre cylindrique C, C recouvert par une double plaque D en mica qui s'oppose à l'échappement des gaz brûlés par la partie supérieure de C, C'. Le fond du cylindre C, C' est formé aussi par une plaque de mica *e*, *e*, qui est percée en son milieu pour laisser arriver au bas l'air extérieur et qui reçoit le verre en *d*, *d*. Outre cette ouverture centrale la plaque *e*, *e* en porte quatre autres disposées sur deux rayons perpendiculaires et qui reçoivent les extrémités de quatre tuyaux *f*, *f*, lesquels, en se courbant vers l'axe du candélabre, viennent déboucher inférieurement dans un tuyau central *h* communiquant avec la galerie souterraine d'appel. »

En jetant les yeux sur nos figures et après avoir pris connaissance de la description qui précède, il est facile de se rendre compte que le gaz arrivant par le tuyau *b* alimente le bec, qui reçoit l'air nécessaire à la combustion par l'ouverture placée au-dessous de lui et pratiquée dans la plaque de mica, et que les produits de la combustion ne pouvant s'échapper par la partie supérieure D du cylindre C et attirés par l'appel inférieur, descendent par les tuyaux *f* et débouchent dans le tube central *h* pour se dissiper par l'orifice d'extraction.

Nous avons fait voir ce modèle, appelé *sun burner*, parce qu'il renferme le principe de la ventilation à appliquer aux appareils au gaz; et quelle que soit la disposition adoptée, ce système fonctionnera, pourvu qu'on obtienne dans l'appareil un appel énergique et l'arrivée de l'air nécessaire pour la combustion.

En résumé il y a trois modes différents de combiner l'éclairage et la ventilation :

1° En plaçant les becs de gaz en dehors des locaux qu'ils éclairent et cela au moyen de verres dormants; ce mode est appliqué dans tous les locaux que l'on veut mettre à l'abri du feu;

2° On peut placer l'appareil dans le local à éclairer; mais alors on emploie le système des *sun burners* que nous venons de décrire; dans ce cas tous les appareils doivent être munis de gaînes qui servent à évacuer les produits de la combustion; ce dernier mode contribue à la ventilation des enceintes;

3° Enfin, si les becs de gaz brûlent dans les locaux eux-mêmes, on peut se débarrasser des produits de la combustion, en alimentant les appareils par une prise d'air extérieur.

Il est donc bien facile de débarrasser l'air que nous respirons des causes de viciations provenant des appareils d'éclairage, et il est très-surprenant que beaucoup de nos confrères s'en occupent si peu dans leurs constructions.

Espérons que dans quelques années tous les appareils à gaz seront installés dans de bonnes conditions.

CHAPITRE XI

VENTILATION DES ATELIERS ORDINAIRES ET DES USINES INSALUBRES.

Ateliers ordinaires. — Ces locaux ne demandent pas une ventilation exceptionnelle; en y appliquant les modes que nous avons décrits pour les écoles d'adultes ou de dessin du soir (page 215) on obtiendra des résultats satisfaisants; nous devons dire néanmoins que dans ces ateliers on doit augmenter le plus possible la ventilation, car les ouvriers qui travaillent souvent à de rudes travaux dégagent des odeurs si fortes que l'air en est rapidement empoisonné. Il faut donc favoriser la ventilation naturelle, et pour cela on emploiera des vasistas aux fenêtres, des tuyaux d'aération, des ventilateurs de tous genres, enfin des fenêtres à guillotine; en été, il sera toujours prudent d'envoyer de l'air qui aura traversé des jets d'eau pulvérisée; si l'on ne peut employer ce moyen, on fera bien d'arroser le sol de ces ateliers avec de l'eau contenant une légère proportion d'acide phénique.

Ateliers et usines insalubres. — Ces établissements sont très-variés, mais on peut les diviser en trois catégories; ceux qui sont insalubres par la poussière, les fabriques où se manipulent les déchets de laine ou de coton et les aiguiseries, ceux qui sont dangereux par les substances qu'on y prépare, les usines de produits chimiques, les fabriques de chlorure de chaux, d'allumettes, etc., ceux enfin, qui donnent des odeurs pestilentielles, les fabriques de gélatine, de colle forte, dégras de peaux, fonderies de suif et de stéarine, sécheries et séchoirs, etc.

Nous ne pouvons dans ce traité indiquer les meilleurs systèmes en usage pour la ventilation de chacun de ces établissements, car la question comporte trop de détails pour pouvoir figurer ici. Nous devons nous borner à fournir des renseignements généraux; la sagacité du lecteur saura bien y puiser ce qui lui sera nécessaire pour le cas particulier qui le préoccupera.

Pour les ateliers, filatures, etc., où se manipulent les déchets de laine, de lin, de coton etc., on fait passer l'air de ventilation à travers une pluie très-divisée, ou bien on emploie de puissants ventilateurs qui évacuent ces poussières en dehors du local.

Aiguiseries. — Une industrie produisant de la poussière des plus dangereuses pour la santé de l'homme, c'est celle des aiguiseries. En effet l'emploi des meules de grès pour user l'acier est très-insalubre. Aussi les propriétaires de ces usines doivent-ils s'efforcer de soustraire leurs ouvriers à cette atmosphère délétère.

Pour atténuer les dangers, on doit commencer par entourer les meules de coffres ou enveloppes en tôle ou en bois, mobiles, ne laissant sur le devant en face de l'ouvrier que l'ouverture strictement nécessaire pour effectuer son travail. Ensuite pour se débarrasser de la poussière qui peut sortir de cette petite ouverture, on emploie aujourd'hui l'insufflation par l'air comprimé, principalement dans les manufactures d'armes, lorsque les ouvriers pour la fabrication des sabres exécutent le travail de riflage, c'est-à-dire travaillent sur les meules sèches. On croyait anciennement qu'en riflant les meules mouillées on se débarrassait des poussières, il n'en est rien; des expériences concluantes ont établi au contraire que même l'eau arrivant sur la pointe de l'outil, il se dégage une quantité notable de poussière mélangée à de l'eau pulvérisée par suite de la rapide rotation des meules.

L'appareil de compression de l'air le plus employé pour l'insufflation est celui de Perrigault, dont nous avons déjà parlé (page 196), l'inventeur a eu l'idée d'accoupler plusieurs ventilateurs entre eux. Le premier aspire l'air extérieur, l'envoie dans un deuxième qui le refoule dans un troisième. On obtient de cette façon des pressions considérables, et tandis qu'un bon ventilateur simple ne donne qu'une pression de $0^m,25$ à $0^m,30$ de hauteur d'eau, les ventilateurs doubles et triples peuvent donner $0^m,80$, $0^m,90$ et jusqu'à $1^m,20$ et $1^m,25$.

Fabriques de chlorures de chaux, et autres de produits chimiques. — On emploie dans ces fabriques l'air comprimé pour chasser toutes les vapeurs qui sont attirées dans une cheminée d'appel. En outre on doit toujours ouvrir les portes et les fenêtres en l'absence des ouvriers, de sorte que la totalité des vapeurs est évacuée par l'air introduit, quand les ouvriers pénètrent dans leur atelier.

Fabriques d'allumettes chimiques. — Cette industrie est une des plus dangereuses; la surveillance de l'autorité y prescrit des règlements sévères, qui malheureusement ne sont pas toujours respectés, aussi les ouvriers y contractent-ils des maladies terribles, des nécroses. Ces fabriques sont aérées au moyen de vastes cheminées d'appel qui reçoivent les produits de la combustion des foyers des machines à vapeur. Le long des faces des bâtiments règne un carneau qui débouche à la base des cheminées d'appel, dans tous les ateliers où se manipule le phosphore; des ouvertures pratiquées soit sur le mur, soit sur le plafond ou le plancher, communiquent par un coffre au carneau souterrain longitudinal qui aboutit à une des cheminées d'appel; les vapeurs si délétères du phosphore sont ainsi entraînées hors du local.

Les pâtes de soufre et de phosphore sont préparées sur des fourneaux à vapeur surmontés d'une hotte très-large et très-basse dont le tirage est augmenté par l'appareil d'appel de Mehu, que nous avons déjà décrit (page 192); enfin les ateliers de trempage et de séchage, qui présentent le plus de dangers, doivent être pourvus de moyens de ventilation si puissants que l'odeur du phosphore doit y être à peine sensible. Voici les moyens employés. Sur les deux longs côtés des bâtiments sont disposés des séchoirs qui communiquent largement au carneau extérieur dont nous avons parlé, et un ventilateur spécial est placé au-dessus du séchoir et prend l'air sur le toit; chaque séchoir est une petite pièce presque carrée, car on les isole pour diminuer les chances d'incendie. Le sol de tout le bâtiment est percé d'orifices d'extraction, au droit de chaque porte des séchoirs, ces orifices exercent un appel énergique et entraînent eux aussi, dans les carneaux extérieurs, les vapeurs contenues dans le bâtiment.

Les sécheries sont chauffées par des tubes de vapeur qui donnent une température peu supérieure à 35°.

Fabriques de gélatines et analogues. — Dans certaines usines, où se fabriquent les colles fortes, la gélatine, la stéarine, ou autres produits qui utilisent des corps gras, il se dégage au moment de l'ébullition des odeurs nauséabondes. Pour désinfecter le plus possible ce genre d'établissement, il est nécessaire de ventiler dans tous les sens, mais surtout de haut en bas. C'est dans ce but que l'on pratique dans la couverture de ces usines, de deux en deux mètres, c'est-à-dire entre chaque ferme, de grandes ouvertures qu'on coiffe de lanternons ou de ventilateurs; c'était là le seul agencement en usage anciennement; aujourd'hui, dans diverses fabriques que nous avons visitées, soit en France, soit à l'étranger, nous avons vu qu'on empêche les vapeurs de l'ébullition de remplir l'atmosphère du local où sont situées les chaudières. Voici comment on s'y prend. Les chaudières en question sont fermées par des couvercles percés de deux ouvertures portant tuyau; l'un de ces tuyaux sert pour l'arrivée de l'air, et l'autre communique soit directement à une cheminée de ventilation, soit à un conduit collecteur. Ce dernier système est le plus en usage; on réunit les vapeurs de huit à dix chaudières dans un seul et même conduit, lequel aboutit à une cheminée d'appel. Dans les usines ainsi installées, l'odeur est très-peu sensible dans les locaux d'ébullition.

Étuves; Séchoirs; Sécheries. — On maintient dans les étuves des températures assez élevées mais variables, suivant ce qu'on y dessèche; pour les substances végétales et farineuses, la température atteint rarement plus de 40°;

tandis que dans les étuves à étoffes ou à linge, on peut la porter sans inconvénient jusqu'à 65°.

On profite de cette atmosphère pour ventiler les étuves et séchoirs de la même façon que les fabriques de gélatines et de stéarines; on fait arriver l'air affluent par des orifices pratiqués au niveau du sol ou des planchers; ces orifices sont munis de registres, afin de pouvoir régler l'entrée de l'air affluent, qui doit arriver uniformément tout autour des étuves ou des séchoirs.

Dans les séchoirs on opère aussi la dessiccation des fruits tels que prunes, châtaignes, etc.; ceux de nos lecteurs qui désireraient connaître les dispositions de ce genre d'étuve, n'auraient qu'à consulter notre *Traité des constructions rurales*, p. 368 et suivantes figures 512 et 513. Ils y trouveront la description de plusieurs sécheries et séchoirs (1). On construit également des séchoirs pour le linge et des sécheries pour les poudres; nous n'avons pas à en parler ici, car la disposition de ces locaux est très-différente suivant les localités où ils se trouvent; mais nous dirons que si pour les premiers on peut employer des calorifères à air chaud, il ne faut employer pour les seconds que des calorifères à eau. Un bon modèle de sécherie pour la poudre, que nous signalerons à nos lecteurs, est celui de Saint-Chamas.

(1) *Traité des constructions rurales*, 1 vol. in-8° jésus de XIII-509 pages, accompagné de 576 figures intercalées dans le texte ou hors texte. Paris, Vve Morel et Cie, 1875.

CHAPITRE XII

VENTILATION DU LOGEMENT DES ANIMAUX, ET AUTRES LOCAUX.

Dans ce dernier chapitre nous avons réuni ce qui concerne la ventilation du logement des animaux, ainsi que de divers autres locaux que nous n'avons pu faire entrer ailleurs et qui cependant méritaient sinon une étude approfondie, au moins une mention.

En effet, les sujets que nous allons traiter dans ce chapitre, de même que ceux qui font l'objet du chapitre précédent, sont presque en dehors du cadre de notre livre.

Logement des animaux domestiques. — De même que l'homme, les animaux ont besoin d'un minimum d'air pur pour vivre en bonne santé; c'est pourquoi il est indispensable d'établir une bonne ventilation dans leurs logements.

Les Anglais prétendent avoir les premiers démontré l'utilité de la ventilation pour les animaux, et, à l'appui de leur dire, ils citent un ouvrage de James Clarke, d'Édimbourg, ouvrage publié en 1788, dans lequel il traite cette question (1).

Les Anglais ont pu appliquer les premiers la ventilation aux écuries, c'est fort possible, mais c'est un Français, Teissier, qui, dans ses *Observations sur plusieurs maladies des animaux domestiques*, attribue dès 1782 un grand nombre de maladies des animaux au manque d'air dans les étables, et il conseille l'emploi des ventouses d'aération pour y suppléer.

Aujourd'hui c'est un fait reconnu de tous; il est indispensable de ventiler les logements des animaux, mais on n'est pas d'accord sur le meilleur mode à employer. Les uns préfèrent la ventilation naturelle, les autres sont pour la ventilation artificielle.

La première est de beaucoup la plus rationnelle; mais il faut observer qu'on n'est pas toujours maître de la diriger, car elle est influencée par diverses circonstances. Elle est activée par un plafond poreux, entravée à divers degrés par

(1) Voir à ce sujet p. 41, *Économie de l'écurie*, par John Stewart, traduit par le baron d'Hanens, 1 vol. in-12, Paris, A. Goin, éditeur, s.d.

un plafond plus ou moins imperméable; elle est augmentée par un vent intense, amoindrie au contraire dans de notables proportions, par l'humectation des murs pendant les pluies. La brique, notamment, absorbe beaucoup l'humidité; mais par suite d'une rapide évaporation dont elle est susceptible, elle reprend promptement son état de siccité, et dans cet état, elle remplit les conditions qui constituent sa qualité (1).

La ventilation des écuries varie suivant leur capacité, mais il est aujourd'hui démontré qu'il faut une moyenne de 35 mètres cubes par tête d'animal; quelques auteurs prétendent que ce cube n'est pas suffisant, d'autres le trouvent trop considérable. Ils peuvent tous avoir raison, car cela dépend du système de ventilation établi; pour nous, en donnant 35 mètres cubes comme moyenne, nous pensons être dans le vrai; au-dessous le cheval souffrirait, tandis que si le cube était plus considérable, il deviendrait très-difficile dans les pays septentrionaux d'obtenir une température désirable pour le bien-être du cheval.

Il ne faut pas craindre d'établir des gaînes de ventilation verticales qui puissent fournir un renouvellement d'air de 150 à 160 mètres cubes par heure et par tête d'animal avec une vitesse de $0^{m},70$ en une seconde.

Avec une pareille ventilation l'écurie ne sera pas trop humide.

Si les sections des gaînes ventilatrices n'étaient pas suffisamment larges pour obtenir le cube d'air nécessaire, on pourrait augmenter leur tirage, soit à l'aide d'un ventilateur placé à leur sommet, soit en utilisant la chaleur des becs de gaz qui servent à éclairer l'écurie pendant la nuit.

Les étables se ventilent de même que les écuries; mais nous devons observer que pour les vaches laitières et les animaux à l'engrais, on fera bien de limiter la ventilation au strict nécessaire, car ces animaux ont besoin d'être dans une sorte d'engourdissement qui facilite la production du lait et de la viande.

Nous ne donnerons pas de plus longs détails, et nous renverrons à notre *Traité des constructions rurales* le lecteur désireux d'approfondir cette question.

Magnaneries. — On désigne ainsi le local qui sert à l'éducation des vers à soie, en provençal *magnan*. Les magnaneries sont de deux sortes : les unes servent à la production de la soie, les autres à celle de la graine; mais, quelle que soit leur destination, elles réclament les mêmes soins; seulement, dans celles consacrées au grainage, la température n'a pas besoin d'être aussi élevée, 12 à 14 degrés centigrades suffisent pour celles-ci, tandis que pour les autres il faut que la température atteigne 18° et 20°.

(1) Ceux de nos lecteurs qui voudraient étudier à fond l'influence des parois de différents matériaux sur la ventilation des écuries et des étables, n'auraient qu'à consulter une brochure intitulée : *Recherches sur la ventilation naturelle et la ventilation artificielle, principalement sur les étables, ainsi que sur la porosité de quelques matériaux*, par le professeur docteur Max Märker, traduit par J. Leyder, professeur à l'Institut agricole de l'État, à Gembloux. Une broch. in-8° de 84 pages; Paris, P. Asselin, 1873.

Il y a seulement quelques années, beaucoup d'éleveurs routiniers ne croyaient pas à la nécessité d'une ventilation énergique; aujourd'hui, c'est un fait reconnu par les plus arriérés. Olivier de Serres, ce vénérable patriarche de l'agriculture française, attribuait à la mauvaise ventilation des magnaneries la plupart des maladies dont les vers à soie sont atteints : « Ce sont, disait-il, des pellicules de leurs dépouilles et de leurs charognes, mêlées parmi les litières, d'où vient toute la puanteur, et non de ces nobles animaux ».

Il recommande ensuite divers préceptes sur les soins hygiéniques à donner à ces animaux, préceptes qu'on croirait formulés de nos jours et qui, s'ils étaient suivis, préserveraient ces utiles chenilles de toutes les épidémies dont elles sont atteintes depuis quelques années, telles que la flàcherie, la pébrine, la muscardine, etc.

De son temps, d'Arcet avait constaté l'insuffisance des moyens de chauffage et de ventilation des magnaneries. Il a eu l'honneur de réclamer le premier la ventilation forcée pour ces locaux et de faire comprendre aux populations méridionales les effets utiles du tarare ou système de propulsion combiné avec les cheminées d'appel pour augmenter l'aération des magnaneries.

La plus grave erreur des éleveurs de vers à soie a toujours été d'attacher une importance secondaire aux questions de chauffage et de ventilation des locaux dans lesquels ils élèvent cet insecte. Ils ont cru avoir tout fait après avoir établi à tort et à travers des ventouses d'aération et des poêles en fonte pour chauffer.

Or, nous avons vu précédemment la funeste influence que les poêles en fonte exercent sur l'organisme de l'homme, d'où il est bien facile de comprendre que cette fâcheuse influence doit être plus vivement ressentie par un si petit insecte. Aussi conseillons-nous d'adopter pour le chauffage des magnaneries des calorifères en céramique, notamment le *calorifère en briques réfractaires creuses*, que nous avons décrit et figuré page 93.

Pour les petites éducations, au contraire, une simple cheminée pourrait suffire en choisissant un bon modèle; la cheminée ventilatrice que nous avons donnée page 63, par exemple.

Nous avons vu que les cheminées avaient l'inconvénient de consommer beaucoup de combustible, parce qu'elles déterminent un fort appel; c'est donc ici le cas de les appliquer, puisque la perte du combustible est compensée par la ventilation puissante qu'elles déterminent.

En résumé, si nous avions à construire une magnanerie modèle, voici comment nous la ferions : nous établirions un vaste vaisseau avec un sous-sol et des combles. Dans le sous-sol, nous installerions au centre du bâtiment un calorifère en céramique qui transmettrait de la chaleur dans une chambre de mélange, de laquelle partiraient dix à douze conduits de chaleur qui déboucheraient sur le bas des murs de la magnanerie à $0^m,50$ au-dessus du sol. Le plafond du vaisseau serait percé d'un très-grand nombre d'ouvertures débouchant dans les combles, qui seraient mis en communication avec une gaîne d'évacuation, et celle-ci aboutirait à une cheminée d'appel partant du sous-sol.

Pour les petites éducations, nous aurions une cheminée ventilatrice comme chauffage, et nous enverrions, par le sous-sol, de l'air à l'aide du ventilateur à bras que nous avons décrit page 194, figure 216.

Navires. — Les navires et les vaisseaux sont, sans contredit, les locaux sur lesquels l'homme vit le plus étroitement possible. L'accumulation d'êtres et de marchandises dans un espace très-restreint augmente les causes de viciation de l'air d'une façon déplorable.

Hales, Duhamel du Monceau (1) et Sutton avaient proposé, de 1740 à 1750, différents moyens pour ventiler les cales des navires au moyen de l'utilisation de la chaleur des fourneaux de cuisine déterminant un appel de l'air vicié des cales. Un peu après, de Chabannes proposa un moyen analogue, au moyen de tuyaux appelant l'air sur diverses parties du navire et se rendant dans une cheminée centrale d'appel surmontée d'une sorte d'abat-vent ou gueule de loup; enfin dans ces temps modernes le docteur Reid, que nous avons déjà cité dans ce livre, a étudié à nouveau la question et voici le mode de ventilation auquel il s'est arrêté.

L'air neuf est appelé par deux coffres ou conduits verticaux adaptés aux écoutilles de l'avant et de l'arrière du vaisseau. Cet air est réparti à tous les étages supérieurs à la cale par des ouvertures disposées à cet effet. Des tuyaux verticaux, disséminés dans tout le navire à babord et à tribord, et ayant leur ouverture supérieure près des plafonds des entre-ponts, conduisent l'air vicié dans la cale, au milieu de laquelle une cheminée d'appel provoque la sortie de l'air vicié.

Pour augmenter l'effet de l'appel on fait passer dans cette cheminée les tuyaux des fourneaux de cuisine pendant le jour; et, pendant la nuit on allume dans l'intérieur de la cheminée une lampe à huile.

Sur les steamers à vapeur, on utilise une faible prise de vapeur pour faire fonctionner des ventilateurs mécaniques qui insufflent de l'air dans la cale, tandis que des tuyaux aspirateurs expulsent l'air vicié; ces derniers sont répartis sur tout le navire.

Jusqu'à présent, on ne s'est pas assez préoccupé de la ventilation des navires, mais aujourd'hui il est nécessaire de résoudre cette question, soit pour la marine marchande, soit pour la marine de guerre; car depuis la funeste expédition

(1) Duhamel du Monceau a beaucoup écrit sur l'agriculture. Il est né à Paris en 1700; il fut admis à vingt-huit ans à l'Académie des sciences, dont il enrichit les recueils de plus de soixante mémoires importants sur l'agriculture, la marine et le commerce; il a écrit seize à dix-sept volumes, et a collaboré à la *Description des arts et métiers*, publiée en 113 cahiers in-4°; Duhamel à lui seul en a écrit plus de 30; il mourut en 1782.

du Mexique, chacun connaît les désastres qu'occasionna l'encombrement des troupes et des chevaux sur nos vaisseaux de guerre. Nous sommes donc persuadé que la ventilation qui nous occupe sera dorénavant étudiée et appliquée dans les navires de toutes sortes.

Surfaces vitrées. — Aujourd'hui, grâce à un nouveau mode d'emploi du fer dans les constructions, on peut dire qu'une véritable révolution est en train de s'accomplir en architecture. Le fer en effet a permis de franchir des portées considérables, qu'on était loin de prévoir avant son emploi, et de créer ces nouvelles formes architecturales qu'on observe dans les gares de chemins de fer, dans les halles et marchés, les salles d'exposition, dans les cours vitrées des administrations publiques et privées.

Il est très-commode d'obtenir de cette façon de vastes surfaces largement éclairées; mais, hélas! dans ce bas monde chaque médaille a son revers, aussi ces vastes surfaces vitrées ont l'inconvénient d'offrir en hiver une forte déperdition de la chaleur, et en été de transformer les locaux qu'elles recouvrent en serres chaudes. Il faut donc étudier les moyens de supprimer les inconvénients de ce système de couverture, pour n'en conserver que les agréments; c'est ce que nous allons faire.

Ce genre d'enceinte demande des moyens de ventilation exceptionnels. Dans bien des circonstances on agira sagement de ne pas couvrir de vitrage la totalité de la couverture, mais de réserver des portions en bois recouvert de zinc, soit au sommet du faîtage, soit au milieu des versants; ces portions pleines pourront avoir 1/3 ou 1/4 de la surface totale. Le faîtage pourra être surélevé de 0^{m}60, 0^{m}80, à 0^{m}90 sur 1 ou 2 mètres de large, de façon à pouvoir loger dans l'intersection verticale, des châssis qui serviront à la ventilation; les mêmes faîtages devront être surmontés de lanternes vitrées. Enfin en été, on pourra disposer au-dessous des parties vitrées, des bannes ou stores, afin de paralyser le rayonnement du soleil, et arroser le dessus de la toiture, comme nous l'avons déjà indiqué, page 161, à propos des couvertures des cours vitrées dans les magasins.

Nous devons dire que les moyens que nous venons de décrire reviennent assez cher, et ne donnent pas toujours des résultats satisfaisants. Dans bien des cas, de simples stores en bois peint en vert, comme on en utilise pour ombrer les serres, rendront des services plus effectifs, mais ce dernier mode nécessite de fréquentes manœuvres, surtout les jours où le soleil se montre et se voile avec de fréquentes alternances.

Tout ce qui précède s'applique aux gares de chemins de fer, aux salles d'exposition et aux grandes cours vitrées, de même qu'aux halles et marchés; dans ces derniers, la ventilation est généralement assez active, parce que les grandes baies sont surmontées de châssis à lames de persiennes qui laissent pénétrer l'air largement, mais il y a lieu de s'occuper de l'évacuation, c'est pour cela qu'on fera bien d'établir des lanternes, munies de ventilateurs aspirants, qui facilitent à un haut degré l'extraction de l'air vicié provenant des substances que renferment les halles et marchés.

Nous ajouterons que souvent ces entrepôts de marchandises possèdent de vastes sous-sols qui servent aux marchands à serrer leur marchandise pendant la nuit ou pendant les fortes chaleurs du jour. Ces caves et sous-sols doivent également être ventilés avec des cheminées d'appel dans lesquelles un bec de gaz donnera un tirage suffisant pour maintenir un appel énergique.

CONCLUSION

Le lecteur qui a lu attentivement notre livre, a remarqué sans aucun doute la grande variété des documents qu'il renferme. En effet, sous une forme méthodique et abrégée, ce livre constitue un véritable traité sur une importante question qui n'est pas encore résolue, et qui, dans quelques-unes de ses parties, est extrêmement compliquée. Aussi nous n'avons pas voulu donner de solution et trancher certaines questions; nous avons préféré pour celles-ci nous étayer sur les matériaux publiés avant nous (1), laissant libre le lecteur de se formuler lui-même une opinion. Ce sont ces matériaux qui, joints à des aperçus nouveaux et à des idées originales et toutes personnelles, constituent le fond même de cet ouvrage qui est, pour ainsi dire, la bibliothèque portative de l'ingénieur-fumiste.

Maintenant, si nous repassons à la hâte notre travail pour en tirer des conclusions, nous voyons tout d'abord que cette question a préoccupé à juste titre des esprits très-sérieux : l'hygiéniste, l'ingénieur, l'architecte ; et si ce triumvirat n'a pas encore formulé des lois fixes et immuables sur le chauffage et la ventilation, nous pouvons dire à son éloge qu'il a cependant suffisamment fait progresser cette science, pour permettre d'entrevoir une solution prochaine.

(1) Nous avons parcouru, compulsé ou étudié plus de deux cents volumes, brochures, plaquettes ou publications françaises ou étrangères sur le chauffage et la ventilation; dans le présent volume nous avons fait entrer tout ce qui nous a paru véritablement pratique et utile pour nos confrères les ingénieurs et les architectes.

Dans la première partie de notre étude, nous avons décrit les efforts tentés jusqu'à ce jour pour obtenir à la fois un chauffage sain et économique; nous avons appelé l'attention des lecteurs sur le chauffage des Anciens, à l'aide des hypocaustes; nous avons dit que ce mode méritait de fixer l'attention, et pourrait encore être appliqué dans certains cas, soit pour l'habitation privée, soit pour certains édifices publics, notamment pour les églises.

En donnant la description des appareils de chauffage modernes, nous avons décrit les appareils qu'on devait préférer pour les différents locaux.

Pour les cheminées, nous avons recommandé de préférer à toutes autres celles qui, peu compliquées comme système, donnaient le plus de chaleur avec un minimum de combustible; nous avons dit qu'il ne fallait plus employer les cheminées qui ne possédaient pas de chambre et des bouches de chaleur.

Nous avons longuement étudié les dangers des poêles en fonte, mais nous avons aussi démontré qu'on avait singulièrement exagéré les dangers qu'ils présentent, de sorte que le lecteur sait parfaitement à quoi s'en tenir sur cette question, et il pourra employer les poêles pour les antichambres et les grands locaux qui ont besoin d'être rapidement chauffés et pour peu de temps.

Nous avons ensuite énuméré les meilleurs poêles-calorifères, et les meilleurs calorifères soit en métal, soit en céramique. Ces divers appareils peuvent rendre d'utiles services, suivant les conditions à remplir; nous avons donné nos conclusions à la suite de leur description, nous n'avons donc pas à y revenir ici.

En abordant le chauffage à l'eau chaude, nous avons dit que c'était le mode le plus sain et le plus agréable; nous conseillons donc de l'employer pour les lycées, les hôpitaux, les bibliothèques, les serres, en un mot pour le plus grand nombre d'édifices possible, mais ce que nous voudrions voir surtout très-répandu, c'est le chauffage à la vapeur qui, selon nous, est préférable à l'eau chaude; c'est qu'en effet, pour le moment, nous jugeons ce chauffage le meilleur, le plus salubre, le plus efficace et le plus économique. Si nous avons tant insisté sur les avantages qu'il présente, c'est que nous trouvons qu'on n'a pas assez ajouté d'importance à cette grande propriété de l'eau, de pouvoir emmagasiner et porter au loin la chaleur; notre opinion est que, puisque dans les grandes villes on envoie aujourd'hui à domicile l'électricité, l'eau froide et le gaz, on pourrait de même envoyer l'eau chaude; on pourra nous objecter certainement que le problème est bien plus difficile à résoudre, nous le voulons bien; mais nous ajouterons que la science et l'industrie progressant chaque jour, on finira bien par supprimer les obstacles et résoudre le problème.

L'opinion que nous venons d'émettre est partagée par beaucoup de personnes, et notamment par M. Joly, qui l'a très-bien exprimée dans son livre (1), page 185.

(1) Ouvrage cité, page 56.

Cet auteur, après avoir dit qu'il serait facile à l'aide de vastes chaudières d'envoyer de l'eau chaude dans les divers quartiers d'une ville, ajoute : « Ce système est du reste employé à Chaudes-Aigues, dans le département du Cantal, où les eaux d'une source, qui jaillit de terre à 90°, sont envoyées par des canaux souterrains dans les maisons pour les usages domestiques. La seule différence, c'est que la chaleur ici est fournie par la nature; mais si l'on envoie déjà à Paris, à frais communs, du gaz, de l'électricité et de l'eau de deux sortes, l'une pour les lavages, l'autre pour la boisson, enfin du froid, sous forme de glace, pourquoi n'enverrait-on pas aussi de la chaleur sous forme liquide ? On a déjà des puits artésiens qui fournissent de l'eau à 28°; pourquoi n'irait-on pas chercher la chaleur plus loin ? Qui nous eût dit, il y a cent ans, qu'on pourrait creuser des puits de 7 à 800 mètres ? Pourquoi ne pas utiliser l'ébullition centrale du globe, et au lieu d'aller chercher, dans les entrailles de la terre, la chaleur sous forme solide, c'est-à-dire la houille, pourquoi ne pas la prendre sous forme liquide, plus facile à transporter et à distribuer suivant nos besoins ?

» Quand on étudie les progrès réalisés depuis un siècle dans les applications de la chaleur, on voit que la science est loin d'avoir dit son dernier mot, et l'on peut espérer que nos neveux, débarrassés des préjugés religieux du passé, iront, le flambeau de la science à la main, découvrir de nouvelles sources de richesse, et s'approcheront de la solution du grand problème des philanthropes : *The greatest good for the greatest number.* »

Après le chauffage à la vapeur, nous avons fait valoir les avantages du chauffage au gaz; nous avons vu qu'avec ce mode de chauffage on n'avait pas à craindre la poussière et la saleté que donne le charbon; nous avons vu encore qu'il n'était pas nécessaire d'avoir des locaux pour emmagasiner du combustible, et qu'à l'aide d'un robinet on réglait la consommation au strict nécessaire : c'est ce qui nous a fait recommander ce combustible pour les logements de garçons et pour les cuisines des petits ménages.

A propos du gaz nous avons esquissé différents modes à l'aide desquels on pourrait peut-être obtenir un jour de l'hydrogène pur à très-bon compte. Nous avons dit que le moyen le plus sûr, le plus économique et le plus pratique serait d'amasser les énormes quantités d'électricité que contient l'atmosphère, ainsi que celles que l'homme produit et laisse perdre aujourd'hui pour les télégraphes. Ces quantités emmagasinées, on les emploierait pour décomposer l'eau qui recèle en elle le véritable combustible de l'avenir.

Pour les logements d'ouvriers, nous voudrions voir des règlements administratifs forcer les propriétaires à construire des cheminées dans ces locaux. On devrait songer dans une société civilisée au nombre considérable de malheureux qui, après une journée de travail, harrassés de fatigue, glacés par le froid et la pluie, n'ont que deux partis à prendre en rentrant chez eux, ou bien se coucher, et il est encore de trop bonne heure, ou bien se rendre chez un marchand de vin ou un cabaretier quelconque pour boire, tuer le temps et se mettre à l'abri du froid. C'est dans ces lieux infects que l'homme se dégrade au moral et se détruit la santé. Il suffit dans ce milieu d'un seul garnement pour corrompre un grand nombre d'ouvriers intelligents et honnêtes. Il serait donc à désirer que les chambres et les logements d'ouvriers fussent pourvus d'une cheminée, et que l'État ou les municipalités établissent des chauffoirs publics dans lesquels les ouvriers et les pauvres gens passeraient leur temps en ornant et cultivant leur esprit par la lecture de quelques bons livres, qui raconteraient soit l'histoire des grandes découvertes et des grands inventeurs, soit la biographie des grands hommes; car nous trouvons que ces sortes de lectures sont les plus aptes à inspirer à l'homme de bons sentiments et de nobles actions.

Pour le chauffage des serres, le mode le plus efficace est sans contredit l'eau chaude distribuée à l'aide de thermo-siphons, aux tuyaux desquels on fera bien d'ajouter pour les serres à orchidées des appareils d'évaporation, tels que celui figuré page 146 (fig. 172). Pour les petites serres, on ne devra employer que des poêles, foyers ou calorifères fournissant une chaleur saturée d'eau. En traitant du chauffage et de la ventilation des habitations privées et des édifices publics, nous avons pour ainsi dire donné des conclusions pour chaque local; nous allons donc nous contenter de résumer ici les principaux points du chauffage et de la ventilation, sur lesquels nous devons plus particulièrement insister; ce sera la fin de notre conclusion.

Pour le chauffage les vrais principes sont :

1° De prendre l'air extérieur par des ouvertures spéciales;

2° Avant de l'introduire dans les locaux, l'échauffer à une température convenable par les divers moyens proposés;

3° User de cet air, et le rejeter ensuite au dehors par des ouvertures spéciales un peu avant qu'il n'ait perdu entièrement ses qualités. Si nous résumons maintenant les divers modes, nous trouvons que le chauffage par rayonnement direct, c'est-à-dire par les cheminées à feu découvert, est le plus sain, et pour ce motif il y a lieu de le préférer dans toutes les circonstances où il peut être facilement appliqué, surtout dans les locaux où l'on séjourne d'habitude, comme les chambres à coucher, les cabinets de travail, les salles de malade et de chirurgie dans les hôpitaux. Si ce chauffage n'est pas économique il est très-sain, et s'il ne donne pas toujours une température suffisante, même avec des systèmes perfectionnés, on peut y suppléer en utilisant la chaleur d'un calorifère chauffant l'ensemble de l'édifice ou de l'appartement.

Il ne faut pas oublier aussi que la cheminée est le meilleur appareil de ventilation; ce qui compense bien la perte inutile en combustible.

On pourra employer des calorifères et même des poêles dans les locaux où l'on ne réside pas d'une manière continue; seulement pour le chauffage par calorifère, il faudra toujours avoir des chambres de mélange, car il ne faut pas que l'air chauffé arrive trop brûlant dans un local, parce qu'il dessécherait les poussières organiques de l'air. C'est pourquoi nous avons recommandé l'emploi des calorifères en céramique, ainsi que ceux à l'eau chaude et à la vapeur, surtout dans le cas où la ventilation se fait par appel. Ce principe doit être appliqué dans les habitations privées, aux salles à manger et aux salons de réception, ainsi qu'aux locaux destinés à réunir un grand nombre d'individus, tels que les écoles, les lycées, les salles d'audience, amphithéâtres, salles de bal et de spectacle, les bibliothèques, enfin et surtout aux prisons.

Dans les églises, les bourses, les salles d'attente des chemins de fer, dans les salles de pas-perdus, en un mot dans les locaux que l'on ne fait que traverser ou dans lesquels on ne reste que peu de temps; dans ces lieux, l'ouverture des portes et des fenêtres assure un grand renouvellement d'air, aussi peut-on se passer d'un système de ventilation, car souvent l'air y est surabondant. On pourra donc, sans inconvénient, employer pour le chauffage de ces locaux des poêles ou des calorifères en fonte à air chaud.

Pour la ventilation, il arrive souvent que les appareils ventilateurs, au lieu d'expulser l'air chaud, admettent l'air frais et déversent sur la tête de véritables cataractes d'air froid; il faut donc pouvoir les arrêter ou les fermer afin de supprimer pour un temps ces désagréments, sauf à les ouvrir de nouveau dès que le tirage aura repris son cours normal. Il ne faut pas oublier le proverbe espagnol, cité par Franklin : « Si un léger courant d'air souffle sur toi, mets ordre à tes affaires et à ta conscience, tu as peu de temps à vivre ».

Pour la ventilation par propulsion ou insufflation de l'air, à l'aide d'un moteur mécanique quelconque, il ne faut pas oublier qu'elle n'est applicable que dans certaines conditions et pour certains locaux. Souvent on fera bien de ne point négliger d'employer aussi la ventilation par appel, qui assure d'une manière très-efficace l'évacuation de l'air vicié. Les grands et vastes locaux qui réclament un grand renouvellement d'air, tels que les prisons, les salles de spectacles, les hôpitaux, doivent utiliser à la fois la ventilation par propulsion et par appel; le premier mode assure l'introduction de l'air neuf, le second l'extraction de l'air vicié; il s'établit dans ce cas un roulement très-actif de l'air.

La ventilation par insufflation est indispensable pour les grands locaux où l'air ne peut circuler naturellement, parce qu'il est entravé par des agencements intérieurs, dans les magnaneries, dans les salles d'exposition. L'insufflation sera surtout utile (nous l'avons déjà dit) dans les ateliers insalubres, dans ceux où il se dégage beaucoup de poussières délétères, comme dans les aiguiseries, par exemple.

Du reste, dans la plupart de ces établissements ou de ces usines, il existe des forces motrices, l'air, l'eau ou la vapeur, et en détournant une minime fraction de ces forces, on pourra faire fonctionner les ventilateurs pour ainsi dire sans aucuns frais.

Enfin dans tous les locaux, quels qu'ils soient, il faut établir une ventilation; voilà ce dont on n'est pas encore assez persuadé, parce que malheureusement on ne se rend pas assez compte du rôle immense que jouent dans le règne organique ces myriades d'atomes microscopiques, germes de corruption, agents sinistres de la maladie, qui épient nuit et jour l'occasion de s'infiltrer dans notre organisme pour y provoquer les plus grands désordres, et pour le détruire même.

Quand on a la vie solidement chevillée dans le corps (passez-nous l'expression), on échappe à ces invisibles, mais quand nous vieillissons, quand nous avons une constitution débile, nous ne sommes plus de force à lutter, nous succombons, et une fois en terre ils achèvent de désorganiser nos tissus; et ils nous font entrer dans l'immense réservoir d'où nous ne sortons que pour entrer dans une nouvelle existence.

Le nombre des molécules tenues en suspension dans l'atmosphère est évidemment incalculable, mais pour en donner une idée à nos lecteurs, nous leur dirons qu'on a évalué à plus de cent millions les ferments ou germes de toute nature qui passent journellement dans nos bronches. D'après ce chiffre, on peut juger de l'influence que l'air impur peut exercer sur la santé. Cette influence est si considérable que nous ne craindrons pas d'avancer que les légions de maladies qui fauchent l'humanité n'ont pas d'autres causes que l'impureté de l'air. Si les médecins ne l'avouent point, ils s'en doutent bien, et toutes les maladies épidémiques qu'on nomme *peste*, *choléra*, *typhus*, *épizootie*, *muscardine*, *pébrine*, etc., suivant qu'elles se déclarent chez l'homme, l'animal ou le ver, n'ont pas d'autres origines; ce qui le prouve, c'est que le meilleur remède pour les combattre *toutes, sans exception*, c'est d'établir une puissante ventilation dans les milieux où ces fléaux sévissent.

Le jour où l'on ventilera fortement, après avoir détruit préalablement par des règlements administratifs de salubrité publique les germes qui donnent naissance aux principes morbifiques, ce jour-là on coupera court à tous ces fléaux qui au moyen âge ont fait de si nombreuses victimes.

Nous recommandons surtout la ventilation par l'air comprimé en faisant passer cet air à travers de l'eau pulvérisée contenant de l'acide phénique en temps d'épidémie.

Que les médecins nous pardonnent d'empiéter ici sur leur domaine, mais le *maître des architectes*, Vitruve, n'a-t-il pas dit dans son livre qu'aucune matière, y compris la médecine, ne devait être étrangère au véritable architecte. C'est muni de ce permis, que nous nous sommes cru autorisé à chasser sur les terres de la Faculté de médecine.

Du reste, les médecins ne sauraient nous en vouloir d'étudier un peu la médecine ; ils doivent nous en savoir gré, au contraire, puisque jusqu'ici ils nous ont toujours reproché notre ignorance sur les premières notions d'hygiène se rapportant à la question du chauffage et de la ventilation.

Nous reconnaissons aussi que les ingénieurs et les architectes ont prétendu que si la mortalité était parfois considérable dans certains édifices, la faute incombait uniquement aux médecins et non à la distribution et à l'installation des services. Et quand les ingénieurs ont mis les médecins au pied du mur, en leur priant de formuler leur avis et d'indiquer la meilleure méthode à suivre pour la ventilation, les docteurs ont rédigé de longs rapports officiels, ils ont discuté longuement certaines thèses qui, mises en pratique, n'ont pas confirmé, tant s'en faut, les ingénieuses théories de MM. les docteurs, quelquefois même elles ont été si nuisibles qu'il a fallu opérer comme anciennement.

Aussi pensons-nous que le mieux, pour faire progresser cette science, sera de s'entendre, et, au lieu de gaspiller de part et d'autre des forces en critiques acerbes, il faudra s'atteler ensemble à la question, lui donner un vigoureux coup de collier pour la faire sortir de l'ornière où elle paraît se complaire.

Nous faisons des vœux sincères pour qu'il en soit ainsi à l'avenir !

La tâche que nous nous étions imposée est terminée. Le sujet est loin d'être épuisé, puisqu'il nous paraît presque inépuisable ; mais il a fallu nous borner, sans quoi quelques chapitres auraient pu faire à eux seuls un volume chaque. Aussi avons-nous dû prendre notre courage à deux mains pour arriver à condenser tant de documents et à donner tant de matières en si peu de pages. En effet, les écoles, les hôpitaux, les théâtres, les ateliers et les usines, pour être traités à fond, mériteraient un volume, et nous nous sommes souvent demandé si nous ne l'écririons pas un jour. En attendant nous offrons à nos lecteurs habituels ce nouveau livre, avec l'espoir qu'ils lui réserveront un bon accueil.

FIN.

TABLE DES FIGURES

Figures. Pages.

FIN DE LA TABLE DES FIGURES.

TABLE SOMMAIRE DES CHAPITRES

TABLE SOMMAIRE

DES CHAPITRES CONTENUS DANS CE VOLUME.

CHAPITRE III.

HISTORIQUE DU CHAUFFAGE.

CHAPITRE IV.

LES APPAREILS DE CHAUFFAGE MODERNES.

CHAPITRE V.

DU CHAUFFAGE DES DIVERSES PARTIES DE L'HABITATION.

CHAPITRE VI.

CHAUFFAGE DES ÉDIFICES PUBLICS.

DEUXIÈME PARTIE

DE LA VENTILATION

CHAPITRE VII.

CONSIDÉRATIONS GÉNÉRALES SUR LA VENTILATION.

CHAPITRE VIII.

DES INSTRUMENTS DE LA VENTILATION.

CHAPITRE IX.

DE LA VENTILATION DES HABITATIONS PARTICULIÈRES.

CHAPITRE X.

VENTILATION DES ÉDIFICES PUBLICS.

CHAPITRE XI.

VENTILATION DES ATELIERS ORDINAIRES ET DES USINES INSALUBRES.

CHAPITRE XII.

VENTILATION DU LOGEMENT DES ANIMAUX, ET AUTRES LOCAUX.

FIN DE LA TABLE SOMMAIRE DES CHAPITRES.

PARIS. — IMPRIMERIE DE E. MARTINET, RUE MIGNON, 2.

BIBLIOTHÈQUE NATIONALE DE FRANCE
3 7511 00599784 9

www.ingramcontent.com/pod-product-compliance
Ingram Content Group UK Ltd.
Pitfield, Milton Keynes, MK11 3LW, UK
UKHW020312230726
13925UKWH00002B/368

9 782013 629997